Nature's Robots — A History of Proteins
By Charles Tanford & Jacqueline Reynolds

NATURE'S ROBOTS

それはタンパク質研究の壮大な歴史

原著 チャールズ・タンフォード
ジャクリーン・レイノルズ

監訳 浜窪 隆雄

NTS

© Charles Tanford and Jacqueline Reynolds, 2001

Nature's Robots: A History of Proteins, First Edition was originally published in English in 2001. This translation is published by arrangement with Oxford University Press. NTS Inc. is solely responsible for this translation from the original work and Oxford University Press shall have no liability for any errors, omissions or inaccuracies or ambiguities in such translation or for any losses caused by reliance thereon.

謝　辞

　私たちは，いつも変わらず支えはげましてくれたジョン・エドサール，ウォルター・グラッツァーそしてオクスフォード大学出版社のマイケル・ロジャースに多大なる感謝を捧げたい。また，たくさんの信頼できる知識や自身の回想を寄せてくれた同時代の研究者たち：ロバート・ボールドウィン，ジム・ヒューストン，ウォルター・カウズマン，ダレル・マッキャスリン，ハーバート・モラウェッツ，ハンス・ノイラート，イェンス・ネルビー，マックス・ペルーツ，そしてジョン・シェルマンらに謝意を捧げる。さらに，個人蒐集の写真を提供してくれた，ジョージ・ゲインズ，フレッド・サンガー，およびジョルジオ・セメンザらのご厚意に感謝する。

　そして，文書保管庫の奥深くから古い科学書を陽気に探してきてくれた，ロンドン科学博物館図書館のスタッフたちに特別の感謝を捧げたい。

原著者紹介

チャールズ・タンフォード (Charles Tanford) とジャクリーン・レイノルズ (Jacqueline Reynolds) は，タンパク質研究，細胞膜およびその他の生物学の分野において多大な貢献をした科学者である。両者ともにデューク大学の名誉教授，元グッゲンハイムフェロー。タンフォードは米国科学アカデミー会員。

彼らは多数の科学論文や技術書を著した。タンフォードは，有名な『*The Physical Chemistry of Macromolecules*』の著者として知られているほか，一般向けには『*Ben Franklin Stilled the Waves*』などがある。

また共著に，『*The Scientific Traveler: a guide to the people, places, and institutions of Europe*』や『*A Travel Guide to the Scientific Sites in the British Isles: a guide to the people, places, and landmarks of science*』がある。

ノースヨークシャー，イージングウォルド在住（訳注：タンフォードは 2009 年 10 月，ヨークにて没した。87 歳であった）。

日本語版発刊にあたり

　科学史の専門家でもなく，また生粋のタンパク質科学者でもない私が，本書の訳本を手掛けたいと思うようになったのは，抗体作製の技術開発を通して，がん治療薬や診断薬の開発を手掛ける過程で，タンパク質の相互作用に興味をもったのがきっかけである。その中でも，特に「疎水性相互作用」は簡単なようで，実際に測定したり，計算したりしようとするとすぐに壁にぶつかってしまう。原著者のタンフォードは，アミノ酸の疎水性スケールを測定した論文 (Nozaki Y, Tanford C. J Biol. Chem. **246** (7): 2211-2217, 1971) で知られており，このスケールが基となって，膜タンパク質の膜貫通部位の予測などに応用された。

　タンフォードが本書で描いている科学者像は，我々抱いている人物像とは，かなり違う点があることに驚かされる。タンフォードは，歴史家による研究や，豊富な文献の裏付けをもって真にタンパク質科学を創り上げた人物像をあぶり出している。その人物批評に貫かれている精神は，実証的科学者をまず第一としていること，さらに1人か少人数でこつこつと積み上げた研究を評価していることであろう。

　本書は，科学書としてもかなり豊富な内容をもっており，おのおのについては，もっと詳細に説明するべきことがたくさんある。しかし本書は，内容をフォーカスして各章がリンクし，時代と社会の動きとタンパク質に関する概念の形成過程が理解しやすいように構成されている。補助的訳注は極力避けて本筋を失わないように心がけたつもりである。足りない部分は，ウェブや教科書を参照していただきたい。

　帯のご執筆をご快諾いただいた福岡伸一先生，共同研究のもとタンパク質画像のデータを提供していただいた岩田想先生はじめ，編集プロダクションオフィスの蘆田真澄氏，出版に賛同しご尽力いただいた吉田社長はじめ（株）エヌ・ティー・エスの方々に感謝の意を表する。

　本書は，科学の歴史書として書かれているが，その内容は，今後の生命科学の原動力となるべきアイデアや示唆に満ちたものと思う。ぜひ，多くの方々に読んでいただき，今後のみちしるべとなるものを見つけていただきたいし，また拙訳についてもご批判，ご指摘いただけると幸いである。

東京大学先端科学技術研究センター　計量生物医学部門

浜窪 隆雄

【監 訳】

浜窪 隆雄 *Hamakubo Takao*

東京大学先端科学技術研究センター計量生物医学部門　教授

東京大学理学部卒，京都大学医学部卒，京都大学医学部大学院修了，博士（医学）。京都大学医学部付属病院，ヴァンダービルト大学医学部，京都大学化学研究所を経て現職。

【翻訳幹事】

小笹　徹 *Kozasa Tohru*

横浜薬科大学　薬学部生化学研究室　教授

東京大学医学部卒、東京大学大学院医学系研究科修了、博士（医学）。東京大学大学院医学部付属病院、東京大学医科学研究所、テキサス大学医学部薬理学教室助教授、イリノイ大学シカゴ校医学部薬理学教室教授、東京大学先端科学技術センター特任教授を経て現職。

【翻訳スタッフ】

太期 健二

東京大学先端科学技術研究センター　計量生物医学　特任助教

三井 健一

東京大学先端科学技術研究センター　計量生物医学　特任研究員

高松 佑一郎

東京大学先端科学技術研究センター　計量生物医学　特任研究員

平松 巴瑠香

横浜薬科大学薬学部漢方薬学科 6 年生

人名および用語について

人名や用語については，ネットでヒットしやすいものを優先した。ぜひ，ネットを活用しつつ読んでほしい。

人名については，通例の日本語訳がない場合は，訳者が適当な読みをカタカナで記した。社会背景を感じるために，できるだけ出身国の読みに近いものを選択している。

用語は，専門的厳密さより一般的な用語に近いものを選択した。「タンパク質」そのものが日本語では，蛋白やプロテインなどさまざまな呼び方があり，どれも差はない。生化学を主体とする内容なので，タンパク質で統一した。

また，文中のイタリック体（斜体）は原書の表記を踏襲した。

監訳者

もくじ

序　章 …… 1
ロボットについての説明／3　　一般読者に対する化学の言葉の使用について／3　　全体的目的／5

第1部　化学

第1章　ネーミング …… 8
1838年：ヤコブ・ベルセリウスとヘリット・ミュルデル／9　　リービッヒの影響／14　　化学式量または分子量／17

第2章　結晶性　ヘモグロビン …… 19
序／19　　多くの種からのヘモグロビンの結晶／20　　純度の基準としての結晶性／22　　19世紀の化学とヘモグロビンの分光学／23　　その他の結晶化されたタンパク質／25　　結語／26

第3章　ペプチド結合 …… 27
序：タンパク質はアミノ酸からできている／27　　最先端にいたドイツ／29　　エミール・フィッシャー (1852-1919)／30　　フランツ・ホフマイスター (1850-1922)／33　　余波：見果てぬ夢／35　　ペプチド結合への挑戦／38

第4章　タンパク質は真の高分子量分子である …… 41
序：コロイド説と高分子量分子の論争／41　　組成分析の結果は，タンパク質が高分子量をもつことを確信させた／43　　コロイド化学の台頭／46　　タンパク質化学者たちの反応：1900-1920／52　　スヴェドベリの転向／57　　シュタウディンガーの対決／60

第5章　密生する電荷 …… 62
序／62　　双性イオン：ブレディッヒからビエルムまで (1894-1923)／63　　電場における動き／65　　タンパク質の滴定／67　　球状の形／70　　球状タンパク質／73

第6章　繊維状タンパク質 …… 77
織物繊維／77　　X線回折／78　　タンパク質繊維／81　　アストベリーの推測／83

第7章　分析の必要性 …… 86
初期の分類法／86　　電気泳動による解決策／89　　分配クロマトグラフィー／93　　アミノ酸分析／96

第8章　アミノ酸配列 …… 100
ウシインスリンのアミノ酸配列／100　　他の動物種について／105　　当時の懐疑論／105

第9章　サブユニットとドメイン …… 108
ヘモグロビンのサブユニット／108　　前駆体／110　　ポリペプチドドメイン／112　　結語／112

第2部　詳細な構造

第10章　タンパク質フォールディングの初期の試み　……………………………………… 114

問題の定式化／**114**　　バナールの予言的ビジョン／**115**　　幻想的飛翔／**117**　　ドロシー・リンチとサイクロール理論／**118**　　タンパク質変性／**121**　　極性および非極性基／**123**　　イオン結合について／**123**　　全体像／**124**

第11章　水素結合とαヘリックス　……………………………………………………………… 126

水の構造／**126**　　水素結合とタンパク質フォールディング／**128**　　αヘリックスとβシート／**130**

第12章　アーヴィング・ラングミュアと疎水性因子　……………………………………… 135

定義と初期の歴史／**135**　　猛烈な論争の数週間：J・D・バナールらによるサイクロール理論への攻撃／**138**　　戦争の介入／**141**　　エントロピーとエンタルピー／**142**　　結語／**143**

第13章　三次元構造　…………………………………………………………………………… 145

単結晶：原子レベルの解像度への道／**145**　　マックス・ペルーツと位相問題／**147**　　ヘモグロビンとミオグロビン／**149**　　「特殊なタンパク質を超えた」重要性／**152**　　結語／**154**

第3部　生理機能

第14章　古くて多面性のある科学　…………………………………………………………… 158

哲学的イントロダクション／**158**　　醸造家と医師／**162**　　扱う範囲について／**164**　　結語／**167**

第15章　酵素はタンパク質か？　……………………………………………………………… 168

論争を巻き起こしたゆっくりとした酵素科学の誕生／**168**　　特異性／**171**　　酵素はタンパク質？それとも？／**172**　　ジェームズ・B・サムナーとウレアーゼの結晶化／**175**　　ジョン・H・ノースロップとペプシンの結晶化／**177**　　エピローグ／**180**

第16章　抗 体　………………………………………………………………………………… 181

細胞性免疫と液性免疫／**182**　　免疫化学の誕生／**185**　　イムノグロブリンGの構造／**188**　　抗体の多様性／**190**　　細胞免疫学／**192**

第17章　色 覚　………………………………………………………………………………… 193

最初の問題提起は驚くほど正しかった／**193**　　色覚異常／**194**　　ヘルマン・ヘルムホルツ／**195**　　杆体細胞と錐体細胞とロドプシン／**197**　　発色団と光化学的機構／**198**

第18章　筋収縮　………………………………………………………………………………… 201

序／**201**　　筋肉タンパク質：無視された1世紀／**203**　　ハンガリーにおける戦時中の画期的な成果／**204**　　収縮機構のための予想モデル／**208**　　スライディングフィラメントモデル（フィラメント滑り説）／**209**　　頭部，尾部とヒンジ／**212**　　1922年のノーベル賞／**214**　　結語／**215**

第 19 章　細胞膜 216

膜タンパク質の重要性／**217**　　シトクロム b_5 の化学的原理／**218**　　SDS ゲル電気泳動／**221**　生理的機能／**221**　　優れたロボット：ナトリウム／カリウムポンプ／**223**　　神経信号伝達について／**226**

第 4 部　タンパク質はどのように作られているか？

第 20 章　遺伝学へのリンク 230

はじめに／**230**　　1 遺伝子1酵素／**232**　　鋳型タンパク質？　タンパク質自体が遺伝情報の運び手？／**234**　　物理学者の役割／**236**　　DNA と二重らせん／**239**

第 21 章　二重らせんの後─トリプレットコード 241

配列仮説／**241**　　遺伝暗号に関連する数秘術／**242**　　細胞内 RNA ／**244**　　暗号を実験で決定する／**245**

第 22 章　新しい錬金術 249

進化：タンパク質と種／**249**　　遺伝子と疾患／**251**　　勇敢な新世界／**254**　　最後の言葉／**255**

注（ノート）と参考文献／**256**
項目索引／**312**
人名索引／**322**
翻訳後記／**330**

表紙デザイン：西山智佳子，本文デザイン：西澤美帆 & ラスコー

| VII |

序　章

　2000年9月，ちょうどこの本の原稿が完了しつつあるときに，米国国立衛生研究所（US National Institute of Health：NIH）に属する国立一般医科学研究所（National Institute of General Medical Sciences：NIGMS）が，1万個のタンパク質の3次元構造を解明することを目的とする，史上まれにみる一大分子プロジェクトの開始を発表した。目標は，単に手あたり次第に1万個のタンパク質の構造決定をするのではなく，それぞれの類似した生理的機能をもっているか，または類似した遺伝子に属するタンパク質ファミリーの中で，代表的であり解析可能なもの1つを選んで構造解析を行うというものである。そのタンパク質の構造が決定されれば，類似のタンパク質についても，原子1つのレベルの精密な測定に比べると情報は少ないものの，構造の類推ができると期待される。このプロジェクトは「構造ゲノミクスイニシアティブ」〔訳注：呼称は「タンパク質構造イニシアティブ（Protein Structure Initiative：PSI）」で，2015年7月に終了している。決められた構造のデータは蛋白質構造データバンク（Protein Data Bank：PDB）に登録され，だれでも利用可能である〕として知られており，7カ所の代表的研究グループが分担して推進する。最初の5年間の研究費は1億5千万ドル（1億ポンド）に達する見込みである。

　この大プロジェクトの開始は，我々のタンパク質科学の歴史のクライマックスとしてぴったりの話題である。本書は，19世紀のタンパク質研究の源流から始まる。そのとき「タンパク質」の化学的構成成分が初めて研究され，繰り返し熱い議論が交わされた。当時はまだ「タンパク質」と呼ばれる物質がどんなものであるのか，垣間見えてもいなかったのに，原子レベルでの解像度で個々のタンパク質の構造が決定され，構成する原子の位置が極めて正確に特定され，隣の原子との結合がきちんと決定された。そのような詳細な情報が数個から1万個のタンパク質へと爆発的な数の広がりをみせるということは全く想像もできなかったがこの点にはあえてこだわろうとは思わない。我々の対象は歴史であり，過去のヒーローで1人かまたは数人のグループで研究し，通常公的な研究費から少ないサポートを受けていた人たちの物語である。ゼロの状態から，今現在我々がいる状態までどのようにたどり着いたのか。それが我々の疑問であり，いま開けつつあるとてつもない可能性や

| 1

未来への展望，あるいは地平を照らすような勇敢な新しい世界を問題としない。新聞の日曜版にあるような，未来への予見を示すことではない。そもそも，今の時代の歴史は 20 年，30 年経って初めて書けるときが訪れるだろう。

　タンパク質科学の歴史は全体として，3 次元構造を超えた話題をもちろん含んでいる。タンパク質はとても不安定で変化しやすい分子であるため，最も広く興味がもたれているのは生理的機能であり，構造がその機能にどのように関連しているのかということである。タンパク質は，生命の基となる化学反応を起こす。つまり，体内のシグナルを伝達し，外敵の侵入を感知してやっつけ，我々の動力となっているエンジンを形づくり，視覚イメージを保存する。現在では常識であるこれらのことが，100 年前はそうではなかった。生物機能を起こしているのがタンパク質であるということがわかったのもそれほど昔のことではない。構造と機能の関連についても，これだけ研究が進んだ現在においても，構造を見ただけで機能がわかるというところまで行きついていない。

　このトピックを取り扱うにあたって，もう一度タンパク質研究黎明期のパイオニア的努力について力説しよう。1902 年にナトリウムとカリウムイオンが神経シグナルの電気的インパルスを引き起こしているということがわかってから，どのようにして，その原因であるナトリウム／カリウムポンプと陽イオンチャネルというタンパク質を発見したのだろうか。また（すでに 1802 年に！），我々が認識している色は 3 種類に帰着するということがわかってから，どうやってこれらにマッチする受容体タンパク質の発見に至ったのか。筋肉の収縮については，筋肉の成分分子が（らせん状態からコイル状態へのように）収縮するというような直観的考え方から，筋繊維の長さは変わらずに，交互にスライドすることによって，全体的な長さが短縮するというスライドモデルに進化することができたのか？　免疫学においては，あらゆるものに対して特異的な抗血清が存在するということから，どのようにして必要な多様性を獲得できる基本的分子構造を理解するに至ったのか？

　タンパク質科学の歴史全体としては，生物におけるタンパク質の「合成」についても取り扱わなければならない。「合成」については，タンパク質の構造や生理的機能との連関と比べて異なる視点から見なければならない。タンパク質が合成される方式は，ほとんど最近の 40 年間で明らかにされてきており，タンパク質科学と分子生物学の融合の中で，よく知られているよう

にすべての生命論や進化論，さらに枝分かれしてさまざまな分野への分子生物学のドラマチックな広がりは，この本が扱える範囲をはるかに超えている。このトピックについては，最後の3章で扱うが，単に「どのようにしてタンパク質は作られるか？」という問いに単純な歴史的展望を加えた，短い記述にとどめたことを強調しておく。

ロボットについての説明

　筆者らはこの本のタイトルについて長い間慎重に検討した。「ロボット」という言葉は本当に適当なのだろうか？　ある意味では，明確にイエスである。ロボットはオートマトンである。何をすべきかを命令する必要はない。すでに知っているのだ。タンパク質はこの条件を満たしている。すべての生命体での考えうる仕事について，その仕事の一つひとつの細かいステップについて，それを遂行できるタンパク質が存在する。しかも，いつオンにし，いつオフにするかの判断もプログラムされている。やるべき究極の仕事は，化学的あるいは機械的なことであり，色を識別し，外敵と戦ってやっつけることなどであるが──完遂すべき任務に際限はない。普遍的な特徴は，タンパク質はよくコントロールされていて，意識的に何をすべきかを命令されることなく，それはもうわかっていて，自律的に動いているということである。

　もちろん，我々のほとんどが，「ロボット」という言葉を聞いて，心に湧き上がるものは，関節だらけの機械的装置であり，ヒトの発明品であり，またしばしばヒトの形をしている。しかし，遺伝子によってデザインされたと考えると，このアイデアをタンパク質分子にあてはめることは，かならずしも非合理的ということもないであろう。リチャード・ドーキンスは（よく知られているように）「利己的遺伝子」という言葉を考案した。たぶん，遺伝的にプログラムされた機能を自動的に実行する機器としてタンパク質をとらえることも適切であると思われるし，また，生命体は，これらのプログラムされた個々のタンパク質の機能を意識的に変えることはできないであろう。

一般読者に対する化学の言葉の使用について

　タンパク質は分子からなっている。他の分子と同様に，構成している原子

とその原子同士のつながり方や（多くの例で）そのまわりにある分子，例えば典型的な生物学的環境における水分子などとの相互作用によって1つに決まる。実際，タンパク質は「高分子」というカテゴリーに分類される点である意味特殊である。1個あたり数千の原子が集まった巨大な集合体であり，その他の一般の読者がよく知っている有機化合物，例えば，ステロイドやペニシリンやビタミンなどは分子量で比べるととんでもなく小さいので，それらの大きなパワーを小さく感じさせるほどだ。タンパク質が高分子だという認識は，タンパク質の歴史の中でも重要な通過点であった。そんな，原子の組成も正確に決められず，構造もきちんと決められないような巨大な分子が存在するとは，長い間誰も信じられなかったからである。

　この分子サイズの問題を議論する（あるいは決定する）にあたっては，もちろん化学の言葉（学術用語）を使わなければならない。タンパク質の機能は，どれも構成する原子の種類やそれらのつながり方などに由来しているため，分子の単純な記載を超えて，タンパク質がどのようにふるまうかというすべての面で説明しようとすると，観察も問いもその答えも化学の言葉の中に埋もれていってしまう。例えば，ホルモンとその受容体との間の「相補性」，「結合部位」，「認識」など，言葉それ自体は明白に理解できるが，ある特定のタンパク質の機能について述べようとした場合，特にロボットのような自律的な機能についてはっきりと焦点をあてようとすると，タンパク質を構成している原子が前面に出てこざるを得ず，我々は再び化学用語で固められてしまう。これが意味することは，化学の基礎があって，化学用語に慣れている（例えば，薬学とか生理学の素養がある）読者は，そのような話題にさらされてない分野の読者に比べて，化学用語で書かれていたほうがむしろわかりやすく感じると思われる。極言すると，（この分野の言葉に慣れているという意味で）生化学者やその関連分野の人たちが，想定される第一の聴衆であり，本書は生化学の歴史の本と一緒の本棚に並べられるのが最も居心地がよいものと思われる。

　しかし，このことに言及することは，（あたりまえのことをしつこくやるという意味で）タンパク質の化学はその巨大な分子サイズにかかわらず，実はとても単純であることを強調する機会ともなる。ほとんどのタンパク質はたった5つの元素からなっている。炭素，水素，窒素，酸素そして硫黄である。ある種のタンパク質は他の基本的原子（金属原子が多い）を含んでいるものもあ

るが，それでもこれらの5種類の原子だけによって普遍的な中心的分子の骨格を形づくることが可能であり，タンパク質を理解するうえでの歴史的文脈の中で記述すべきタンパク質の中核を形成している。もっと単純にいえば，これらの5つの原子は相互に結合することによりほぼ無限の場合の数が可能であり，中心的タンパク質にもっぱらアミノ酸として存在する。そのアミノ酸も一握りの基本的には類似した分子で，それらが一番単純な方法で，つまり線状に長い鎖でつながっているだけでタンパク質を形づくっている。

　もう一度述べると，いくつかのタンパク質はアミノ酸に関連しない他の原子種を含んでいる。しかしそれらは通常，アミノ酸から構成される一般的な鎖の補助的構造ととらえられている。ヘモグロビンのヘムグループの中心にあるポルフィリン環のような一群の分子は「補欠分子族」と呼ばれているが，重要性がないわけではなく，タンパク質の一般的な特徴をとらえるための基本的探求の中で，いったん精細な化学的性質の追求を横においておくという意味合いのものである。このネーミングは，タンパク質が酸素を運ぶことができるようになるための根源的な鉄原子を含むヘモグロビンのヘムグループの場合でも，このような補助的グループが研究された歴史を物語っている。

　すなわち，タンパク質の純粋に化学的な物語は，基本的にすでに述べた鎖状に伸びていく少数のアミノ酸にしぼることができる。どのように結合しているか？　どれだけの長さがあるのか？　3次元空間の中でどのように折り畳まれているのか？　一つひとつのアミノ酸の集まりが環境に与える影響やひずみはどのようなものか？　というのも同じアミノ酸が繰り返し何回も登場するわけなので，（今後の研究で何千ものタンパク質でも起こると予想される）比較的単純なことだとわかるであろう。日常生活で遭遇するほかのどんなものよりてごわい化学であることはない。例えば，薬局で買う薬の箱に入っている添付文書を見てもらえば，書いてある情報は結局はその薬だけに限られるもので，他の化学物質に当てはめられるような関連性はない。

全体的目的

　上述の前置きを心に留めて，我々はこの本で扱う事柄に進むことができる。我々は，タンパク質はあらゆる生命の営みの根底にあり，どんなことでも必要に応じて対応することができるという前提のもと，疾病の治療や農作物の

病害駆除などの社会的な要請にタンパク質が応える能力がある，という認識がますます深まっていることから始めよう。結果として，タンパク質は現在，医療や生物学の舞台のセンターに据えられるようになっており，タンパク質科学の専門的教育を受けた科学者の需要が学会や産業界でますます増えている。過去の経験に照らせば，新人の仕事は将来的課題に焦点があてられ，年上の経験豊かな人たちと同様に，おぼろげな歴史的展望の下に置かれたままになるであろう。このような現在活躍しているタンパク質科学者が，おそらく本書の第一のターゲットであるし，彼らの仕事が，必ずしも歴史上の伝説的「巨人」ではないにせよ，さまざまな先駆者の肩の上にのったものであることを知らしめたい。我々はパイオニア的科学者を特定し，彼らの成し遂げたことを確定しなければならない。

　しかしながら我々は，専門家のみならず，一般の方々にも読まれることを望んでいる。このごろは以前に比べて生物科学全般，特にタンパク質科学に一般の読者の関心が高まり，広く知られるようになった（「センターステージ」にきた）と感じられる。このことを心に留めながら，次々と起こったタンパク質科学における発見を一般の読者にわかりやすく，しかも化学的内容を損なうことなく，専門研究者にも物足りなく感じられないように語ろうと思う。初心者にも化学的なニュアンスが伝わるように，ところどころに脚注をつけるが，化学物質の専門家でさえほとんどのものは調べないとわからないであろう詳しい化学式を一般の読者がいちいち知る必要はなく，必要最低限のものに抑えた。とにかく，この本はテキストブックではないので化学式はほとんど書かず，タンパク質の基本的な構成要素であるアミノ酸についても名称だけを挙げ，化学式は書かない〔しかもほとんどの名称は一般家庭にある辞書，例えば『チェンバース（Chambers）』や『オックスフォード（Shorter Oxford）』などに載っているものである〕。

　一般読者へのアドバイスとして，化学におじけづかないで！　といいたい。タンパク質の構造と機能に関する何年にもわたって繰り広げられてきた興奮する発見の数々を体験するのに，本当に少しの専門的な言葉が必要なだけで，少しずつ生命の秘密が解き明かされていくのを味わうことができるのである。

第1部
化 学

第1章
The naming

ネーミング

> フィブリンやアルブミンの有機酸化物に対して，タンパク質（プロテイン：$\pi\rho\omega\tau\varepsilon\iota o\varsigma$）という名前を提案したいと思います．といいますのも，これらは動物の栄養にとって基本的で主要な物質であると思えるからです．
>
> ベルセリウスからミュルデルへの手紙，1838年7月10日 [1, 2]

　今日タンパク質（プロテイン）と呼ばれる物質は，生命のプロセスに密接な関連があることから，初期の化学者の興味を惹いた．フランスの化学者アントワーヌ・フルクロア（Antoine Fourcroy；1755-1809）[3] は1789年にアルブミン・フィブリン・ゼラチンの3種類の動物由来のタンパク質を異なる物質として認識するに至った．ほかに少なくとも2種類の植物由来のタンパク質が知られていた．この3つのタンパク質は，はるか昔から知られている卵白アルブミンを原型として，まとめて「アルブミン」と呼ばれていた．ドイツ語では「Eiweisskörper（卵白体）」を指す．のちに（1800年以降），化合物とそれを構成する要素物質が区別されるようになり，また要素物質の構成を解析する技術が信頼できるものになって，ほかのさまざまな天然物を含めて定量的研究のターゲットとなり，炭素，水素，窒素，酸素，時に硫黄やリンも含めたパーセンタイル構成表が，ヨーロッパ中から絶え間なく報告されるようになった．化学組成式もそれらのデータや原子量スケール〔訳注：当時の基本質量（後出）．研究者によりまちまちに用いられていた．例えばO（酸素原子）を100とした相対原子量〕に基づいてしばしば求められ，化学式量も計算された．たくさんの仕事がなされたが，現在の知識からすれば，これらの化学組成式にはほとんど意味がない．原子間の結合についてあいまいな理解さえもなかった時代なので組成式自体に意味はありようがなかった．

　有機化学の形成期に関する事跡については，もっと詳しい参考書がたくさんあるので参照されたい [4-7]．ここでは，1857年頃，アウグスト・ケク

レ（August Kekulé）によって炭素原子が4価の原子価をもつことが提唱され，一般的に認められて[8]初めて原子間の結合が明瞭に定義され，それまでの原子の塊でしかない理解から，有機的に構成された分子として理解されるようになる大きな飛躍が訪れた，ということを指摘するにとどめる。本書の最初の章を読むにあたって，タンパク質が特別な物質として理解されたのが有機化学全体としてはまだ暗黒時代の最中であった，ということを覚えておいてほしい。

1838年：ヤコブ・ベルセリウスとヘリット・ミュルデル

タンパク質のネーミング物語での主役は，スウェーデンの化学者ヤコブ・ベルセリウス（Jacob Berzelius）と，彼よりもっと若いオランダの医者で化学者（いわゆる「分析家」）のヘリット・ミュルデル（Gerrit Mulder：図1.1）である。2人のやりとりは，退屈な専門的なコミュニケーションではなく，タンパク質の物語の生き生きとした1ページを時代背景とともに明瞭に示してくれるものである[9]。

イェンス・ヤコブ・ベルセリウス（Jöns Jacob Berzelius；1779-1848）は1838年の時点で60歳近く，化学界の長老であった[10]。その卓越した地位に至るまでの道は平坦ではなく，しばしば財政的問題にみまわれ，1810年にストックホルムのカロリンスカ研究所の教授職を得るまで，まともな研究室スペースも機器もなかった。だからこそ，彼の化学における業績は特筆すべきものがある。彼は数個の新しい元素を発見した。Li（リチウム），Se（セレン），V（バナジウム），Ce（セリウム），Th（トリウム）である。さらに，それまでに知られていたほとんどの元素の最終的な原子量を決定し，原子間引力について影響力の強い理論を提案した。そして，のちのユストゥス・リービッヒ（Justus Liebig）による同名の書物に比べると広く読まれたわけではないが，『動物の化学（animal chemistry）』という本を著した。1812年にはスウェーデン科学アカデミーの会員になり，その後すぐに会長に任命されている。

ベルセリウスについては，その業績もさることながら，並外れた書簡の数に最も驚かされる。彼はストックホルムの机から大量の手紙のやりとりをしており，その大部分が公表されている。文通の相手は，ヴェーラー〔F. Wöhler，／訳注：フリードリッヒ・ヴェーラー，ドイツの化学者（1800-1882）。尿素合成

第1章 ネーミング | 9 |

図 1.1　盛装のヘリット・ミュルデル（Geritt Mulder）
(出典：Science Museum/Science & Society Picture Library)

法を発見〕やベルトレー〔C. L. Berthollet　／訳注：クロード・ルイ・ベルトレー，フランスの化学者（1748-1822）。塩素の漂白作用や酸化剤の研究など〕，ハンフリー・デービー〔Humphry Davy　／訳注：英国の化学者（1778-1829）。アルカリ金属やアルカリ土類金属，塩素の発見。デービー灯の発明など〕，ミュルデル，そしてミッチェルリヒ〔E. Mitscherlich　／訳注：アイルハルト・ミッチェルリヒ，ドイツの化学者（1794-1863）。元素の周期的類似性など〕などの有名人のほか，何人かのスウェーデン人を含む大勢の化学者たちである[1, 11]。この時代は，化学者たちが一堂に会すということが実質的にできなかったし，会うとしても困難な旅行の末に個別に一対一での個人的な会合しかできなかったため，この文通という手段は，彼なりの新しい情報を集める方法であった。1834年にミュルデルにあてた手紙の中でベルセリウスは，1828年にロッテルダムで数時間ミュルデルとの会話を楽しんだ想い出や，この旅行はアントワープからハーグまでの

短いものであったのだが，ロッテルダムまでの帆船旅行が含まれており，そこから駅馬車に乗って陸路をたどらなければならず，そこでかなり時間を費やさざるを得なかったこと[12]などをつづっている。手紙は1804年から死ぬまで，ベルセリウスの生涯にわたっており，ミュルデルとのやりとり（76通）は1834年に始まっている。もちろん手書きだが，スウェーデン人が相手でない限りいつもフランス語で書かれている。ベルセリウスとミュルデルの間ではフランス語を使った。デービーの手紙は英語で書かれているが，ベルセリウスはフランス語で返事を書いている。ミッチェルリヒはベルリン大学の教授であり，ドイツ語で手紙を書き，ベルセリウスはスウェーデン語で返信している。彼は以前ベルセリウスの学生であり，スウェーデン語にはおそらくかなり堪能であったと思われる。

　G・J・ミュルデル（1802-1880）は，ベルセリウスより容易に人生のスタートを切ることができた。彼の父は外科医であり，息子に医学の正規の学位コースを受けさせるゆとりがあった。ミュルデルは医業を営むとともに化学にも色気があったが，1832～1833年に起こったコレラの大流行があまりにも耐えがたいものであることがわかって，医業をあきらめざるを得なかった。その後，安定した大学教員の職を得ることができ，最初はロッテルダム大学の講師として，「植物学，化学，数学そして薬学」を，おそらく同時に教えた。1840年にユトレヒト大学の教授になり，そこで定年まで勤めている。彼はとてもエネルギッシュな男で，研究室での研究より，教師として，教科書の著者として，またジャーナルのエディターとして活躍していた。彼は，大きな講堂で1日3時間講義していたし，自分の研究室に10～20人の学生を抱えており，研究というより教育が主体であった。

　ミュルデル自身は，前に紹介したとおり，「分析家」であり，例えば樹皮の抽出液や天然油など薬効があるとされている天然物を，手に入る限り片っ端から分析して組成データを取得していた。1836年から1837年の間のベルセリウスとの書簡の中で，ミュルデルは中国からのもの2つとジャワ島からのもの2つの4種類の茶やコーヒーの分析についてたくさんの議論を行っている。しかし，1837～1838年にかけて，彼は窒素含有物についての元素分析に集中するようになった。これらの物質は，50年前フルクロアの時代に「アルブミン」と総称されるようになった，フィブリン，卵白アルブミン，血清アルブミン，小麦アルブミンなどである。彼は分析について全くベルセ

リウスに頼っていた。ベルセリウスはいつも手紙の中でたくさんのアドバイスを与えていたが，特にこれらの物質に含まれがちなリンと硫黄の分析法についてミュルデルに教えていた。

　そして，これらの分析データから，途方もない結果が予期せず発見され，ミュルデルを興奮の渦に巻き込んだ。リンと硫黄を除いた成分は，これらの異なる種類のアルブミン間で驚くべきほど酷似していたのである。ミュルデルの公表した結果[13,14]から再生したものを図1.2に示したが，実質上同一といってよいほどである。前に述べたとおり，現代の見解からすれば組成式自体にはあまり意味はない。しかし，異なると考えていた物質が全く同じ元素の組成からなっているとすると，それは元素間の結合の様式とは関係なく，ほかの深い意味をくみとることができる。この結果からミュルデルは，これらの物質に共通な同一の「原料（Grundstoff）」と呼ぶ物質があり，それにリンと硫黄が加えられることにより違いが生まれるという考えに至った。さらに，この「原料（Grundstoff）」は，実はたった1つの元生物（小麦かあるいは他の植物）が合成し，消化吸収の過程を経てそのまま動物に移動していったものではないかという考えにまで発展した。以下にミュルデル自身の言葉を引用する。

　　私は，動物における主要な物質は植物界から直接供給されているものであると考えるに至った。フィブリンやアルブミンは硫黄の1分子を除いて全く同じ組成である。植物の「卵白」は穀物から合成され……

　ここにはセンセーショナルといっていいほど力強い言葉が並んでいる。単一の物質が少しばかりの修飾を受けるものの，世の中すべてのタンパク質として現れているというのだ！

　ミュルデルはこれらの結果をまとめて1838年6月3日付の手紙でベルセリウスに送っている。そして，ベルセリウスもまた大変興奮し，これには特別に際立った名称が適当であり，「タンパク質（protein）」という名前がよいと1か月後の返信の中で提案している。この名前はギリシャ語のπρωτειος に由来し，「前に立つ」とか「先頭を切る」という意味をもつ。現代の言葉でいうと「私たちはナンバーワンだ」のようになる。ベルセリウスはさらに1838年7月10日付の手紙で，このネーミングが理にかなったものだと正当

| 12 | 第1部 化学

| | Fibrin | | Albumin | |
			v. Eiern	v. Serum
Kohlenstoff .	54,56	—	54,48	—	54,84
Wasserstoff .	6,90	—	7,01	—	7,09
Stickstoff .	15,72	—	15,70	—	15,83
Sauerstoff .	22,13	—	22,00	—	21,23
Phosphor .	0,33	—	0,43	—	0,33
Schwefel .	0,36	—	0,38	—	0,68

図 1.2　ミュルデルの分析結果の表
リンと硫黄の含量からミュルデルが計算したフィブリンと卵アルブミンの組成式は，$C_{400}H_{620}N_{100}O_{120}P_1S_1$ であった。血清アルブミンは硫黄が 2 原子含まれる以外は一致した。
　図中の用語は以下を参照のこと。Kohlenstoff（炭素），Wasserstoff（水素），Stickstoff（窒素），Sauerstoff（酸素），Phosphor（リン），Schwefel（硫黄），Fibirin（フィブリン），Albumin（アルブミン），v. Eiern（卵の），v. Serum（血清の）

(1838 年の論文 [14] より再編)

化している。つまり「（タンパク質は）動物にとって根源的で第一義的な物質であり，植物が草食動物のために用意し，さらに肉食動物を養うことになるものである」と。

　ミュルデルの理論は現在の知識から感じるほど全く飛躍した空想というわけでもなかった。というのも，当時化学者のあいだで急速に広まりつつあった「基（ラジカル）」理論の概念に合致していたからである〔訳注：現在，ラジカルは活性が高く短命な原子あるいは分子のフリーラジカル（遊離基）を指すことが多い。ここでは，広い意味でのある原子のグループ，例えばメチル基（-CH₃）やエチル基（-CH₂CH₃）のことを指す〕。「基」のアイデアは有機化学の複雑さの中で秩序だった見方を提供すると期待されていた。それは，あるグループの原子が作る「基」は安定で，反復して現れ，一連の化学反応の過程で変わることなく受け継がれる，いいかえれば単一原子のように振る舞うものであるという観察に基づいている。1815 年にゲイ＝リュサック〔Gay-Lussac, J. L. ／訳注：ジョセフ・ルイ・ゲイ＝リュサック（1778-1850）：フランスの化学者，物理学者。気体のシャルルの法則の発見。ユストゥス・フォン・リービッヒは弟子〕が最初にラジカルと呼んだが，多数の人々から支持された。特にベルセリウスの擁護による影響力

第 1 章　ネーミング　| 13 |

は強く，一般的な化学の原則として受け入れられるようになったと考えられている。ミュルデルの「原料（Grundstoff）」も，空前の大きさではあるが，「ラジカル」の概念の延長線上にあるとみることができる。ミュルデルによるタンパク質のコアの組成式は $C_{400}H_{620}N_{100}O_{120}$ であり，メチル基やエチル基などに比べ，とてつもなく大きい。

リービッヒの影響

　予想通り，ユストゥス・リービッヒ（Justus Liebig）はミュルデルの論文が発表されるとすぐにこの話題に割り込んできた。リービッヒは 1824 年からギーセン大学の教授を務めていた。ミュルデルとほとんど同年齢にもかかわらず，すでにベルセリウスと同じくらいの地位を得ていたが，とんでもない自己顕示欲のもち主で，化学のどんな分野においても自分の名声を高めることに貪欲であった。次から次へと，重要であればどんなことでも，彼に熱狂をもって迎えられるかあるいは毒牙にかかるか，時にはその両方の洗礼を逃れることはできなかった。最近の彼に関する伝記では彼のことを「化学の門番」と呼んでいる。それは彼が化学とその関連領域の連携の「門」を開いたからである。栄養学や生理学，発酵学や農業などは中でも特に興味をもっている分野だった [15]。

　リービッヒはたくさんの本を著した。ほとんどのものは同時にドイツ語と英語翻訳が出版された。1839 年には有機物の化学的分析の研究書 [16] が出版され，1840 年には最初の「門」の本である『化学の農学への応用について』[17] が，続いて 1841 年には同様に有名な『動物の化学（*Animal chemistry*），副題：有機化学の生理学や病理学への応用（*Organic chemistry applied to physiology and pathology*）』[18] が出版された。歴史家の E・グラス（E. Glas）[19] によると『動物の化学』はタンパク質関連の研究がヨーロッパ中で爆発的にはやりはじめたときに急いで書かれたものである。そのほとんどはミュルデルのタンパク質理論からの直接の結果であった。この本はタンパク質の概念に関して優先権を確立しようと意図したものであり，実験的証明のない大胆な憶測に満ちていた。にもかかわらず（グラスの論文から引用すると），「（リービッヒの本は）生理化学〔physiological chemistry ／訳注：生命現象を化学的に解析する分野で，19 世紀後半ごろから生化学（biochemistry）という呼称も一般的となり，現在

では広く用いられている〕を大いに刺激した」[19]。ミュルデルの歴史的論文が発表された当時，リービッヒは *Annalen der Pharmacie* 誌（薬学年報）の編集者でもあり，自分の雑誌で何をいおうと何の制約もなかった[20]。1839年には，彼の数ある毒舌の中でも最も有名なものにこの雑誌を使った。すなわち，ドイツのテオドール・シュワン〔Theodore Schwann（1810-1882）／訳注：「細胞説」の提唱。組織学の創始者。胃の消化酵素ペプシンの発見など〕とフランスのカニャール・ド・ラ・トゥール〔Cagniard de la Tour（1773-1859）／訳注：サイレンの発明，水力エンジンの開発，発酵の研究など〕が示した，ワイン造りにみられる「発酵」で糖がアルコールに変化するのは，生きたイースト菌によるものであるという先駆的業績に対して，リービッヒは茶化した皮肉たっぷりの猛烈な攻撃を加えたのである。醸造用の大樽だろうが研究室の試験管の中だろうが化学反応は純粋な化学であると固く信じていたリービッヒにとって，生物が介在するなど思いもよらなかった[21]。

　ベルセリウスと同様，リービッヒも多数の科学者と広い交流をもっていた[22]。ミュルデルの歴史的論文も実はリービッヒへの手紙の一部であり，その後長い書簡が送られた[23]。リービッヒはこれを熱狂的に支持し，彼の「年報」に手紙の内容を紹介した。彼は1841年にミュルデルの仕事は全く正しく，自分の研究室でも確認されたと賞賛に満ちた返信を送っている。リービッヒは植物のタンパク質がそのまま動物に移っていくというアイデアに心酔し，彼自身，植物界すべてにおいて，たった4つの異なるタンパク質しか存在しないと確信するに至った[24, 25]。動物のタンパク質においては，ミュルデルの理論を超えて，荒っぽい主張を『動物の化学』の本の中で展開している。すなわち，

> アルブミンとフィブリンは栄養摂取の過程において筋繊維に転換される。そして筋繊維はさらに再び血中のタンパク質に転換することが可能である[26]。

　当然のことながら，ミュルデルの分析結果はすぐさま疑問が投げかけられる。硫黄（イオウ）はミュルデルのいう「原料（Grundstoff）」から分離できるとされていたが，リービッヒ自身の研究室においても実験的証拠が得られず，ずっと残っているものもあるということがわかった[27-29]。フランスのデュマの研究室では，原子の含有量がタンパク質間で微妙に異なるものが見出された。例

えばフィブリンでは卵白アルブミンより高い窒素原子含量が認められた[30]。リービッヒのミュルデルへの礼賛は一夜にして節操のない侮蔑へと変わった。そして，リービッヒ自身の怪しい説さえもミュルデルのせいにした。ミュルデルへの猛烈な攻撃の中でリービッヒは，初期段階の分解やその分解産物について調べるべきであったのに，ミュルデルは化学者を元素分析に集中させようと誘惑したと述べている[31]。

　しかし，まさにこのリービッヒ - ミュルデル間の論争があったことによりタンパク質の重要度が増すことになった。リービッヒの初期の熱狂がベルセリウス - ミュルデルによるタンパク質の重要性への理論を力強いものにしたといえる。リービッヒなくしては，タンパク質理論も短命なものであっただろう[注1]。

　しかし，タンパク質の重要性が一度心の中に巣くってしまうと，何か生命の秘密を解くカギのような感覚が残った。世界中の知られているタンパク質が基本的に単一の物質であると考えられることは奇跡のように思われた。しかし，何十ものタンパク質について調べられ，個々のタンパク質が似ているものの，はっきりと異なるということがわかってくると，生理学者たちは個々のタンパク質がそれぞれに異なる生理的役割を担うことを認識し始め，それはそれでもっと奇跡であると思われるようになった。「タンパク質」という言葉は適切に使い続けられた。もっとも，しばらくは古い術語である「卵白体 (Eiweisskörper)」がドイツでは正規の術語として 20 世紀初頭まで平行して残っており，英語の刊行物の中にも同様の表現である「アルブミン様物質 (albuminous material)」などの使用が散見される〔ただし，1906 年にオットー・コーンハイム (Otto Cohnheim) の有名な『卵白体の化学 (*Chemie der Eiweisskoerper*)』が英語で翻訳されたときには題が『タンパク質の化学 (*Chemisty of the proteids*)』に変えられていた[32]〕。

注1)　リービッヒの仕事は物議をかもしており，彼の多くの「門番」的仕事の中で，時にばかばかしい間違いがある。リービッヒは広く完全無欠の知者とみなされているが，彼の有機化学の農学への応用は全く破壊的である。例えば，彼は，植物はタンパク質に必要な窒素をすべて空気からまかなうことができるので，窒素を肥料に含ませる必要はないと断言している。英国のロザムステッド農業試験場の創始者であるジョン・ローズ (John Lawes) はリービッヒの理論に対する精力的な挑戦者だった[33]。

化学式量または分子量

　ミュルデルの論文の派生物として，行き過ぎた理論的推量ではなく，実験事実として示されたことは，タンパク質が極端に大きな分子量をもっているに違いないということである。今日の術語でいえば，高分子である。

　この結論は組成分析そのものから導かれる。というのも，物質は必ず整数個の原子を含むというシンプルな原則のもとに最小組成式が決められているからである。したがって，微量成分が1つでも含まれればどんな有機化合物であっても，得られる式量が大きくなるのは避けられない。もちろん，有機化合物は不純物のないピュアなものでなければならず，微量成分の含有量（ほかの豊富に存在する成分との比率）は正確であり，何度計測しても同じ値を示し，間違いなく微量でも当該化合物の不可欠な成分であると確証されることが重要である。同様に，この微量成分は，もとの化合物を分解してできる分解産物の中にも見出され，化学反応の産物として理解されなければならない。この条件はタンパク質に特にあてはまる。タンパク質はアミノ酸のメチオニンやシステインに由来する硫黄を含んでいるので，分解されても同じ成分を保持して含んだ断片が得られる。当時分析された他の天然化合物は，このような微量成分を含んでいない。例えばセルロースやでんぷん，ゴムといったものはCとHとOのみで構成されており，しかも（実験的誤差を考えに入れたとしても）ほとんど同じ割合で含まれているため，現在の知識では単量体（モノマー）が鎖状につながった多量体（ポリマー）からなる巨大分子であるが，組成式は現在我々が単量体としてとらえている最小単位となる。

　ミュルデルの「原料（Grundstoff）」[14)] として測定された組成式は硫黄あるいはリンの1分子を入れたものとして $C_{400}H_{620}N_{100}O_{120}$ となり，Oの原子量を100としたスケールを用いると，分子量はおよそ54,000となる。当時はさまざまな異なる原子量スケールが研究室ごとに使われており，例えばC/Hを6とするところもあった。あまり理解されていないが，ミュルデルのスケールは*相対的な*原子量はたまたま正しく，現在のものと同じであった[33)]。なので，現在のスケールであるOを16として計算し直すには単純に16/100を掛ければよく，式量は8,600となる。この値は現代の基準に照らしても間違いなく「高分子」といえる大きな値である。しかもこれは硫黄原子を1つ含む「最小単位」の分子量であり，実際は1分子中に含まれる硫黄原子の数

を掛けることになる。ミュルデルの分析技術は大変すぐれていた。その証拠に，同じ論文でアミノ酸のロイシンの分子量を計測しているが，窒素原子を1つ含む単位として，またOを16として計算すると132となり，現代の131という値と比べて遜色ない。ミュルデルはロイシンをタンパク質の分解産物としてとらえており，分子量が小さいことは理論に合致している[14]。

　前に述べたリービッヒとの論争の中でもこの大きな分子量については言及されたことは全くなかった。リービッヒはミュルデルが研究したタンパク質に含まれる少量の硫黄（図1.2）については全く議論しなかった。それどころかリービッヒが問題にしたのは，硫黄が簡単に外すことができるというミュルデルの主張に対してだった。硫黄の含量は，タンパク質に高分子量を与える根拠となる分析結果なので，硫黄を取り除くことが難しければ難しいほど，組成成分としての重要性についてより自信がもてるということになる。第4章でくわしく述べるが，後年引き続き研究が進展する中で，分子量が8,600ほどもある分子はありえないとコロイドケミストらが固く信じていた時代に実証されていく。タンパク質の純度に対する評価が厳しくなり，組成分析の精度がどんどんよくなっても，硫黄の含有は残り，高分子の概念の議論の中で，何十年もの間，防波堤であり続けた。

　最後に，原著論文を参照しようとする読者の混乱を防ぐためにいっておかなければならないのは，ミュルデルの時代は「原子量」と「分子量」は多かれ少なかれごっちゃに用いられていたということである。「原子量」は成分である原子の総和の量を意味する。もっといえば，そのころの多くの研究者にとって，これらの量と「結合当量（binding equivalent）」（訳注：Binding equivalentという用語は現在用いられず，ここでは結合にあたる当量を意味していると思われる。現代ではモル当量にあたる）との間におそらくそれほどの違いはなかったと考えられる。ミュルデルはタンパク質のコア（核）となる部分から硫黄をはずすことができると主張しており，彼はこのコアの部分が1分子の硫黄と結合していると考えていたようだ。

| 18 | 第1部　化学

第2章
Crystallinity. Haemoglobin
結晶性　ヘモグロビン

> タンパク質が結晶化できるということは，それ自身が興味深いだけでなく，純度が間違いなく高いということを保証できるという点でも重要であり，またその性質についてのさらなる研究に確かな基礎を与えるものである。
>
> トーマス・オズボーン（Thomas Osborne），1892[1]

序

　方解石や水晶あるいは他の鉱物の結晶は，自然の恵みの中でも太古の昔より見る人々を魅了してきた。そしてまた，科学者の間でも古くから研究の対象であり，幾何学的形状や傾斜角の記述が行われ，1911年の『ブリタニカ百科事典 (Encyclopaedia Britannica)』ではその「結晶学」という項目の中で，さまざまな結晶系や対称性について，1,000枚以上の描画によって説明するという熱狂の入れようだった。

　もともと，結晶学は主として無機物質が自然に作る結晶について研究されていた。結晶学の基礎を築いたルネ＝ジュスト・アユイ (René-Just Haüy；1743-1822) は実際鉱物学者であった。しかし，やがて科学者は結晶を実験室の中で作る方法を探し始めた。溶液中で分子が格子状にきれいに並んでいって，ある種の自己精製のように結晶が成長していかないかと。アユイは純粋であることを当然基本とした。「1つの鉱物から形成される粒は究極的には同じ形になる。異なる結晶相は同一の分子が違う方向に重なっていっていることを示す」[2]。

　残念なことに植物や動物には結晶は全く見られなかった。例えば，「原形質 (protoplasm)」という術語は，いまだにちゃんと性格づけられていない生きた細胞の内容を表すキャッチフレーズのようなものだが，一般的には「ネバネバした半流動体」のものと定義されている。「グルテン (gluten)」は，初期に名前が

| 19 |

付けられた小麦のタンパク質だが，「糊（glue）」という言葉が語源である。ヘリット・ミュルデル（第 1 章参照）は，彼が分析したタンパク質の精製法の報告の中で，ほとんどのものが「シロップ状」とか「泡状」のものであると記述している。

もっと明確な例がある。ミュルデルから 20 年もあとのことであるが精製法が進歩しているわけでもない。つまり，1859 年にウィルヘルム・キューネ（Wilhelm Kühne；Willie Kühne）によってカエルの筋肉から「ミオシン」が初めて単離されたときの方法である。

　　カエルの筋肉を 1 ％の塩を含む溶液で血液を除去し，切除後冷凍した。3 時間後，
　細切し粉雪状にくだいた。溶解時シロップ状の液体になり，亜麻布によりろ過した。
　この「筋肉プラズマ（muscle plasma）」を 0 ℃の水に滴下すると白い不透明の沈
　殿を生じ，塩の溶液に溶かし……この溶液は 0 ℃でいく日も保存することができ，
　温かい部屋に移すととたんに凝集を起こした[3]。

「真の」化学者たちが生化学をばかにしていたことは間違いない。1859 年を過ぎてもまだ「潤滑化学（Schmierchemie）」という名で呼ばれていた[4]。

なので，簡単に手に入る動物の体液である「血液」から，のちにヘモグロビンとして知られるタンパク質がほとんど自然に結晶化するということは天の恵みといってもいいことであったに違いない。

多くの種からのヘモグロビンの結晶

結晶形成は，1840 年にガラスの表面に飛び散ってしまったミミズの血液試料の中に偶然見つかった[5]。ほどなく，赤血球に水を加えて溶血させて内容物を可溶化し，二酸化炭素で少し酸性にすることによって，事実上すべての動物の血液から結晶化が意図的に行われるようになった。1871 年までには，多才な生理学者ヴィルヘルム・プライヤー（Wilhelm Preyer；1841-1897）は，自分の研究成果やほかの人のものを含めて 50 種近くの，あらゆるタイプの動物（もちろんヒトを含む），鳥，爬虫類，魚の血液の結晶を報告した[6]。一世代あとの 1909 年には，まさに並外れた本が現れた。ペンシルベニア大学生理学教授の E・T・レイチャート（E. T. Reichert）と鉱物学教授 A・P・ブラウン（A. P. Brown）に

よる，ワシントン・カーネギー協会にサポートされた5年間の共同研究の成果の本である．彼らは，前著の数倍多い種——気が遠くなるような動物たち，カバ，ヘラジカ，多数のげっ歯類，すべてのサル，イヌ，ネコ，モグラにコウモリ，など——の結晶のリストを作った．この本の最後には600もの光沢のある写真が，得られた結晶の中から選定したほんの少しの例として，結晶の性質や結晶面の傾斜角の精密な計測値などを一つひとつ付けて掲載されている（図2.1）[7]．この仕事が行われるまで，異なる動物や植物から得られた対応するタンパク質が化学的に同じかどうかについては，確実に決められているわけではなかった．レイチャートとブラウンの仕事が，異なる種のヘモグロビンは決して同一ではないことの証明を与えた．彼らは次のような説を唱えた．

> 結晶の形が異なることは，（肉眼的ではあるが，現在の限られた知識をもって）生理化学的な性質が直接的あるいは間接的に種と属あるいは個々の動物の違いの指標としてとらえることができるということを示している．言い換えると，種の基本的な違いは生理化学的な違いに帰着できるかもしれないということである．

当時，これだけ分子レベルで種の違いの研究に努力を費やしたものはなかった．この努力に見合うだけの成果かどうかというと疑問もある．結晶の形は総合的な「形態」であって，分子レベルでの詳細な性質とはかけ離れているし，生

図 2.1　ヘモグロビンの結晶
図中，69番はウズラ，70番はホロホロチョウ（guinea-fowl）のもの．数百の動物種のものがすべて比較されている．　　　　　　　　　　（1909年撮影，文献7より）

物学的分類あるいは進化論などへの系統的な関連性が出てくるようなものでは
ない。そのような洞察は，20世紀に入って，それぞれのアミノ酸配列を決定す
るなどの洗練された手法が開発されるまで待たなければならなかった。反対に，
広範囲な見方における影響力は大きいものがあったに違いない。タンパク質科
学は，ミュルデルの単純で普遍的な1つのタンパク質，あるいはリービッヒの
4つという一方の極端から，レイチャートとブラウンや結晶学に情熱を捧げた
先人たちがこころに描いた，何千もの種の違いによる変形や永遠に増え続ける
化学的機能的特徴を重ね合わせてできる――無限に広がるタンパク質の地平と
いうもう一方の極端にまで発展した。

純度の基準としての結晶性

　これだけ多数のヘモグロビン結晶があり，またほかのタンパク質もほどなく
結晶化されるようになると，結晶性（結晶ができやすいこと）が化学的に純粋で
あることを意味していると明確にいえるのか，といった議論に火をつけること
になった。例えば，アルブレヒト・コッセル（Albreht Kossel）は，タンパク質
の結晶はしばしば結晶性を失うことなく，水や他の外来性の物質を吸収してい
るという知識を基に，疑問を唱えた[8]。また，異なる分子が似たような結晶を
作る同型の問題は，繰り返し反論としてもち上がった。このような1910年以
降の懐疑論者たちは，巨大パーティクル形成に関するコロイド理論（第4章参
照）の熱狂的信者であり，分子的事実やタンパク質に対して「純度」の概念を
全く受け入れようとしない，決められた事項（アジェンダ）に突き動かされてい
る連中であった。アジェンダをもつことにより，彼らはそのアジェンダに対す
る反対者に対して，反証を示す労力を減らすことができたし，彼らの求める証
明はもちろん現実的に到達不可能といえるものであった。
　ほとんどの人が，異なる分子が時に同時に共結晶を作ることを普通に認めて
いた。しかし，そこには何らかのしっかりした共通点――形が合うとか化学的
親和性があるとかの――があるに違いないと議論していた。その頃の論文から
無作為に抜き出すことのできる典型的表現は「結晶化することで，混じり合っ
たものから簡単に純粋な物質を取り出すことができる」。当時，コッセルと同
じくらい権威のあったトーマス・オズボーンはタンパク質が結晶化できること
について，次のように断言している。

それ自体が面白いだけでなく，疑いようもなく純粋であるタンパク質を得る手法として，おそらく重要であり，そのタンパク質についてさらに詳細に研究するうえで確固たる基礎を与える[10]。

　ヘモグロビンの場合は結晶の写真を単に眺めるだけで，そのシャープな形や厳格に決まった角度から十分に納得がいく。雑多に混ざった分子からこのようなものができるだろうか？

　最近になってN・W・ピリー（N. W. Pirie）の歴史的文章の中に，この疑問が再度とりあげられた[11]。彼は，タンパク質を何の目的のために調整しているかによって答えが異なるということを強調した。例えば，酵素の活性を測定している者にとっては，おのおののタンパク質分子の活性部位が保たれているかどうかが最も重要であり，分子の全体的な形や大きさを決めることで満足していた初期の化学者の見方とは全く違う見方を与えるものである。

19世紀の化学とヘモグロビンの分光学 [12]

　ヘモグロビンの研究は，魅力的な取り付きやすさや生物学的重要性，その際立った色，そして結晶を扱うという魅惑から，盛んであったのは疑いない。量的にも質的にも他のタンパク質で行われた研究を急速に覆い隠してしまった。

　実際の分子研究が始まる前から，血液は単純な溶液が含有できる以上の大量の酸素を含んでいることが知られていた。ほとんどの酸素は，赤血球の中にある色の元となっている，1840年に結晶化されたタンパク質に結合していることが知られていたが，その時点では名前が付けられていなかった。それは，化学的にはポルフィリンから派生した補欠分子族とタンパク質が結合したものであることがわかった。補欠分子族は1853年に赤色の元であることが同定され，別途結晶化された。この結晶化法はすぐさま血液の法医学的検査として裁判所に採用された。補欠分子族に結合している鉄の存在が確立され，「ヘミン（haemin）」と命名された[注1]。

注1）　ヘモグロビンが鉄を含んでいることは，1853年にポーランドの解剖学者ルートヴィッヒ・タイヒマン（Ludwig Teichmann；1823-1895）によって発見された[13]。法医学的検査はタイヒマンの名前を有名にしたものであり，10年もの間，衣服や家具等についた汚れが血液かどうかを判定する唯一の承認された検査であった。タイヒマンの科学者としての主な興味はリンパ管に関するもので，彼は毛細血管とリンパ管の間につながりはないという考えを保持した。

第2章　結晶性　ヘモグロビン　| 23 |

色のないタンパク質部分は「グロビン（globin）」と呼ばれ，ヘミンと結合した元の分子はフェリクス・ホッペ＝ザイラー（Felix Hoppe-Seyler；1825-1895）によって1864年に「ヘモグロビン（haemoglobin）」と名付けられた[14]。その後，ヘミンの化学式の確定とタンパク質との結合様式に関する大量の有機化学的研究が行われた。

特筆すべきことに，ヘモグロビンに関する初期の分光学的研究が，1860年にハイデルベルクでキルヒホッフ（Gustav Robert Kirchhoff；1824-1887／訳注：グスタフ・ロベルト・キルヒホッフ，ドイツの物理学者，キルヒホッフの法則）とブンゼン（Robert Bunsen；1811-1899／訳注：ロベルト・ブンゼン，ドイツの化学者。ブンゼンバーナーを利用してセシウム，ルビジウムを発見した）によって分光学が化学に応用されて，すぐに行われた。この領域でのパイオニア的研究を展開したのは，ドイツのすぐれた生理学者であるフェリクス・ホッペ＝ザイラーであった[15]。タンパク質に惹かれた研究者の中には，化学や生理学領域外のタンパク質科学とはかけ離れた分野に興味のある予期せぬ研究者も混じっていた。例えば，ジョージ・ストークス（G. G. Stokes）はケンブリッジ大学のルーカス教授〔アイザック・ニュートン（Isaac Newton；1642-1727／訳注：イングランドの数学者，物理学者。ニュートン力学，微分積分学）のために作られた教授職で，現在はシュテファン・ホーキング（Stephan Hawking；1942-／訳注：英国の理論物理学者。ブラックホールの特異点定理）が就いている〕であった。ストークスは名高い粒子の動きに関する理論的研究（ストークスの式）や理論分光学でよく知られているが，酸化型ヘモグロビンと還元型ヘモグロビンの間のスペクトルの違いに興味をそそられ，実験的に測定した。彼は，動脈血と静脈血の間でのスペクトルの測定結果を比較し，ほとんど差がないことを見つけた。彼は，静脈血は短い間とはいえ肺を通る際に酸化されるに違いないと結論した[16]〔これは1864年のことである。「生物物理（Biophysics）」はまだ今から思うほどモダンなものではなかった！〕[注2]）。

ストークス以後の多くの研究は，1898年，分光学者であるアーサー・ギャムジー（Arthur Gamgee）のテキストブックに明快にまとめられた。彼は414ナノメートル付近の紫外ソーレー吸収帯〔発見者のスイスのジャック＝ルイ・ソレ（J. L. Soret）にちなんで命名された〕に可視域の赤色帯より強い吸収を発見したことを記している。彼は分光法により，明確に多数のヘモグロビン型，すなわち還

[注2] 時を経てもヘモグロビンの研究に対する物理学の研究者の興味が減少する傾向は全くなかった。ストークスの70年後，ライナス・ポーリング（Linus Pauling）はヘモグロビンの磁気感受性を酸素のあるなしで研究して生物物理学者の一員となり，その結果を鉄原子のタンパク質への結合を定義するのに用いた（αヘリックス提唱の15年前である）。

第1部　化学

元型，酸素を非可逆的に含んでいる酸化型，およびその類似型である CO 結合型，またヘムの鉄原子が非可逆的に酸化されてフェリ（三価）になった「メトヘモグロビン」を見分けることができること，そしてその違いは種の異なるヘモグロビンでも同様であることを示した。スペクトルの測定に用いられた装置はギャムジーの論文に描かれており，大変進歩していた。スペクトルそのものの写真が掲載されており，太陽光のフラウンホーファー線の上に重ね合わせて示されていて，正確な波長の目盛りとして使用できる。ギャムジーの説明を教材として考えると，驚くほど高度な知識に満ちており，引用文献の日付は 20 年間さかのぼるところまで網羅されていた[18]。

　この化学的／物理的に多面的な情報に加えて，我々は生理学的側面を加えなければならない。つまり，酸素と他のヘム結合物質との結合平衡とさらに血液全体の研究である。バークロフト（Barcroft）の呼吸に関する信頼のおける生理学の論文には，ヘモグロビンと O_2 や CO 等々との反応の化学的詳細が述べられていて，血液を生理的液体としての話ではない[19]。

　当時，ヘモグロビンほど豊富な知識が得られているタンパク質はなかった。例えばミオシンと比較してみると，ヘモグロビンと同時期に発見され，ヘモグロビンと同様，豊富に存在して，すぐに手に入る研究しやすいタンパク質である。しかし，結晶化はできなかった。ミオシンの粗っぽくてごちゃごちゃした精製法のことは前述したとおりである。しかしながら，両者の間の著しい違いを決定的にしたのは，精製法というよりも精製したものが何であるかということに対する認識のなさに起因しているものである。ミオシンやその関連するタンパク質がどういう機能をもったものであるかを最小限理解できるようになるまで，さらに 100 年を要した。あとの章でこの話題について述べるように，この間，筋肉の収縮に関するメカニズムの理解は全く何の進展もなかったのである。

その他の結晶化されたタンパク質

　植物の種（たね）のタンパク質はしばしば元の種の細胞内ですでに結晶として存在していることがあり，1855 年に初めて結晶化タンパク質としての精製が報告された。1892 年には，種のタンパク質の結晶は，米国にあるコネチカット農業試験場のトーマス・オズボーンの何年にもわたる先駆的研究の中心をなすものであった[20]。彼の仕事については，本章の最初のほうですでに触れたが，第 4 章

でのタンパク質科学一般の進歩の中でも中心的な人物として取り上げる。

　タンパク質の研究が拡大するにつれ，他の動物性タンパク質の結晶も知られるようになった。その中の1つはよく知られた卵白アルブミンであり，フランツ・ホフマイスター（Franz Hofmeister）により1889年に初めて結晶化され[21]，10年後にはホプキンス（F. G. Hopkins）により改良型の調整法が報告された[22, 23]。ホプキンスは，この卵白アルブミンの場合，純粋であることと結晶化することが同一であるとするための大きな価値を付けた。彼は自分の産物を「結晶化アルブミンは幾度の分画を経た結晶であり，極めて精密な旋光性（- 30.7°）を示し，硫黄の含有量も一定である……」と性格づけた。血清アルブミンやミルクアルブミンも同時に同様に結晶化された。これらは，生化学的には純粋であるという基準を示すための特別な生物学的機能をもたないタンパク質であり，だからこそ物理的性質のデータを必須とした。最初の酵素は，ずっとあとの1926年にJ・B・サムナー（J. B. Sumner）によってもう1つの植物性タンパク質であるウレアーゼがタチナタマメ（jack bean）から結晶化された。

結　語

　これから続く章の中で，ヘモグロビンはいつもタンパク質研究の先導としてあり続けることがわかるだろう。現代に至り，X線回折が分子の3次元構造を高い解像度で解く手法として開発されてからというもの，結晶性はそれ自身が極めて重要な因子となった。当然のことながら，ヘモグロビンとその類似分子であるミオグロビンで最初にX線構造解析が成功した。この結晶の革命的な応用は，1850年や1900年頃にはどんな空想も及ばない，予測のつかないことであった。レントゲン（Röntgen）がX線を発見したのが1896年のことであり，その後規則的に並んだ配列からX線回折のパターンを読み取ることの価値に気づくまで，かなりの時間を要した。

第3章
The peptide bond

ペプチド結合

ここに述べる -CO-NH-CH= 基の形成による濃縮の形式は生命体のタンパク質を作り上げるとともに，組織や小腸における分解についても説明することができる。このような事実をもとに，タンパク質は α アミノ酸が濃縮されたことにより，-CO-NH-CH= 基が規則的に繰り返される結合によって形成されるものと考えられるであろう。

フランツ・ホフマイスター，1902[1]

序：タンパク質はアミノ酸からできている

1900年にはタンパク質分子は主としてアミノ酸からなっていて，成分となるアミノ酸もほぼ同定されていた。ミュルデルの基礎的解析が行われた1840年には，グリシンとロイシンしか知られていなかったことと比べると，とんでもない変化であることがわかる。残りのアミノ酸は幾年もかけて，タンパク質の加水分解や化学的解析により徐々に発見されていった。この章で写真（**図3.1**）を載せているうちの1人，エミール・フィッシャー（Emil Fischer）は，プロリンとバリンの2つを彼の研究室で1901年に初めて分離同定し，タンパク質成分のリストに加えた。このときには，まだ誰もどれだけの数のアミノ酸があるのかわからなかったが，実際はあと3つ（アスパラギンとグルタミンを数えるとすると5つ）を残すのみであった。実際の日付は**表3.1**に示した。

さかのぼってみると，アスパラギンとグルタミンは特別に考慮する価値がある。現在ではこれらのアミノ酸のアミド結合とタンパク質のペプチド結合は類似性があることがわかっているが，通常タンパク質分解の過程でそれぞれ対応する酸に分解されてしまうのだ。この加水分解は1873年には，フラージヴェッツ（Hlasiwetz）とハーバーマン（Habermann）によってタンパク

表 3.1　各種アミノ酸がタンパク質構成物として認知された年
タンパク質加水分解物からの分離に基づいている。

1819	ロイシン（Leucine）	1890	シスチン／システイン（Cystine/
1820	グリシン（Glycine）		Cysteine）
1846	チロシン（Tyrosine）	1895	アルギニン（Arginine）
1865	セリン（Serine）	1896	ヒスチジン（Histidine）
1866	グルタミン酸（Glutamic acid）	1901	バリン（Valine）
1869	アスパラギン酸（Aspartic acid）	1901	プロリン（Proline）
〔1873	アスパラギン（Asparagine, 本文参照）〕	1901	トリプトファン（Tryptophan）
〔1873	グルタミン（Glutamine, 本文参照）〕	1903	イソロイシン（Isoleucine）
1875	アラニン（Alanine）	1922	メチオニン（Methionine）
1881	フェニルアラニン（Phenylalanine）	1936	トレオニン（Threonine）
1889	リジン（Lysine）		

表中の年は Fischer（1906）[2], Cohn（1925）[3], Vichery and Schmidt（1931）[4], および Vickery（1972）[5] の総説に基づく。

質を完全に分解したときにアンモニアが生じることからすでに予想されていた [6]。彼らは，アンモニアは，分解によって生じるアスパラギン酸とグルタミン酸の元のアミノ酸であるアスパラギンとグルタミンに由来するに違いないと考えていた。この考えはたぶんかなりの人に支持されていて，**表3.1** には，この 2 つのアミノ酸のアミド化物がタンパク質の成分として「認められた」年を 1873 年とした。純粋主義者は，もちろん有機化学者がアミノ酸側鎖のアミド結合を保護しながらペプチド結合を切断する方法を習得し，アスパラギンとグルタミンが間違いなくタンパク質由来の成分であると確立した 1932 年とするだろう [5,7]。このアミノ酸の一覧表を作るという成果は同時期に一般的な化学の基盤が根本的に変貌を遂げつつあったという点から考慮すべきである。特にこのころ，原子から分子を形づくるときの「結合」の概念が確立された [8]。すなわち，有機化学者は，タンパク質の分解によって生じるアミノ酸は，そのまま元のタンパク質分子の中にあると自然に考えていた。他方で個々のアミノ酸の基本的違い，例えば電荷とか水への親和性とかは，まだ誰の頭の中にも重要な位置を占めていなかった。アミノ酸はいつも飾りっ気のない $H_2N\text{-}CHR\text{-}COOH$（R はいろいろ変わる）という化学式で，すべての原子が電気的に中性であるとして書かれていた [注1]。

注1)　本章の文頭に引用したフランツ・ホフマイスターはタンパク質中のアミノ酸がすべて α アミノ酸であると指摘している。つまり，アミノ基の窒素原子は酸性 COOH 基と同じ炭素原子にすべて結合しているとした。そのうえ，グリシンを除いてすべて 2 つの立体的に異なる光学異性体があり，タンパク質のアミノ酸は常に L 体である（D 体が鏡映対称）としている。分子の非対称性と旋光度の関係が，1874 年のファント・ホッフ（van't Hoff ／訳注：オランダの化学者。ファントホッフの法則）の有名な炭素原子の正 4 面体構造に関するパンフレット以来，当時すでに常

28　第 1 部　化学

最先端にいたドイツ

　リービッヒやミュルデルの時代から変化していたのは，タンパク質化学だけではなかった。科学を支えている社会的基盤そのものが劇的に変わっていった。ドイツが世界のトップに立っていた。ドイツは1871年，普仏戦争に勝利し，アルザス地方を併合した。ストラスブールはシュトラースブルクとなり，ルイ・パスツール（Louis Pasteur）が1849年に専門家としてのキャリアを開始したそこの大学は，ドイツの優越性を見せつける展示場となってしまった。ドイツの影響は東側にも及び，プラーグ（Prague）〔もっと正確には「プラーク Prag」というべきであろう／訳注：チェコ共和国の首都。チェコ語読みではプラハ（Praha）となる。英語読みでプラーグ，ドイツ語読みでプラーク）〕はドイツの街となり，そこの大学は「ドイツ大学（Deutsche Universität）」と呼ばれた[9]。

　ドイツの支配下では，巨大な研究グループの形成が通常のこととなった。グループはパワフルなディレクターに統括されていた。ユストゥス・フォン・リービッヒがギーセンで行うやり方の50年前の先例である。彼らはいたるところで繁栄し，彼らの間を結ぶ鉄道ネットワークがあって，国全体の規模の学会が開催されて，その日の話題がすぐに彼らの間で議論されたに違いない。その際立った例は，ドイツ自然科学者・医学者協会（Gesellschaft deutscher Naturforscher und Ärzte[注2]）である。この組織は1822年におだやかに開始されて[10,11]以来，日増しに重要性を強めていった。それはまさに，「科学」をもっと狭い意味でしかとらえられない，他の国では受け入れられないような生物学を指向する科学者をいざなう名称であった。

　1902年，カールスバッド（現在，チェコ共和国）で開催されたこの協会の第74回学会において，アミノ酸間の結合に関する問題の解答がエミール・フィッシャーとフランツ・ホフマイスターによって独立に報告された[12]。偶然にも2人の発表は同じ日の同じ会場であり（ホフマイスターが午前，フィッシャーが午後），この2人の発表者が全く違う方法で同じ結果を得たことから，

識的な知識であったということは特筆すべきである。この方面の有機化学の知識は，当時のタンパク質の構造の理解に比べると，突出して高度であったといえる。

[注2] Society of German Scientists and Physicians.（英語訳）。「Naturforscher」をそのまま逐語訳すれば，「自然探索者（explorer of nature）」ということになる。

第3章　ペプチド結合　｜ 29 ｜

とても高い信ぴょう性を与えることになった。この日は，まさにこの分野のすべての歴史が変化した分岐点と呼ぶことのできる稀有な1日であったといえる〔ヴィッカリー（Vickery）とオズボーンは，ペプチド結合の解決のことを「おそらくタンパク質科学の歴史の中で最も重大な事件である」[13] と述べている。彼らのすぐれた見解（1928年）からすれば正当性のある判断であろう〕。

エミール・フィッシャー（1852-1919；図3.1）[14,15]

　フィッシャーとホフマイスターは，まさに同時代人であったが，重要な点で異なっていた。すなわち，訓練や研究の専門性，そして学生との接し方や育て方などである。フィッシャーは有機化学の権化であり，合成を熱心に追求し構造を証明するという2つの点で有名だった。物理化学の創始者であるヴィルヘルム・オスワルド（Wilhelm Ostwald）は彼に1889年に学会で出会ったときのことを書き記している。

　　私はエミール・フィッシャーに群がっている有機化学者の塊の中に飲まれてしまった。フィッシャーはそのときすでに我々の科学の未来のリーダーと目されていたし，有機化学でないものは化学ではないとみなされていたからである[16,17]。

　フィッシャーは，1872年にストラスブール大学（以下，現在のフランス語読みで呼ぶことにする）に移ったということで，ドイツの戦利品の恩恵を被った人たちの中の1人といえる。そこで彼は博士号（Ph.D.）を最も生産的な有機化学者の1人であるアドルフ・フォン・バイヤー（Adolf von Baeyer）の下で取得した[注3)]。

　フィッシャーはフォン・バイヤーが1875年にリービッヒの後を継いでミュンヘン大学に移ったときに一緒についていき，以後続けてエアランゲン，ヴュルツブルグ，そしてベルリン大学の教授となった[18]。彼がオストワルドと出会ったのはすでに有名となっていたヴュルツブルグ大学の教授の

注3)　フォン・バイヤーは最後の有機合成に身を捧げたひとりであった。彼は1日中研究室の学生や補助員の実験台のそばにいて，彼らを指導し，例を示したりしていた。フィッシャーは師のスタイルを熱心にまね，それによって被害を受けて苦しむことにもなった。彼は1881年に彼の反応の1つの中で発生したHgEt$_2$ガスにより，水銀中毒を患った。また1891年にはフェニルヒドラジン（phenylhydrazine）ガスの長期にわたって徐々に進行する影響によりひどく健康を害した。フェニルヒドラジンは糖の合成分野で彼が中心的に使用していた物質であった。

| 30 | 第1部　化学

図 3.1　エミール・フィッシャー（Emil Fischer）
（出典：Photo Deutsches Museum München）

頃である。ベルリン大学では 250 人の研究員を擁する世界で最大の研究所を率いていた。彼の初期のおそらく（有機化学の観点からして）最も優れた業績は，糖とプリンに関するものであり，これにより 1902 年ノーベル賞を受賞した。この領域での研究には糖鎖の酵素的切断の研究が含まれており，酵素の特異性に関する深い洞察を含むものであり，有名なフィッシャーの「鍵と鍵穴」仮説を導くものであった。これについては第 15 章の酵素機能に関する部分

第 3 章　ペプチド結合　｜　31

で述べる[19]。この観点から，彼はタンパク質の研究に直接かかわった。酵素がタンパク質であるかどうかについては，当時（さらにもっとあとまで）まだ決着がついていなかったが，フィッシャーは，以下に引用する1905年のバイヤーへの手紙にみられるように，タンパク質であると信じていた。

　　私の熱意はすべて最初の合成酵素に向けられています。もし，私がタンパク質の合成を行うことにより，この酵素が図らずも手に入ってしまうことでもあれば，私のなすべきことは終わったといえるでしょう[20]。

　一度，彼の有機合成にかける熱意がアミノ酸のポリマー化に向けられるとフィッシャーの研究室のすべてのリソースがこの方向に向けられ，彼らは「タンパク質を究極的に合成する手法」を確立するという明瞭な目的を掲げた[21, 22]。フィッシャーは「ペプチド」と「ポリペプチド」いう言葉を編み出し，タンパク質分解物や彼の合成産物などのアミノ酸の混じった溶液からアミノ酸を解析する方法を改良し，2つの新しいアミノ酸を発見した。彼の最初の合成ポリマーはグリシルグリシンであり，カールスバッドのミーティングのころまでには，彼は少なくとも4つのアミノ酸がつながったペプチドを合成していた。そして，合成品は特徴的な呈色反応を示し，生物から抽出したタンパク質を分解するのと同じ条件で，アミノ酸に分解して元に戻った。

　フィッシャーがカールスバッドで行った講演の内容は完全には公表されておらず，「抄録（Autorefrat）」という，発表後に著者自ら書いた要約集だけだった[23]。なので，彼は要約を書いているときは，前もって知っていたわけではないが，ホフマイスターの午前中の講演に気が付いていたはずである。要約の中で，フィッシャーはペプチド基がタンパク質の中のアミノ酸同志の結合に関与しているという確認について，ホフマイスターの優先権を適切に認めながら，それは彼のポリペプチドの仕事の中に本来的に備わっているものであることを指摘している。優先権については真剣に議論されたことはないし，またするべきでもないだろう。長い目でみれば，フィッシャーの綿密な化学的方法はおそらく重要性が高い。有機化学者ならだれでも自ら合成することなしに自分の塩の化学構造を信じることはない！

| 32 | 第1部　化学

フランツ・ホフマイスター（1850-1922；図3.2）[24, 25]

　フランツ・ホフマイスターは生理学者であり，物事を考えるにあたり化学的になる傾向はあったものの，実際にはとてもフィッシャーのような化学者ではありえず，彼の研究の中に最初から合成の意図はない。彼はプラハの有名な医者の息子で，研究者としての履歴の最初からタンパク質に関与していた。彼を指導したプラハ大学のヒューゴ・フペルト（Hugo Huppert）は，小腸におけるタンパク質の分解で高名な生理学者，カール・レーマン（Carl Lehman；1812-1863）の弟子であった。小腸における分解は，いくつかの連続した酵素を必要とし，「ペプトン」とか「アルブモース」とかが，タンパク質から究極のアミノ酸に完全に分解されるまでの中間体の名称としてよく知られている。これらの中間体は，当時，実際より重要な役割があると考えられていた。それは，これらの中間体が消化管で分解された最終産物であり，腸管壁を通してそのまま吸収され，それ以上に分解されることなく，タンパク質に再構成されるものと信じられていたからである。ホフマイスターの1879年の *Habilitationsschrift* はそのようなペプトンの解析を扱っており，彼らの構造が不朽の遺産となると固く信じていた。

　ホフマイスターはフィッシャーとは違い，どこか隠遁者のようなところがあり，全く政治に巻き込まれることもなかった（キャリアの中でポジションを争うようなことがなかった）。彼は，1885年プラハ大学の教授に就任したあとも，結婚したのちも自分の古き家族と一緒に住み続けた。1896年にストラスブールに移ってからは，そこに根が生えたように，どんな名誉な職のオファーがあっても断り続けた。プラハでは，ホフマイスターはタンパク質の精製に入り，無機の塩がタンパク質を溶液から沈殿させる「塩析」という過程に特に興味を抱いた。これは有名な「ホフマイスターシリーズ」——彼が使った塩の有効性の順番——の発見につながった。彼のデータに基づいて硫酸アンモニウムがタンパク質科学者の最も好む沈殿剤となった。その後，これは何十年にもわたり，生化学の研究室から次々と生み出される，果てしないほどの酵素の精製に使われ続けることとなる。ホフマイスター自身は卵白アルブミンの結晶化に有効な方法として硫酸アンモニウムを使った[26]。最も重要なことは，彼が確固たるそして影響力のある，酵素の重要性の提唱者であったということだ。もし，極端に単純化するならば，生きている細胞は酵素を入

第3章　ペプチド結合　| 33 |

図 3.2　フランツ・ホフマイスター（Franz Hofmeister）
(出典：Science Museum/Science & Society Picture Library)

れる入れ物だといえる。ストラスブールでは，カールスバッドの学会の前も後も酵素の活性化が，ホフマイスター研究室の主要な研究テーマとなった[27]。

　ホフマイスターの 1902 年のカールスベルクでの学会講演は，フィッシャーのものよりはよく記録されている。同時に公表されたより詳細な論文[29]に基づき，より一般的なバージョン[28]が公表されている（フィッシャーの結論的論文は 1906 年まで発表されない）。これらの論文にはタンパク質内の結合の問題

について，彼自身の意図的な実験結果に基づいたものではなく，完全に演繹的な推論に基づいて論じられている。彼は，考えられるいくつかの結合について議論している。C–C結合やエーテル結合，エステル結合などはトリプシンなどの酵素では分解されるとは考えにくい。例えば，短いものでも長いものでも炭化水素鎖はトリプシンでは分解されない。加えて，1個の窒素原子での結合（＝C–N–C＝）も除外された。なぜなら，分解されると多量のフリーの–COOH基が生じ，強酸性になるはずだが，そのようなことは観察されなかった。

肯定的なこととして，ホフマイスターは「ビウレット反応」に特別の重要性を見出していた。硫酸銅による呈色反応で，有機化学者には以前から連続的につながったアミド基に特異的であることが知られていた（ビウレット自体は NH_2–CO–NH–CO–NH_2 という化学式をもつ）。ビウレット反応陽性はすべてのタンパク質およびペプトンなど上述した分解反応中間体などであり，個々のアミノ酸は陰性であった。単純な説明としては，アミノ酸はタンパク質の中でその後「ペプチド結合」と呼ばれる結合により，つながっているということになる。ホフマイスターを以下に直接引用すると，

　　このような事実からすると，タンパク質はほとんどの部分でαアミノ酸が濃縮されているものであり，そこでは，–CO–NH–CH＝ という基を繰り返し規則的に形成してつながっているものと考えることができる。

余波：見果てぬ夢

フィッシャーは科学の追求に一本筋であり，文学にも音楽にも芸術にもその他ありとあらゆる文化的娯楽にいっさい興味がなかった。さらに，彼は自らの研究室を独裁者のように支配しており，すべてのリソースをたった1つのゴールに向かうよう指揮をとっていた。そしてまさにポリペプチド合成について，この方式を行った。1906年には65個の異なる長さで，異なるアミノ酸組成のものが合成された。最終的には100個以上で，最も長いものは15個のグリシンと3個のロイシンの18アミノ酸からなるペプチドであった[31]。しかし，フィッシャーはじきに幻滅してしまうことになる。彼の夢であった「最初の合成酵素」は実現できないことを知ってしまう。究極的に合

成物から純粋に酵素を再合成するには，目的の酵素の加水分解産物のアミノ酸配列と一致しているペプチドを合成しなければならない。彼の合成法はそれを実現するにはあまりにも原始的であったし，扱いにくく資金がかかった。例えば，ポリペプチド鎖の最後に付加するアミノ酸のアミノ基は，常に合成の最後に選択的にはずすことのできる保護基をつけていなければならなかった。このような方法は，例えばリジンやグルタミン酸残基のように，追加で保護をしなければならない活性基をもっているものには，すぐに適用できなかった。

　しかも，分解産物のアミノ酸配列に一致させようと思うと，可能性のある配列はとても実現可能とは思えない数になる。1910 年以降，フィッシャーのペプチド合成の仕事は停止した。彼の研究室は炭水化物とプリン化学に戻り，彼はヌクレオチドの合成に思い切って舵を切った。

　ホフマイスターのラボはフィーシャーのラボに比べると，ほとんどきっちりと焦点が定まっていなかった。彼のラボの酵素に関する仕事は，リーダーが決めた問題の解決に一糸乱れぬ団体攻撃を仕掛けていくようなものではなかった。ホフマイスターは問題をあてがうというより，彼らに提案したり，アドバイスしたり，彼の名前が入っていない論文にさえも投稿を助けていた。結果的に，彼のラボの仕事は，いつも変化に富む実験的アプローチにあふれていたし，そうであり続けた。彼のラボからの論文にホフマイスターの名前が通常入っていないので，研究室でどんなことが起こっていたかを追跡することが難しい。しかし，化学結合は彼の実験対象ではなかったし，カールスバッドの学会後も変わりはなかった。

　しかし，ホフマイスターは化学的手法の詳細を突然知り，その問題がフィッシャーを撤退に追い込んだことにいたく同情した。例えば，1908 年に加水分解産物についての解析に以下のような意見を述べている[32]。

　　タンパク質の酵素による分解はいつもたくさんの不ぞろいの分子量をもつ産物を生む……そして厳格な化学的性質をもつアルブミノースやペプトンを分離精製することは報われない仕事だ。

そして同様に合成については，

36　第1部　化学

フィッシャーの庇護のもとに急速に進んだポリペプチド合成は，この手法により
タンパク質の構造を解明できると期待されるところである。この希望はとんでもな
い合成の数を考えるとたちどころに水泡に帰してしまう。

　1つのアミノ酸がどのように隣のアミノ酸とつながっているのかを知ること
とは，特に研究室でのタンパク質合成の見込みについて，即座に期待を抱か
せるものとはならない。ペプチド結合についての確信も同様だ。それは，究
極のゴールへの道のりを示唆するものではない。何十年もの創意工夫と重労
働の末に進展するものだ。

　数年後，いかなる進展も第一次世界大戦によって阻まれてしまったのは衆
知のとおりである。ドイツ帝王の思いあがった栄光への野望によって引き起
こされてしまった戦争といわれている。ドイツが負けたとき，その国家の栄
光の終わりを意味した。シュトラースブルグはまたストラスブールに戻り，
プラークはプラハともう一度名付けられ，チェコスロバキア（訳注：1918年か
ら1992年にかけてヨーロッパに存在した。現在のチェコ共和国とスロバキア共和国から
なる）の首都となった。すべての科学者が影響を受けた。軍事的野心から最
もかけ離れたところにいたであろう科学者でさえも（タンパク質科学者はもちろ
んそうだと思うのだが？）。

　フィッシャーは特に悲劇的な影響を受けた——見果てぬ夢以上に。前に述
べたとおり，彼は1872年の勝利により恩恵を被り，そして1914年当初は熱
烈な愛国者であった。彼はドイツの開戦の正義を信じ込んでおり，武力制圧
された地域の人々に対する残虐行為の報道を否定していた。専門家として，
戦争に必要とされる化学物質の生産を組織する責務を負った。しかし，次第
に迷いから目覚めて1918年1月には，科学と技術は戦争を維持するための
要求にとうてい答えられないとして，軍権民政権政府の長に戦争終結をうな
がす覚書に署名した。この警告は聞き入れられなかった。

　フィッシャーは気落ちした。特に，彼の息子2人が戦死してしまったのち
はひどくなった。彼の健康状態は悪いままで，フェニルヒドラジンによる障
害を完全に乗り越えることはできなかった。フィッシャーは1919年，自殺
した[注4]。

注4）　フィッシャーの長男であるヘルマン・オットー（Hermann Otto Fischer）は戦争を生き延びた。トロント
のバンティング研究所（Banting Institute）に加わり，のちにカリフォルニア大学の生化学の教授になった。彼

ホフマイスターがどの程度戦争に関与したかは明かでない。彼はもちろんストラスブールを去らなければならなかったが，チェコの出身であったため，チェコの市民権を与えられ，プラハにしかるべき地位を提供された。しかし，彼はそれを拒否し，ドイツの仲間と一緒にとどまることを選んだ。彼はビュルツブルク大学の職につき，1922 年に没した。

ペプチド結合への挑戦

フィッシャーとホフマイスターの論文が同時であったことから，ペプチド結合のアイデアは「広まって」おり——つまりたくさんの人がすでに心に抱いていたものがあり——，たまたまフィッシャーとホフマイスターが，公表した最初の論文になっただけだという疑いを抱かせる。しかし，実際はそれとは逆で，ユニークな結合が主体であるという認識はほとんど誰ももっていなかった，という証拠がある。例えば，アルブレヒト・コッセルは，いろいろな意味でその時代の最も見識の高いタンパク質科学者であったが，ホフマイスターの初期の影響のところで述べたように，当時流布していた腸でのタンパク質消化のアイデアの影響下にあった。つまり，ペプトンやアルブミノースのようなタンパク質の異なった部分は，消化管で消化分解された「最終的」産物であり，腸管壁を通過することができて，それ以上分解されることなく，新たなタンパク質の合成に使われると考えられていた。論理的に導かれることとして，自然界にあるタンパク質は局所的な原子の構成は保たれたまま，これらの断片によって造りあげられているということになる[33]。

コッセルが生化学に影響を与えたのは，細胞核の構成成分に関する先駆的仕事を通してであった（1910 年ノーベル賞）。それは，プロタミンについてである。タンパク質といえる原始的な物質であるが，それほど複雑ではなく，圧倒的に多いアミノ酸はアルギニンである。コッセルはおそらく単純なアルギニンに富んだ「プロタミン核」がタンパク質構造の中心であり，そこに他のアミノ酸やもっと大きな構造的ユニットがくっついていくものと考えた。この考えは 1901 年 6 月のドイツ化学学会の講演で発表されたもので，カー

は，父が合成し瓶詰した 9,000 個の基準化合物のライブラリーをドイツから持ち込んだ。免疫学者のカバット（E.A.Kabat）は，このペプチドライブラリーの中のいくつかをフィッシャーの時代にはなかったペーパークロマトグラフィーで調べたところ，1 つを除いて他のすべてのペプチドが 1 本のバンドであること，つまりピュアなものであることを見出した。

| 38 | 第 1 部　化学

ルスバッドミーティングの1年前である。ここには，普遍的な鎖形成機構の概念についての含みはなく，コッセルは後に，さっさとポリペプチド鎖の理論を取り入れた[34]。

その他の考えもしばらく多数存在しており，ヴィッカリーとオズボーンの学術的総説に紹介されている[35]。カールスバッドミーティングのずっとあとまで考え方を変えなかった人々の中に，エミール・アブデルハルデン（Emil Abderhalden）がいる。彼は数年間フィッシャーに近しく最も優れた研究仲間であり，合成技術に関してラボで賞を得ていた。アブデルハルデン（1877-1950）はスイス人だったが，最も執拗で頑固な挑戦者となり，ポリペプチド理論が教科書に載るくらいに一般的になったずっとあとの1924年に，その挑戦はピークを迎えた[36]（訳注：アブデルハルデンの実験については現在強い疑義がある。*Nature*, **109**, 1998）。

$$NH-CHR-CO$$
$$CO-CHR-NH$$

ジケトピペラジンという2つのアミノ酸の環状無水物がアブデルハルデンの理論の心臓部であった。アミノ酸の側鎖のR基が変わることによりいろいろな化合物ができる[37, 38]。このアイデアには，それなりの理屈があった。フィッシャーとフルノー（Fourneau）が合成した最初のグリシルグリシンは実際ジケトピペラジンを介するものであった。まず2アミノ酸無水物が最初にあり，彼らが「逮捕された加水分解（arrested hydrolysis）」と呼ぶ分解によりジペプチドに変換される。これは1901年ごろのペプチド化学の知識がいかに幼稚であったかを示すものであるが，1924年にまたこのレベルに戻るというのは，思慮深いとはいえない。

ヴィッカリーとオズボーンが1928年に指摘しているとおり，ジケトピペラジンの合成は簡単かもしれないが，タンパク質との関連性について，何ら示唆するものではない。自然界に合成ジケトピペラジン環を分断する酵素などみつけることはできないのである！　彼らの最後のコメントは「タンパク質化学で確立された事実を無視する仮説は進歩を助長するものではない」（アブデルハルデンは生涯を通して，論争を好むようだった。ほとんどが勝者にはなれない判断ミスであったが）。

もっとのちの1936年にはドロシー・リンチ（Dorothy Wrinch）による「サイクロール（cyclol）」仮説が出た。タンパク質の構造をコンパクトな形にし

て説明するために考え出された，奇異な幾何学的構造物で（第10章参照），6個のメンバーからなるリング構造のためにペプチド結合は拒絶された[39]。この理論をここで紹介する価値はない（いかばかりかのクレイジーなアイデアはいつもそこら中に漂っているものだ）。リンチは国際的学会で発表の場を与えられるか，学術書の中で1つか2つのパラグラフで記述されるだけの重要性のないものであるからというわけではない。この理由を理解するのはそう簡単なことでもない。アブデルハルデンは以前偉大な化学者の仲間であったし，いつもフィッシャーに賞賛されていたので，彼の話をとりあえず聞こうとさせるものがあったが，リンチは単に派手な演出家であって，化学者でもなく，彼女の仮説的構造に何ら化学的な裏付けをつけることもできなかった。

第4章
Proteins are true macromolecules

タンパク質は真の高分子量分子である[1]

　先に述べたように，ヘモグロビンに関する研究では，鉄1原子につき600個の炭素原子をもっていること，すなわち1分子のヘモグロビンは600個の炭素原子を含むという驚くべき結果が導かれた。したがって，ヘモグロビンは，今まで我々が知っているすべての化学化合物の中で，比較にならないほど複雑な分子である。しかし，報告された値は，ヘモグロビン1分子が鉄原子を1つしか含まないという仮定に基づく，最小のものである。

　先に述べた計算より，ヘモグロビン分子はその1原子の鉄に対して，2個の硫黄原子を含んでいて，ヘモグロビンが1つの化合物であることは疑いのない事実である。

O. ジノフスキー（O. Zinoffsky），1886[2]

序：コロイド説と高分子量分子の論争

　高分子量の生体分子は細胞中に存在するのか？　アミノ酸を連結して，長く（例えば無制限に）ポリペプチド鎖を伸ばすことは可能なのか？　エミール・フィッシャーは，18アミノ酸を連結したポリペプチドを合成することはできたが，それ以上に伸ばすことをあきらめなければならなかった。この実験結果は，ポリペプチド鎖の長さの限界を意味しているのか？　これらの疑問に対して，20世紀前半に活発な論争が行われ，その結果，コロイド説という新しい考え方が生まれた。コロイド説は，基本的に無機コロイド（金コロイド，シリカゲルなど）に関する知見を基にした，高分子量の巨大物質についての考え方である。これらの無機コロイドが，高分子量の巨大物質として存在することについては，疑いの余地はなかった。しかし，その分子量は外部

| 41 |

環境や測定の条件などにより変化することが知られていて，これらの高分子量物質は元になる分子が凝集した状態であると考えられていた。そのような凝集体が，溶液中でどのようにして作られ，どのような状態で存在して，どこまで大きな物質になるのかという問題は，多くの優れた科学者の興味をかき立て，それを説明するためのより優れた理論を発展させ，また新しい解析技術の発展にも繋がった。

　何種類かの有機物質（ゴム，セルロース，タンパク質）は，ある意味で無機コロイドと似たような挙動を示すことが知られていた。これらの物質は，溶液中で巨大物質として存在して，単一の分子として大きいということではなく，低分子量の「元の分子」が何らかの曖昧な仕組みで凝集しているものであると予想することは容易であった。このような仮説は，特に同時代の多くの著名な有機化学者たちから，強く支持された。彼らは，炭素，水素，酸素や窒素原子を何百も組み合わせて，精製や解析が可能な有機化合物を合成することには慣れていたが，それらの化合物の分子量は最大でも数百の範囲を超えることはなかった。これらの有機化学者には，このような単純な原子たちを組み合わせただけでできている生体物質が，分子量数十万の分子を形成し，水溶液中（タンパク質，多糖類）あるいはベンゼン溶液中（ゴム，ポリスチレン）に安定して存在していることは，信じ難いことであった。

　こうして，コロイド説対高分子説の論争が始まった。この論争は，1930年代まで続き，最後に論争の決着がついて，高分子化学が独立した科学の分野として確立されたことにより終結した。この歴史的な，伝説ともいえる論争の主役を務め，コロイド説支持の化学者たちに，輝く剱を持った騎士のように毅然として対峙したのは，ヘルマン・シュタウディンガー（Herman Staudinger；1881-1965）である。シュタウディンガーは，高分子量の巨大生体分子が安定して存在することができるという，傑出した考え方を歴史上初めて提唱した（1920年）ことにより知られている[3-8]。この論争でコロイド化学者たちは，生体高分子は単に低分子量分子の凝集体でしかないという自分たちの定説に囚われて，彼らへの反論に全く聞く耳をもたなかった人々として，現在では見なされている。結局，コロイド化学者たちは，（振り返って考えてみて）自分たちの学問分野のみならず，生物学全体の発展に悪影響を残してしまった——例えば，フローキン（Florkin）とストッツ（Stotz）[9]は，この時期を「コロイド生物学の暗黒時代」と呼んでいる。もちろん，最終的に

は真実が明らかとなり勝利するのだが，この長い殺伐とした論争の間，我らがヒーローであるシュタウディンガーは「我はここに立つ。それ以外はできない」[10] というマルティン・ルター（Martin Luther）の有名な言葉を引用してまで戦った。しかし，シュタウディンガーは，確固たる数々の実験結果により支持され，論争に決着がついてから後も長い期間がかかってしまったものの，最終的には 1953 年にノーベル化学賞を受賞した。

　この生体高分子に関する歴史は，化学全体の歴史の中の一部でもあり，現代において一般に「ポリマー化学」と呼ばれている狭い専門分野から見ても，正確なものである。しかし実際には，タンパク質はこの論争には含まれていなかったことも事実なのである。タンパク質科学者は，以下に述べるように，この論争[注1] にはほとんど関心をもつことなく，のんきに自分たちの研究を進めることにのみ集中していたのである。

組成分析の結果は，タンパク質が高分子量をもつことを確信させた

　タンパク質化学が，コロイド論争に巻き込まれなかった基本的な理由は，最初の 3 つの章で述べている。

1. シュタウディンガーより約 100 年前に，ミュルデルが，アルブミン様の物質を表すために「タンパク質」という呼び方を最初に用いた論文の中で [11]，簡単な実験結果により，タンパク質が多くの一般的な有機化合物に比べて，大きな物質であることを明確に示した。
2. ミュルデルの論文に少し遅れて，ヘモグロビンが登場した。その結晶は美しさだけでなく，ヘモグロビンの化学的純度，その秩序だった状態および実験の再現性を明確に示した。少なくとも，ヘモグロビンという 1 つのタンパク質が，厳密な化学の分野の中で化学物質として認識された。
3. ペプチド結合の発見は，アミノ酸の長い配列がつながっていく仕組みを説明することを可能にした。これにより，他の科学者たちが，どんなにタンパク質を排除したうえでの経験を基に信じ込もうとしても，生体高分子

注1）　酵素学者たちは例外的である。彼らはタンパク質が大きな分子量をもつかどうかを論争していたのではなく，タンパク質に酵素活性があることに抵抗していた（第 15 章参照）。

の存在は疑いようのない確実なものとなった。

タンパク質の元素組成に関する最初の主役は，もちろんヘモグロビンである。ヘモグロビンに関するすべての実験結果は，動物種の違いや結晶の種類の違いにかかわらず，いずれも一定で，極端に低い鉄原子含有率を示した。これらの実験結果から，ヘモグロビンの分子量は最低でも約 16,000 と計算された。第 2 章に述べたように，結晶化が可能であることが一様にその物質の純度を保証しているのか，という点については議論があった。しかし，ヘモグロビンの場合には，結晶化とさまざまな実験での鉄含有率の一致は，ほとんどすべての人々に確信をもたせるのに十分であった。ヘモグロビンについての結果は，1872 年には教科書に載せられるまでに確立した。例えば，リービッヒの研究室の学生であり，その後ロンドンで医者として診療を行い，英国政府からも医学分野の顧問としてしばしば招聘されたツディヒャム（J. L. W. Thudicum；1829-1901 ／訳注：ドイツ生まれ，英国の医化学者。脳のスフィンゴ脂質など）によって書かれた生理化学の教科書には，以下のような記載がある。

　　この化学の一分野を学ぶ機会がなく……原子量 500 以上の物質について知らなかった人々にとっては，ヘモグロビンが示す高い原子量は，驚きかもしれない。しかし，ヘモグロビンは，精製された物質であり，その鉄含有率は常に 0.4% である[12]（この時代の，化学用語は未だ完成されておらず，1 分子中の原子の質量の和を「原子量」という言葉で表していた）。

1886 年に，ヘモグロビンに関する決定的な論文が，バーゼル大学のグスタフ・ブンゲ（Gustav Bunge）の研究室のオスカー・ジノフスキー（Oscar Zinoffsky）によって発表された。ジノフスキーはこの論文で，ヘモグロビンは「分子」として存在するのではなく，単に鉄を含んだヘムタンパク質が集まってできている物質を指しているにすぎない，という主張を一蹴した。ジノフスキーは，ヘモグロビンの鉄含有量を再度測定するとともに，硫黄原子の量も測定した。1 分子あたり硫黄原子が 2 個含まれると仮定すると，どちらの測定結果もともに最小分子量として 16,700 という値を示した。その後まもなく，ヘモグロビンのこの高分子量は，酸素あるいは二酸化炭素 1 分子に対応するヘモグロビンの化学量論的「分子」の積算量としても，計算され

支持された。その値は，鉄含有量から計算した値と同じく，酸素あるいは二酸化炭素1分子あたり16,000グラムのタンパク質を示した[13]。

　これとだいたい同じ時期に，タンパク質のアミノ酸の含有量の測定からも組成分析を支持する結果が発表された。それらは，アミノ酸含有量の完全な決定という内容からは未だほど遠いものであったが，上述の組成分析結果と合致するものであった——しばしば，1つのたんぱく質の加水分解産物に含まれる数種類のアミノ酸の量は微量であり，それを基に計算されたタンパク質の分子量は，必然的に高分子量を示した[14,15]。さらに，タンパク質と他の天然物質（高分子量物質として知られていたセルロース，でんぷん，あるいはゴム）との間に見られる，本質的な共通した違いもより明らかとなった。後者に属する物質は，すべて同一分子の多量体であり，構成成分から高分子量を予測することはできない。有機化学者たちが合成多量体の分野の基盤を作った際に受け継いだものと，タンパク質研究者たちが受け継いだものとが異なっていたことは明らかである！

　もう1つ，フラーシヴェッツとハーバーマンという2人のあまり知られていないチェコの化学者が，1871年に行った別の実験について述べておく必要がある。彼らの仕事は，現在では科学歴史家たちから非常に高く評価されている。彼らは，酸化反応や加水分解反応を用いて，タンパク質（カゼイン）の完全なアミノ酸組成の決定を最初に試みたのである。連続分解反応の手法が用いられ，各段階で次第に単純な化合物が検出されていった。この実験結果からの明らかな結論は，実験に使った分解前の最初の基質が，極めて大きな分子量をもっていなければならないということである。それと同時に，この分解反応を用いた手法は，実験の各段階で「規則正しい」結合が次々と切り離されていくという考え方を明らかにした。連続した分解反応により，基質の高分子量を証明するというこの基本的な考え方は，タンパク質分子がもつ性質として，ただちに広く受け入れられた。この考え方は，例えばA・コッセル（Alfred Kossel）により1901年に明快に述べられている[17]。しかし，そこではフラーシヴェッツとハーバーマンの論文は，引用されていない。

　ハインリッヒ・フラーシヴェッツ（1825-1875）は，著名な科学者（例えばエミール・フィッシャー）とは対照的に，大規模な研究グループを率いることもなく，決して大きな注目も集めなかったという点を認識しておくべきである。フラーシヴェッツは，インスブルック大学の化学科の教授を務め，のちに

ウイーン工科大学へ移った。彼の研究は，特にタンパク質に限定していたわけではなく，あらゆる種類の天然物を扱っていた。実際，彼は分解反応の手法により，タンパク質と同様に多糖類が高分子量の生体分子であることも早くから指摘していた。彼は化学と同様に音楽も愛して，小品のみならずオペラをも作曲した。フラーシヴェッツの学生であったL・バルト（L. Barth）が，愛情のこもった伝記を残している[18]。

コロイド化学の台頭

　有機化学者たちが，タンパク質について，これまで述べたような進歩を見せていた間に，物理化学という新しい学問分野が生まれていた[19]。物理化学は，いろいろな優れた面をもっていたが，その中には，生体高分子の分子量と大きさを計測できるという点もあった。1887年は，ヴィルヘルム・オストヴァルトの編集のもと，*Zeitschrift für physikalische*誌が創刊された年であり，しばしば物理化学時代到来の年として知られている。物理化学の手法をタンパク質に応用した初期の実験結果が，創刊してまもなく出版された。それは，融点降下を使って，卵白アルブミンの分子量を15,000と決定した論文であった。この方法は，タンパク質自身の質量を直接測定したものではなく，水溶液1グラムに含まれるタンパク質分子数を測定することにより，分子量を間接的に求める方法である。この手法を生体高分子に応用した場合，分子数はわずかで，また小分子の存在により影響を受けやすいので，測定される分子量の誤差は大きくなってしまう。したがって，物理化学的手法から得られた分子量に関する結果は，必然的に慎重に解釈された。しかし，この結果に矛盾するような結果は報告されず，組成分析のより直接的な手法から得られた値とよく一致するとして，15,000という分子量は広く引用された（しばらくして，物理化学がタンパク質研究者にとり基本的な手法になったことはいうまでもない。このことは，他の分野にも当てはまるものである）。

　何年か前の1861年に，スコットランド出身のトーマス・グレアム（Thomas Graham；1805-1869）は，特に意識もせずコロイド化学というもう1つの新しい研究分野の基盤を創っていた。コロイド化学は，初期には物理化学に比べて注目されていなかったが，結果的には生体高分子の分子量決定の進歩に強い影響を及ぼした。以下に，コロイド説が注目を集めていった過程での，い

くつかの重要な出来事を説明する。

　生前，しばしば「英国化学界の長老」とも呼ばれたトーマス・グレアムは，英国化学会の創設者であり，初代の会長でもある[21]。彼の研究で最もよく知られた分野は気体の拡散作用であったが，1861 年にグレアムはその関心を液体に変更し，液体中での分子の拡散速度やさまざまな半透膜（例えば，羊皮紙やゼラチン状でんぷん）[22] を使った濾過速度の測定を行った。彼は，いくつかの溶液状態の物質——シリカゲル，アルミナ水和物，デンプン，アルブミン，ゼラチンなど——の自由拡散速度が，無機塩や糖に比べて著しく遅く，半透膜を使った実験では透過がほとんど完全に抑えられることを示した。グレアムは，このような性質をもつ物質を「コロイド」と名付け，それに対してより早く拡散する無機化合物や有機化合物を「クリスタロイド」と名付けた。彼は，ギリシャ語の「糊」を意味する言葉から「コロイド」と名付けた。なぜなら，自然界での糊の主成分であるゼラチンが，その「典型的」な物質であると判断したからである。グレアムは，コロイドはおそらくクリスタロイド分子が凝集した物質で，その結果分子量が大きくなっていると考えていた。コロイドは共通した性質として，（拡散速度の低下に加えて）凝集体なので結晶化できないこと，および「可変性」すなわちその物理的性状が条件によって変化することを含んでいる。しかし，このようにコロイドの性質を一般化した考え方は，もちろん，まもなく通用しなくなってしまう——特にコロイド説を支持する人々にとって，ヘモグロビンの結晶化を説明することは，常に困難を伴った〔今から考えると，タンパク質（protein：ギリシャ語で第一の物質）と関連して「コロイド」という言葉を採用したことは，たぶんあまり良くない選択だと思われる〕。

　グレアムは 1869 年に他界し，その後数十年間は人々のコロイド化学に関する興味は薄れていた。ここで，グレアムの仕事について理解し，特別な原子間の結合について近代的な理論の基礎を創ったアウグスト・ケクレについて述べておく必要がある。なぜならば，ケクレは，コロイド理論において特別に重要な役割をもつことになる原子の一次結合と二次結合の違いに関して述べているからである。実際，ケクレは 1878 年の講演[23] において，次のような（グレアムにより「奇妙な凝集体」と呼ばれた）考え方について短く告白している。「炭素のような原子の多価性によって，網あるいはスポンジのような構造をもつ物質を形づくることが十分に説明できるのではないか？」

第 4 章　タンパク質は真の高分子量分子である　｜ 47 ｜

ヴィルヘルム・オストヴァルト [24) は，1884 年に出版した物理化学の教科書の中で，コロイドについてはわずかに述べるにとどめているが，「奇妙な凝集体」の考えには，ケクレに比べてより同情的である——彼はコロイド溶液は「化合物というよりもむしろ機械的混合物である」と表現している。少数のコロイドを専門に研究する人々は，タンパク質についてほとんど注目していなかった。無機コロイドのほうが，手に入れやすくまた扱いやすかったからである。例えば，コロイドについて盛んに研究を行っていた，オランダの化学者ファン・ベンメレン（van Bemmelen）は，コロイドの水和に関するよく知られた 1888 年の論文 [25) の中で，タンパク質には一言も触れていない。しかし，タンパク質について研究をする者であれば，多くの水溶性タンパク質について，無視をすることはできないはずである。

　ハロルド・ピクトン（Harold Picton）とステファン・リンダー（Stephen Linder）の 2 人の英国のコロイド化学者は，タンパク質について実際に研究を行っていたが，タンパク質が高分子量をもつことを受け入れるのに，困難を感じなかったようである。ピクトンとリンダーは，1892 年に電場中でのコロイド粒子の動きに関する研究の草分けとなった有名な論文 [26) により高く評価されている。彼らは，コロイド状の硫化ヒ素など明らかに 2 次的な凝集状態の物質に加えて，結晶可能な物質であるヘモグロビンについても述べている——彼らは，組成分析から得られたヘモグロビンの高分子量を認め，その値は最小値に違いないとまで述べている。実際のところ，彼らはコロイドとクリスタロイドを厳密に区別することはもはや難しいと考え，それよりも高分子量のクリスタロイド溶液と古典的なコロイド粒子の懸濁液との間に連続性があることを提唱した。その約 10 年後に，ヴォルフガング・オストヴァルト（Wolfgang Ostwald：先に取り上げた，ヴィルヘルム・オストヴァルトの息子）が，あたかも伝道師のような熱意をもってこの分野に参入していなければ，コロイド化学はこのようにして論争を避け，静かに発展をしていったはずであった [27)。

　コロイド化学を専門としない研究者たちからも，熱心なコロイド支持者が出てくるようになった。その中でも，米国化学会の発展に，最も大きな貢献をした化学者の 1 人で [28)，「アーサー王」とまで呼ばれたノイズ（A. A. Noyes）の意見は影響力が大きかった。ノイズは，1904 年に史上最年少で米国化学会の会長に選出された。彼自身は，コロイド学には直接かかわっては

いなかったが，その就任演説において[29]演壇上で実際に実験を行い，コロイド分野に対する大きな期待を表明した。ノイズは，コロイドを「凝集の重要な状態」と呼び，それまでに繰り広げられた論争を再検討した結果の総説を述べた。今日からみると，彼の考えは（新米にもかかわらず）極めて先見性をもったものであった。ノイズは，コロイド混合物を，（ゼラチンや卵白アルブミンに代表される）コロイド溶液と，（硫化ヒ素に代表される）コロイド懸濁液の2種類に分けて考える必要性を唱えた——両者は，その粘度や凝固しやすさなどさまざまな点で異なる性質を示すためである。しかしノイズは，これらの違いを説明する理論的洞察を加えることはできなかった。そして，「コロイド」が統一的概念としては人為的かもしれないとも思わなかった（彼は，分子量が大きいということのみで，性質の異なる2種類の物質を一緒くたに扱っていたのではないか？）。それどころか「タンパク質は，純粋な化学分子が凝集したものである」という考えを改めて明確に述べた。彼の絶大なる地位を考えると，少なくとも化学界の一部には大きな影響を残したにちがいない。ノイズ自身は，その後コロイドの研究は行わず，コロイドについて講演で触れることもなかった。

　生命の仕組みについて，歴史を超えて認められるような一般的な原理を何か1つ発見したいという夢は，コロイド科学者たちを依然として引きつけていた。グレアムは，1861年に発表した重要な論文で，「奇妙な物理的凝集体」としてのコロイドは，「生物の成長過程に介在する物質」で必要不可欠であるという仮説を述べ，コロイドの基本的な考え方を提唱した。この仮説は，長い間一般的な支持を受けていた。しかし，生命活動にかかわる物質（タンパク質，酵素など）を扱っていた研究者たちの間では，通常受け入れられていなかったと言うべきであろう。魔法のような医術的ご利益へ冒険的飛躍をする者もいた。フランスのA・ルミエール（A. Lumière）が1つの例である[30]。彼は，「コロイド状態は生命を制御している；その変化が病気や死を決めている」と述べている。米国では，一時期ジャック・レーブ（Jacques Loeb）の庇護のもとにあったマーチン・フィッシャー（Martin Fischer）が浮かれた「コロイド治療師」として資産家たちに彼の施術を行って金持ちになったといわれている[31]。

　しかし，この手の話で最も悪名が高く奇妙な例は，高名な物理化学者で，コーネル大学教授であり，*Journal of Physical Chemistry* 誌の創始者およ

び編集代表者でもあったワイルダー・バンクロフト（Wilder Bancroft；1867-1953）の行ったものである。1930年の前後数年間の期間に，バンクロフトは麻酔に関するコロイド理論を発表した。彼の提唱した理論は，毒物，薬物依存，さらには精神異常にまでエスカレートした。バンクロフトは，神経系のすべての疾患は神経線維でのタンパク質の異常凝集物に起因し，実験でタンパク質を溶解するのに使う塩を注射することにより治療できるに違いないと信じ込んでいた[31]。

　このような彼の発表は，新聞の第一面に取り上げられたが，医学関係者から激しい反発を受けることになった。バンクロフトの研究結果は，ほどなくして物理化学者たちからも否定されるようになり，彼は *Journal of Physical Chemistry* 誌の編集者からも外された。1933年に米国化学会のニューヨーク支部は，バンクロフトの上記の研究業績に対して，メダルを授与する決定を行ったが，それは学会内に大きな議論を巻き起こし，動揺をもたらした。その結果，バンクロフトは彼が10年から20年ほど前に行った，上記の研究とは関係のない，より確かな研究成果に対して賞を受理するように求められた。しかし，バンクロフトがその要求を拒否したため，学会が彼の受賞を取り消した結果，その年は受賞なしとなった。以上の経過全体については，J・W・サーヴォス（J. W. Servos）によって極めて詳細に述べられていて，その一部はライドラー（Laidler）による物理化学の歴史書にも記載されている。しかし，現在知ることのできる範囲においては，この事件の背景におそらく存在するであろう，（バンクロフトの）異常な精神状態については触れられていない[32, 33]。タンパク質科学に対しては，バンクロフトの影響はほとんど見てとれない。たぶん，学会に対して絶大な力をもつノイズが，バンクロフトの研究を一貫して軽蔑しており，カリフォルニア工科大学の彼が所属する学部図書館に *Journal of Physical Chemistry* 誌を置くことすら許さなかったことが影響しているだろう。

　1907年頃に，若きヴォルフガング・オストヴァルトがコロイド説の真の提唱者として生物学の方面から加わった。彼は母国ドイツで動物学を学び，その後2年間（1904-1906）米国に渡り，カリフォルニアのバークレイでジャック・レーブのもとで研究を行った。レーブは米国生物学の新しい機械論学派の目覚ましいリーダーとして活躍を見せていた[34]。ちょうどその頃，レーブはコロイド科学の生物機構としての可能性に関心をもち，講義で詳しく取

り上げたが，すぐさまコロイド説に対して，批判的立場をとるようになった。しかし，オストヴァルトはコロイド説ウイルスに冒されるとそれに執着し，その後の批判に免疫ができてしまった。彼は，すべてのコロイドの一般的なメカニズムとして，2次的凝集という概念に取り憑かれて，彼の考えを宣教師のように説いて回った。オストヴァルトはライプチヒに戻り，コロイド科学を新しい物理化学の一分野として確立させるために全力を注いだ。彼は新しく発刊された *Kolloid Zeitschrift* 誌 [35] の最初の号に有名な論文を発表し，2年目からはその雑誌に対して強い影響力をもつようになり，長年その編集者を務めた。オストヴァルトは，コロイドの凝集物としての考え方（そこでは例外は認められなかった―コロイド粒子は分子としては扱われなかった）のみを信じ，さらには，物理化学の基本的な法則はコロイドには適用できないと主張するまでになってしまった。彼の熱意はとどまるところを知らず，最初の号で述べたこの雑誌の趣旨を全面的に支持し [36]，コロイド科学がすべての分野にわたって本質的に重要になるであろうと唱えた。

> さらに，コロイドに関する基礎的な化学的および物理的研究は，地学，生物学，生理学，植物学など各分野の発展にも本質的に重要である。動物界および植物界の細胞全生命と無機物質界は全体として，コロイド間の相互作用として広く融合するであろう。

オストヴァルトは，彼の考えを実験ではなく主に講演を通して広く紹介してまわった。1913年から1914年にかけて行った米国での講演旅行では74日で全土を回り，56回もの講演を行った！ オストヴァルトの，「コロイド化学が1つの独立した分野として存在する意義がある」という主張と，彼が新しく創刊した雑誌の紹介を通じて，オストヴァルトは，物理化学の基礎を創り *Zeischrift für physiokalische Chemie* 誌の創刊者でもある，彼の高名な父親に負けまいとするほとんど病的な願望を現していた。オストヴァルトの姉は，彼女が書いた父親の伝記の中で [37]，弟の「科学者の家系を創り上げたい」という憧れについて言及している。そして，（時にはユーモアを交えながら）オストヴァルトの性格について以下のように語っている。「ヴォルフは，彼の父のもつアポロ的落ち着きをもっていなかった。むしろ彼は（酒神）ディ

第4章　タンパク質は真の高分子量分子である　51

オニソス的気質のもち主だった」[注2]。

タンパク質化学者たちの反応：1900-1920

　歴史家のロバート・オルビー（Robert Olby）[6]は，この時代について以下のように述べている。「代謝経路に関する研究や天然物質の構造に関する研究の道すじが，コロイド化学者たちのフィールドを横切っていたと一般的に思われている」。しかし，タンパク質の化学的および物理的な性質の研究に実際に手を動かしていた，さまざまなバックグラウンドをもつ科学者たちにとってはそうでもなかった。同様にタンパク質に関する教科書を書いていた人々にも当てはまらない。以下の説明から，コロイド科学がこれらの人々に与えた影響は極めて少なかったことが理解できるであろう。生体高分子の概念は，タンパク質科学者にはすでに本質的なものとなっていて，わざわざ正当化すべきものではなかった。この点については，1900年前後（ノイズの論文以前であり，オストヴァルトの猛攻撃の前である）に書かれたものから読み取ることができる。この記述は，10年から20年後，コロイド説信奉者の立ち位置がすべての化学者や生理学者に知れ渡った後にも，実質的に変わることはなかった。コロイドと生体高分子の間の論議は，ほとんどの場合単に考えに入れられていなかった。1927年にF・G・ホプキンズ[38]は，生化学者たちを「隔離された人々」と呼んだ——この言葉は，1900～1920年の時代のタンパク質化学者たちにもよく当てはまる。

　我々は，すでに分子量を組成分析法で測定する初期の仕事を紹介した——測定方法の改良により実験結果は次第に信頼できるものとなっていった。しかし1900年には，単純な組成分析よりもはるかに詳しい解析が可能となっていた。例えば，3種類の窒素原子を区別することが可能となり[39]，そのような方法が，さらに詳しい解析に用いられるようになった。著名なドイツ人の生理化学者のアルブレヒト・コッセル（1853-1927）[40]は，アミノ酸そのものとそれらのタンパク質内での空間的な配置が，タンパク質を化学的に理

[注2]　ヴォルフガング・オストヴァルトは1930年に真の高分子が存在することを認めた。コロイド化学はもちろん繁栄を続けて，主として（例えば洗剤ミセルとか無機コロイドとかの）システムに適用された。そこでは「奇妙な物理的凝集物」は合理的概念であり，もともとの議論が分かれた状態から離れて，エアロゾルとかにも拡張された。*Kolloid Zeitschrift*（コロイド）誌は1962年に *Kolloid Zeitschrift und Zeitschrift für Polymere*（コロイドとポリマー）誌に改名された。

| 52 | 第1部　化学

解するための鍵となるであろうと予見している[41]。コッセルはこの点について，1912 年に米国での講演でさらにはっきりと述べている[42]。タンパク質部分間の，規則的な結合による生体高分子としての性質は，タンパク質の分野の多くの論文では，1902 年に分水嶺となるペプチド結合が提唱される以前のものであっても，暗黙の了解として扱われていた。これらの論文中に，コロイド説についての言及は全くなかった。

　米国の化学者，トーマス・B・オズボーン（1859-1929）[43]は，（現在，振り返って考えでみると）同時代の化学者たちと比較して，傑出した存在であった——彼の研究は，詳細な精製法，結果の再現性，誤差の評価などすべてに対して厳密な注意が払われている点で，光輝く業績である。オズボーンの研究は，ほとんど植物の種子についてであるが（彼はコネチカット州の農業研究所に勤めていた），その成果ははるかに広範囲にわたる重要性をもっている。1902 年の硫黄について解析した論文[44]では，彼は動物性および植物性を含む 24 種のタンパク質について詳細に解析し，すべての場合で分子量 15,000 以上の結果を発表した。別の論文では，窒素の異なる状態を見分ける新しい方法を開発して，与えられたタンパク質中のアミノ酸の多様性を見出した——この結果は，化学的組成を基に化学量論的に計算すると，必然的にそのタンパク質が高分子量であることが導かれることになる[45]。初期の酸結合能に関する論文でも，同じ結論に達している。オズボーンは，極めて明確に「分子量」という言葉を，現在我々が使用しているのと同じ意味で用いている。

　オズボーンは，1909 年に現在その分野の古典的名著として知られている植物性タンパク質に関する著書を出版した[46]。彼にとって，その頃さらに勢力を増していたコロイド説は，タンパク質が高分子量であることに何の疑問も抱かせるものではなかった。さらに彼は，ほとんどのタンパク質はおそらく組成分析から推定される最小分子量よりも何倍も大きな分子量をもっている，と強調した。彼はまたタンパク質が，「分子中で水分子を排除しながら結合した」アミノ酸から構成されていると断定した。加えて，タンパク質の加水分解反応物を 100％回収した結果を説明するためには，未知のアミノ酸がさらに発見されなければならないとも主張した。オズボーンは，この著書の中で，「コロイド」という言葉は一切用いていないばかりでなく，タンパク質が小分子同士の化学結合を介さない単なる凝集体であるとする，コロイド化学者たちの研究も引用していない。オズボーンが，彼の主要論文を米

国化学会誌に発表し続けた1903年までには，もはやこれらの成果を見過ごすことはできなくなっていた。1904年には，学会の会頭のノイズによる記念すべき基調講演（上記を参照）が，同じ学会誌に発表されたのである。オズボーン自身は，1910年に米国生化学会の会頭となり，同じ年に米国科学アカデミー会員（US National Academy of Sciences）に選ばれた。彼の研究歴において，オズボーンが他の研究者たちとの交流を断って隔離された状態であったことを示すものは何ひとつない。

　1900年初めに，もう1人の著名な科学者，セーレンセン（S. P. L. Sørensen；1868-1939。図4.1）が，この分野に加わった。彼は，コペンハーゲンにあるカールスバーグ（Carlsberg）研究所の優れたタンパク質化学研究の継承者たちの1人であり[47]，pH測度の発明とその生理的，生物学的応用に関する研究によりよく知られている[48]。オズボーンと違って，彼はコロイド化学者たち全体，特にヴォルフガング・オストヴァルトと直接議論する準備を整えていた。彼は卵白アルブミンを使い，コロイド説信奉者の言葉に反して，生体高分子に熱力学の理論を適用することが可能である（ギブズの相律に従う）ことを示した[注3]。彼は，新しい浸透圧計を開発し，それを使って，卵白アルブミンの分子量を34,000と決定した[注4]。セーレンセンは，1915年にこれらの研究を発表した一連の論文の最初の論文で，以下のように述べている。「私の意見では，コロイド化学は，科学の進歩に貢献することはなく，むしろ反対の影響をもたらす」[50]。

　熱力学に基づいた，より洗練された論文[51]についてここで言及する必要がある。ケンブリッジの若い生理学者ヒル（A.V. Hill。彼が後に行った，筋肉のエネルギー論に関する研究でよく知られている）が，若い時代に呼吸についての研究で知られているジョセフ・バンクロフトとの共同研究として発表した。彼

注3）　J・ウィラード・ギブズ（J. Willard Gibbs；1839-1903）はいわゆる「古典的」熱力学の偉大な天才である。彼は非の打ちどころのない論理を構築し，絶対的に正確な数学を用いて，エネルギーとエントロピーとそれらに付随する（熱力学「第一法則」および「第二法則」の基礎のうえに，（化学的，物理的，生物学的）平衡の法則をはじめて構築した。この法則はあらゆるものを包含していて，複数の成分によるシステムや自由な接触状態（液体，固体等々）あるいは部分的接触（やりとりの制限された半透膜）などのさまざまな相において成り立つ。タンパク質科学者は議論の余地のないこれらの法則に裏付けをもらい，また導かれて研究を進めることができると理解したし，コロイド科学者たちは自分たちの研究は適用外と思っていた。

注4）　浸透圧の定量的説明は熱力学理論の大勝利の1つである。セーレンセンの測定は30年後ギュンテルバーグ（Güntelberg）とリンダストレーム＝ラング（Linderstrøm-Lang）によって再現された。彼らは45,000という分子量値を得，基本的にこれが正しい値と考えられている。セーレンセンの値が小さく見積もられたのは，測定そのものの間違いではなく，薄めすぎたため，グラフの外挿による推定値のずれによるものと考えられる[49]。

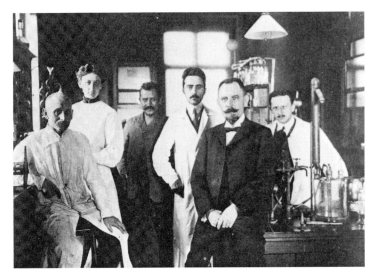

図 4.1　S・P・L・セーレンセンとその研究仲間たち（1909年）
(出典：カールスバーグ A/S, アーカイブ)

らは，酸素がヘモグロビンに結合するときの平衡定数の温度変化を測定し，熱力学の古典的方程式を用いて，結合反応で 1 モルあるいは 1 分子の酸素が，1 モルあるいは 1 分子のヘモグロビンに結合する際に発生する熱量を計算した。彼らはまた，カロリメーター（熱量測定計）を使って，1 グラムのヘモグロビンタンパク質が反応の際に発生する熱量を直接測定した。2 つの方法から得られた熱量を比較することにより，ヘモグロビンの分子量が計算できる。その結果は，分子量約 16,000 で，これは 1 分子のヘモグロビンに 1 分子の酸素が結合すると仮定したときの最小の値である。彼らは，この値が真の分子量であると確信した。論文では，コロイド化学についてあるいはケンブリッジの同僚でコロイド説を支持するウィリアム・ハーディー（William Hardy）については言及されていない [52]。

　タンパク質の研究に近い分野で研究している人たちの中でも，タンパク質を普通の化学結合からなる高分子ととらえず，コロイド状の凝集物としての視点からとらえる研究者を見出すことができる。しかしなんといっても際立っているのは，タンパク質化学者ではなく有機化学者としてかつて 1906 年前後にエミール・フィッシャーの研究室のポスドク研究員であった，エミール・アブデルハルデン（Emil Abderharden）である。彼は，先に述べた

第 4 章　タンパク質は真の高分子量分子である　│ 55 │

フィッシャーのペプチド結合の重要性について反論を行ったが，これはコロイド説へのかかわりのうちほんの一部であった。アブデルハルデンは，1922年にオストヴァルトのコロイド学会の創設時のメンバーとなり，その後次第に手におえないふるまいをするようになってしまう[53-55]。

　驚いたことに，エミール・フィッシャー自身は，最初の頃は生体高分子の概念を確かなものにするために多くの貢献をしたにもかかわらず，彼の研究者としての最後の時期にはしだいに弱まり，1913年にはタンパク質はおそらく最大で分子量約4,000ということがわかるであろうと推測している[56]。彼は，このような突拍子もない仮説や，またかつてポリペプチド鎖の長さに制限があると考えたことについて，理論的な根拠を示すことはなかった[57]。

　同時代の教科書の著者たちに目を向けてみると，タンパク質に対する一般的な興味の高まりを証明するような研究者たちが多く見受けられる。その中には，オットー・コーンハイム（1873-1953）がいる。彼は生理学者また酵素化学者として，その後，長期間に渡り成功した研究者となるのだが，1900年，彼がまだ20代の時にタンパク質化学について人気のある教科書を書いた[58]。グスタフ・マン（Gustav Mann）が1906年に，その本の英語訳を出版したが，その中でマンはコーンハイムのコロイド化学に対する考えとは異なる，自分自身の考えを付け加えて述べている。その本では，コロイド化学について触れられているが，分子量に関しての重要性については述べられていない——直接引用すると，例えば「コロイド状態のアルブミンが，非常に高い分子量を示すことには，疑いはない」。英国で，1908年から1909年にかけてタンパク質についての基礎的な教科書として出版された2冊の短い本[59]では，コロイド学については，事実上全く触れられていない。この点について，最も熱心であったのは，カリフォルニア大学の生化学の教授であったブレイルスフォード・ロバートソン（T. Brailsford Robertson：1884-1930）であった。彼は物理化学の手法を生化学に応用することに大きく貢献した。ロバートソンは重要な教科書を書いたが，その中で，タンパク質はグレアムの最初の定義に従えば，典型的なコロイドであると述べている。しかし同時に，両者に共通した唯一の特徴はその「巨大な」分子量と大きさのみであり，これらを人為的に同一のものとして分類しようとすることには何の価値もないと記している[60]。

　コロイド説の信奉者として，すでに触れたエミール・アブデルハルデンは

もちろん反対側の立場に立っていた。彼は広範囲の題材を扱った有名な生理化学の教科書を書き，その中で，タンパク質は重要な部分を占めていた[61]。この教科書では，鉄の含有量から計算されたヘモグロビンの高分子量さえも無視されている。ここで，著名な物理学者の息子の同名の父である，ヴォルフガング・パウリ（Wolfgang Pauli；1869-1955）についても述べておく必要がある。彼は，1906年から1912年の間に，その立場を幾分変更した。1902年に書いた本では，彼はコロイド凝集体の理論に献身的であったが，その後1912年から1913年に行った講義を基にして書かれた1922年に出版した著書では，その立場を変更した。彼は，次のように述べている。「コロイド化学は進化を遂げた，なので，初期の提言の多くは『新たな立場』から見直されなければならない」。

スヴェドベリの転向

皮肉なことに，タンパク質構造に関するコロイド凝集説の終焉をもたらしたのは，コロイド学に属する科学者であった。テオドール（テ）・スヴェドベリ（Theodor 'The' Svedberg；1884-1971。**図4.2**）は，最初は熱心なコロイド学者として研究を始めた。彼の博士論文はコロイド説に関するものであった[注5]。

彼は，1909年に無機物質のコロイドの調製についての短い著書を書き，1921年にはその続編を英語で出版した。これらは，ともに従来のコロイド説に基づいたものであった[63]。その中で，タンパク質については植物や動物にみられる他のコロイドと一緒に1921年版で，わずか一度だけ触れられている——タンパク質は，未知の条件下で「高度に分散した」形で形成される——と述べられている。スヴェドベリは，すべてのコロイドの溶液中での不均一性を明確に理解するために，超遠心機を設計し，開発した——彼の最初の研究課題は，無機コロイド，特に金コロイド溶液に関するものであった。

ジョン・エドサール（John Edsall）の回想録（個人的なやりとり）が，当時のスヴェドベリの見解を示している。これによると，我々がすでに示してきた

[注5]　スヴェドベリの学位論文にあるプラチナコロイド粒子の拡散に関するデータが，アルバート・アインシュタインのブラウン運動に関する古典的論文を発表するきっかけとなった。スヴェドベリは最初からあきらかに注目すべき人物だったわけである。アインシュタイン文献参照[64,65]。

第4章　タンパク質は真の高分子量分子である　|　57　|

図 4.2 テオドール・スヴェドベリ
(スヴェドベリ追悼記事より,Biographical Memoirs of Fellows of the Royal Society。王立協会会長および審議会の許可による)

ように,タンパク質化学者がスヴェドベリの登場よりずっと前からタンパク質が高分子であると確信をもっていたことがわかる。この話は,数年後にハーバード大学のエドウィン・コーン(Edwin Cohn)とジョン・エドサールの研究室で,スヴェドベリが発表した講演に関連している。

スヴェドベリは,1921年頃にエドウィン・コーンがウプサラを訪問してきたことの思い出から講演を始めている。当時,スヴェドベリは,超遠心機が信頼できる機能をもって作動できるようにするための開発に長期間携わっていた。コーンはコペンハーゲンのセーレンセンの研究室で,すでに1年以上研究を行っていた。コーンは,母国に帰る前にスヴェドベリに会いにやってきたのである。その時,スヴェドベリはコーンに尋ねた。「超遠心機が正常に働くようになった時に,精製されたタンパク質を用いて実験したらどのようなことが明らかになると思いますか?」。コーンは,次のように述べた。「私は,おそらく遠心管の中を,単一のタンパク質のバンドが動いていくのを観察することと思います」。当時,スヴェドベリは,セ

ミナーの聴衆に向かってコロイド化学についての経験に基づいて，コーンの意見に反対したと述べている。彼は，そのようなコロイド状の物質では，複数のバンドが観察されるであろうと考えていた。スヴェドベリは，講演でさらに続けて以下のように述べている。「もちろん，精製タンパク質（ヘモグロビン）を使って実験を始めた途端に，私はコーンの考えが正しく，私が間違っていたことを理解した」[66]。

　スヴェドベリが最初（1924年）に研究に用いたタンパク質は，牛乳から取り出したカゼインであった。カゼインは，現在は異なるタンパク質の混合物であることがわかっている。したがって，実験結果はスヴェドベリを驚かせることはなかった。しかし，ヘモグロビンを使った実験結果は[67]，彼に大きな衝撃を与えた。ヘモグロビンは，単一のバンドとして分布を示しただけではなく，分子量67,000の分子として沈降した。これは広く受け入れられていた1分子に鉄原子1個として解析した組成分析による結果の4倍の値であった[注6]。

　もちろん，この結論としては，溶液中のヘモグロビンは，おのおの鉄原子を1個もった分子量16,700のサブユニットが2次的に会合して形成されているということであり，これもまたコロイド説を挫折させるものであった。スヴェドベリとファーレウス（Fåhraeus）は彼ら自身の言葉で以下のように述べている。「回転の中心からの距離に従った分子量のいかなる規則的な変化をも見いだせないこと」を発見した——つまり，濃度の増加に伴う関数ではない。平衡の法則からすると，可逆的な会合システムであれば，いつも会合の度合いは濃度に従って増加するはずであり，典型的なコロイドシステムであれば，会合は不均一になると考えられるのに，結果は期待に反していた（スヴェドベリは，続く数年間，他の数多くのタンパク質について研究を行い，ほとんどすべての場合に同様な結果を得ている。彼の超遠心機は，すべてのタンパク質化学者の研究室での標準的な機器となっていった）[68]。

　スヴェドベリの仕事を評価する際には，超遠心機を設計して制作することが極めて困難な技術的挑戦であったことを認めなくてはならない。高速回転は最初の一歩にすぎない。回転速度は長時間一定に保たれなければなら

注6）　G.S. アデール（G.S. Adair）は，ほぼ同時期にヘモグロビンの分子量を，浸透圧を用いて計測し同じ結果を得ていた。当時タンパク質「ネットワーク」の中にいなかったスヴェドベリは当然これを知らなかった。アデールの結果はその時まったく新しい技術で得られたものであり，スヴェドベリの結果の信頼性を高めるものであったことは間違いない。

ず，温度も変化してはならなかった。また，高い安定性も求められた──溶質の沈降への影響を避けるため，少しの揺れも許されなかった。さらに沈降の進行の様子は，遠心機が動いている間，常に観察できなければならなかった。スヴェドベリの高度な技術力か，実験結果に従って伝統的な考え方を即座に変えることができる彼の精神力か，どちらをより賞賛すべきなのかは困難である。スヴェドベリが 1926 年にノーベル化学賞を受賞したときの理由は，彼のヘモグロビンについての貢献度が十分認識される以前の，技術的貢献のみに対する評価であった。スウェーデン王立アカデミーからのノーベル賞授与の言葉 [69] は，自然界にある物質にについて考える際の知的手段としての「コロイド化学」の貢献を依然として賞賛するものであった。そして，スヴェドベリ自身の授賞講演では，超遠心機の設計に関する詳細な説明図が示された。

シュタウディンガーの対決

　科学者はしばしば，その専門的教義により，異なる分野を占有することがある。ポリマー化学者は，タンパク質化学者とは違い，モノマーが化学結合によってつながって巨大分子になり，高分子量の分子が存在することについて，あらかじめ先入観はもっていなかった。合成あるいは自然界のポリマーの構造について，小さなユニットが何らかの 2 次的な相互作用（非共有結合）によってある種の会合体を作るという考え方が存在していた。ゴム，セルロースや合成ポリマーの場合には，この点について真剣に考えなければならなかった。この章の最初に脚注に挙げた文献に示したように，シュタウディンガーと「凝集体支持派」の間の有名な論争が実際に行われた [3-8]。

　1926 年にデユッセルドルフで開催された，「Versammlung der Deutschen Naturforshcer und Ärtze（ドイツ自然科学者と医師の会議）」におけるシュタウディンガーの対決講演は，彼の説を認めさせる鍵となるもので，参加したポリマー化学者たちにとって記憶に残るものであり，また彼の説の支持にためらいのあった化学者たちが，確信を得た機会として記念すべきものである。一説には，この会議に生化学者たちが参加して彼の説に反対するために列をなしたとなっているが，実際の記録 [70] では生化学者は，タンパク質化学者として知られるマックス・バーグマン（Max Bergmann）と酵素学者のエルンスト・ヴァルトシュミット＝ライツ（Ernst

Waldshmidt-Leitz) の 2 名のみが参加している[71]。2 人とも学会の主流から外れた分野で仕事をしていた特異な生化学者である。例えば、ヴァルトシュミット＝ライツは、1933 年に至っても、酵素活性は特定のタンパク質に由来するものではなく、非特異的なタンパク質キャリアーに「吸着した」低分子量の物質に由来すると述べている[72]。

　2 つの世界が存在したことについての原因は、お互いの仕事に関して言及しなかったことである。デュッセルドルフでの会議[73] でシュタウディンガーは、その同じ年の 1926 年にノーベル賞を受賞したスヴェドベリについて触れることはなかった。これに対して、スヴェドベリのほうも、彼のノーベル賞受賞記念講演において[74]、もちろんタンパク質に焦点をあてていたが、高分子量の有機ポリマー（ゴム、でんぷん、セルロース）に言及したものの、シュタウディンガーの仕事については全く触れなかった。シュタウディンガー自身は、タンパク質についての全体像について注目することはなかったように思える。シュタウディンガー自身が、1953 年に「高分子化学の分野における発見」でノーベル賞を受賞した際に、彼はスヴェドベリの 1926 年の、何種類かのタンパク質が自然界に存在する高分子量分子であるとの「驚くべき発見」について触れたが[75]、そのようなことはわずかな例にしか見られていないと付け加えている。これは、1953 年の時点では、おかしな見解であるといわざるを得ない。

第 4 章　タンパク質は真の高分子量分子である　│ 61 │

第5章
Bristling with charges

密生する電荷

> 唯一アルブミンを除いて既知のタンパク質の等電点を取ってみると，オキシヘモグロビンが最も急勾配の滴定曲線をもっている。pH6 〜 7.5 の曲線を見るに，オキシヘモグロビン分子上には正電荷と負電荷が同時に存在すると解釈するのがふさわしい。
>
> E・J・コーンとA・M・プレンティス（E. J. Cohn and A. M. Prentiss），1927.[1]

序

アレニウス（Arrhenius）の前には，むき出しの正電荷と負電荷が隣同士になって，ペプチド鎖全体にわたって生え揃っているなど，誰も思い浮かばなかっただろう。すべての化学的な親和性に関する理論の根幹は，静電的な引力にあると考えられてきた。反対の電荷同士がいや応なくお互いを探し出し，いつのまにか化学結合を形成しているというわかりやすい概念である。化合物が形成される過程で，静電引力に勝る力はないのだが，最終的に静電的に完璧に中和している状態に行きつくのではなく，正と負の電荷が均衡している必要もなく，ある範囲で混在した形でかまわない。ハンフリー・デイビーやベルツェリウスもそう考えていた。ふたりの死後1860年まで，長いことこの視点は力強く崩れなかったが，かの有名なカールスルーエ（Karlsruhe）会議で原子量表を決める際，袋小路に入ってしまった。自己矛盾ない原子量値にたどり着くには，H_2，O_2 などのありふれた気体分子のような化学式が求められていたのだが，同じ原子は同じ電荷をもっているので，電荷で結合しているなどということは思いも及ばなかったのである[2]．

これに終止符を打ったのはもちろんスヴァンテ・アレニウス（Svante Arrhenius）である。1887年に塩が水中で電離し，別々のイオンとなる説を発表し，瞬く間に広まった。ヴィルヘルム・オストヴァルトの *Lehrbuch der Allgemeinen Chemie*（一般化学教科書：これも1887年に出版）でも教科書の記述

としてこの説を取り上げている[3]。しかし「直感的」には，引きつけ合う反対の電荷というものは，長い時間お互いにくっついたままでいるように思えてしまう。アレニウスの説は，十分にうすい溶液での話であり，高濃度の状態になれば，イオンが平均してお互い近づいているような状態になり，陽イオンと陰イオンの再編成が起こると考えられていた。しかし，タンパク質分子の場合は，化学結合でつながっているので，濃度とは関係なく電荷が十分近くに存在しており，さらには水分子がどうやっても間に割って入れるようなスペースもないことは，粗野な推論ではあっても，その当時の優勢な意見であることには間違いなかった。

生理学者や生化学に興味ある人々は，アレニウス理論にすぐに飛びつき受け入れた。例えばジャック・レーブは1897年の会議において生物学の諸問題を外観した際にこう言っている。

> 「生物の構成要素を分析する際には，電離の理論はとても重要だ… 無機酸の効果は，一容量の溶液中にある正電荷の水素イオンの数に依存するし，無機塩基は負電荷の水酸イオンの数によって決まる。」[4]

レーブ（1859-1924）は初期米国に移民したドイツ生まれの生理学者で，その分野の権威であったが，彼はすぐに独自の見解を示し，専門を物理化学に変更した。彼の1922年の著書『タンパク質とコロイド様反応理論 (*Proteins and the theory of colloidal behavior*)』ではコロイドの会合に関して反対する意見が含まれており，タンパク質の電気生化学について簡潔で白熱した議論を展開している[5]。レーブ自身はおそらくその結末を見ることができなかったであろう。彼は1924年に亡くなったが，その数年後にタンパク質が複数のイオン状態をもつモデルが確立されたのである。

双性イオン：ブレディッヒ (Bredig) から ビエルム (Bjerrum) まで (1894-1923)

イオン理論の化学への展開から始めよう。まず全体では電荷をもたない（伝導性がない）が，正電荷・負電荷をまるまる1つずつ含む双極子分子の概念である。このような双極子分子は1894年，化学者のゲオルグ・ブレディッ

第5章 密生する電荷 | 63 |

ヒ（George Bredig）によりモデル化され，今ではよくツヴィッターイオン（zwitterion：双性イオン）[注1)]と呼ばれている。ブレディッヒはライプツィヒ大学物理化学研究所（Physical Chemistry Institute）のヴィルヘルム・オストヴァルトの学生だった。ブレディッヒは非常に多くの有機塩基の解離を調べ上げ，中でも $(CH_3)_3N^+-CH_2-COO^-$ という化学式をもつトリメチルアンモニウム誘導体のベタインは，彼が「分子内塩」と呼ぶ分子としては，電荷をもたない中性の状態を取っていると結論づけた[6)]。単一アミノ酸も，双極子イオンの状態をもっていて，全体としては中性であることが提唱された。例えばグリシンは $NH_3^+-CH_2-COO^-$ であり，NH_2-CH_2-COOH ではない[7)]。

　ブレディッヒや彼のライプツィヒ大学での同僚であった K・ヴィンケルブレッヒ（K. Winkelblech）らは正負の電荷が同じ分子内に共存すると明言していた。しかしこの両性分子の電荷をもったイオンが溶液中で広がっていくという考えは，当時一般的には受け入れられなかった。「分子内塩」という用語は，多くの人々に反対の電荷同士が分子内で輪を作って中性の状態になっているように思い浮かべられていたようだ。これについては当時，酸と塩基を正式には分けて扱う慣習があったため，さらなる混乱を招き，しばしば観測された酸塩基反応を誤って解釈することにもなった[10)]。これらの数学的形式主義は 1916 年，カリフォルニアの化学者 E・Q・アダムス（E. Q. Adams）によって明確にされた。それは，複数の機能基をもつすべての酸と塩基の深い洞察による一般的取り扱いに関するものであった[11)]。アダムスは形式的な酸と塩基の考え方（OH^- の解離は事実上 H^+ の結合と等価であるとする）を改め，現在はよく知られている熱力学的な「四角形」を用いて，1 つ以上の酸性基をもつ分子の解析を行った。中でも図 5.1 に示すようにグリシンについて，明確な「四角形」ダイアグラムを示した。

　アダムスは聡明な化学者であったが，ただ興味が広すぎてさまざまなトピックに関する論文を出してしまい，結果それらはあまり知られることにはならなかった。特にグリシンに関する彼のモデルはアミノ酸やタンパク質に

注1)　「ツヴィッターイオン」という言葉は，ハイブリッドという意味のドイツ語「Zwitter ツヴィッテル」に由来しており，ドイツの化学者 F・W・キュスター（F. W. Küster）が考え出し，その後英語になった。キュスターはもともと酸－塩基の指示薬を研究しており，アミノ酸に興味はなかった。彼は，酸－塩基遷移における色変化をモデル化合物と比較して，メチルオレンジの酸性型は双極子（$NH\,(CH_3)_2^+-C_6H_4-N_2-C_6H_4-SO_3^-$）であると結論した。これは純粋に化学の問題を分光法で解析した初めての例である。グリシンなどのアミノ酸は目に見える「色」がないため，その分光的な解析には赤外線やラマン分光法といった手法が必要になり，それから 40 年を要した。J・T・エドサール[9)] 参照。

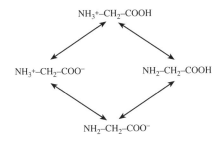

図 5.1 2通りのグリシンの酸解離の経路
それぞれの解離定数が与えられれば，主な中性の形態は双性イオンであることがわかる。
特に，[NH_3^+-CH_2-COO^-] ／ [NH_2-CH_2-$COOH$] は 10 より大きくなければならない[6]。

興味がある人の興味を引くことはできなかった。当時は第一次大戦中であったのも理由だったかもしれない。第一次大戦後の 1923 年，デンマークの電気化学者ニールス・ビエルム（Niels Bjerrum）は，今度は特にアミノ酸やタンパク質に明確に焦点を当てて，同じ原理をとりあげた。本書で焦点をあてている双性イオンへ科学者の注目が集まり始めたのは，まさにこの時からであった[注2), 12]。

電場における動き

　第 4 章で，コロイド化学と他の諸科学が隔たっていることを示してきた。「コロイド」と「結晶」を区別するのは，楽園への道を探すようだと憧れる人もいる一方，正気の沙汰ではないという人もいた。しかしながら，コロイド粒子が電気を帯びているということについて双方の意見は一致していた。例えば金コロイドは電気分解によって作られるが，明らかに電荷を帯びた粒子が金電極から剥がれ落ちてくる。一方で他の無機コロイドは通常不溶性の塩の凝集体であり，イオン電荷はやはり安定な可溶性の粒子がどのように形成されるかを理解するのに大事な要素であった。

注2) グリシンはタンパク質分子を代表するには適切なモデルとはいえないことを指摘しておく必要があるだろう。なぜならグリシンはタンパク質分子の中では，ペプチド結合として存在しているからである。タンパク質は酸性と塩基性の両方の側鎖をもつアミノ酸（残基）を含んでいるために両性であり，それはペプチド結合の中にあっても（適当な pH において）電荷をもつということを表している。第 3 章の表 3.1 に示したように，アミノ酸の中では，アルギニン，ヒスチジン，リジンは正電荷をもち，アスパラギン酸，グルタミン酸，チロシンは負電荷をもつ可能性がある。

第 5 章　密生する電荷　| 65

タンパク質は「コロイド」として、広くさまざまな科学実験の中で扱われている。溶液中に電荷をもった粒子としてタンパク質が存在する事実は、2人の先駆的な英国のコロイド化学者H・ピクトンとS・E・リンダーによって1892年に示された。彼らは電場の影響下でコロイド粒子の動きを直接測定することで電荷の存在を示した。彼らは主に硫化ヒ素のコロイドのような無機物について調べていたが、結晶化するヘモグロビンタンパク質についても研究していた。赤色のタンパク質溶液と無色溶媒の境界を観察して、溶液中でのヘモグロビン分子の動きを追うのが容易であったのである。結局これは電気泳動の中で動くタンパク質の様子であり、今日タンパク質化学者の道具として重要な、ゲル電気泳動の基礎となっている[13, 14]。

ピクトンやリンダーの仕事は1899年にケンブリッジ大学のコロイド化学者ウィリアム・ハーディーに引き継がれた。彼はタンパク質粒子が電場の中では酸性度に応じて反対方向にも移動するということを示し、「アルカリ溶液中では負の方向に動き、酸性溶液中では正方向に流れる」とした。言い換えれば、タンパク質粒子は低いpH（訳注：「ペーハー」とも呼ばれるが、現在「ピーエッチあるいはピーエイチ」と呼ばれることも多く、pHの表記で統一する）において正に帯電し、高いpHでは負に帯電し、そして何度でも両方を行き来することができる[15]。

遊離イオンの概念が出されてからほんの10年しか経っていなかったが、これは疑いなく画期的な発見であった。すなわちコロイド粒子を含むすべてのイオンは陽イオンか陰イオンに自然に分かれると考えられており、その両方を行き来するという概念は、全く新しい研究領域を開拓するものとなった。

今日でもなお不可解であるのは、ハーディーによって使われたタンパク質はゆでた卵白の溶液から得られたものであるということだ。これは自然なタンパク質の好い例とはいえない。しかしすぐに、より丁寧にタンパク質を扱った場合でも同様の結果が得られた。例えば、パウリは変性のない血清アルブミンを用いてハーディーと同様の結果を得た[16]。

タンパク質が正負の変化する電荷をもつということは、タンパク質によってそれぞれ、電場における動きの方向が変わる点が必然的に存在することを意味する。この点は、今日でも使われる用語だが、「等電点」と呼ばれる。等電点の測定は、理論と実用の両方でとても興味深いものとなった。理論面ではこの等電点が分子レベルで何を意味しているのかという疑問と、実用面

66 第1部 化学

では等電点においてタンパク質は溶解度が最小となり，精製純度を上げる優れた手法となりうることであった。後に，生化学と物理化学の接点領域でたくさんの貢献をして有名になったレオノール・ミカエリス（Leonor Michaelis）は，特に血清アルブミンについて極めて正確な測定を行った。血清アルブミンは，酸性度 2.1×10^{-5} では陽イオンとして動き，$[H^+]$ が 1.9×10^{-5} では陰イオンとして動く。このころ pH のスケールは使われておらず，もし pH 値に換算すればそれぞれ 4.68 と 4.72 となる。つまり等電点 pH は 4.70 ± 0.01 である[17]。これは 1909 年ごろから，タンパク質溶液についてたくさんの正確な測定が行われるようになったことを示している[18]。

タンパク質の滴定

　タンパク質は両性であること，すなわち酸・塩基のどちらとしても働くことは，pH の影響下で電場の中で動きが変化するのと明らかに関連がある。この現象は「滴定」として調べることができる。つまりあらかじめ定量した酸あるいは塩基を順次加えていき，どのくらいタンパク質に結合し，どのくらい結合せず離れて存在するかを定量的に測定する。実際に pH の関数としてどのくらいの電荷が存在するかを定量的に測る方法として，電場中の移動速度と方向を測るよりも滴定のほうがより情報量が多い。

　ハーディの電気泳動実験以前に詳細な研究はすでに始まっていた。ハンガリーのステファン・ブガルスキー（Stefan Bugarszky）とレオ・リーバーマン（Leo Liebermann）の 2 人は 1898 年に精製した卵白アルブミンを滴定し，論文で発表した。彼らは初めて酸と塩基の両方の結合を調べた[20]。また，ヴァルター・ネルンスト（Walther Nernst）[21] によって開発されたばかりの，最新鋭の起電力を用いる物理的方法を初めて応用して，水素イオン濃度を測定した。これは，当時一般的に使われていたものよりも遥かに洗練されていた[注3]。彼らはまた，結合の熱力学的な解析を適用して，水素イオンの結合は真に可逆的な平衡過程であり，究極的には飽和状態になるということを示した。

[注3]　酵素学者のオットー・コーンハイムは糖の転化（訳注：砂糖を水素イオンでブドウ糖と果糖に分解する反応。甘みが増す。偏光に対する旋光面が逆転する。また還元性を示すようになる）を用いて間接的に H^+ の濃度を測定した。トーマス・オズボーンは 1902 年にエデスチン（訳注：アサ種子に含まれるタンパク質）の滴定をブガルスキーとリーバーマンの方法で行いつつ，まだ指示薬の色調変化によって検出する方法に信頼を置いていた。

第 5 章　密生する電荷 | 67

ブガルスキーとリーバーマンはもちろん，結合している部位の同定までは試みていなかった（1898年当時は，ペプチド結合の存在すら知られていなかったのを忘れてはならない）。その後すぐに，他の研究者によって調べられ，結合部位はタンパク質の成分であるアミノ酸であることに違いなく，主にアスパラギン酸残基やグルタミン酸残基に存在している酸性カルボキシル基や，またリジンやヒスチジンの塩基性アミノ基に由来するとされた。

この考えは1917年，前章参考文献ですでに示したように，セレン・セーレンセン（Søren Sørensen）がタンパク質に関する一連の研究を発表した際，コペンハーゲンのカールスバーグ研究所において完全に定説であった[23]。カイ・リンダストレーム＝ラング（Kai Linderstrom-Lang）はセーレンセンの初期の門下生であったが，後に1938年に化学部門の統括としてセーレンセンの後任となり，有名な論文（すぐにもう一度説明するが）の中で次のように説明している。

——事実はシンプルで，卵白アルブミンの中に，多くの酸，塩基があり，その解離定数はお互いさほど離れてはいない。したがって解離曲線は一部重なっており，お互い打ち消し合っている。この考えは新しいものではなく，セーレンセンその人の影響により，私の心に刻み混まれていたのだ[24]。

この手法によれば，タンパク質に結合するとき，あるいは解離するときに一つひとつ陽イオン（プロトン）を数えるという，非常に高い精度で測定することができた。ジャック・レーブやレオノール・ミカエリスといった有名人から，一般の研究者たちまで皆，いろいろなタンパク質について測定を行った。滴定の結果を解釈するには，結合部位はかなりたくさんあるということについて，異なる研究者たちの間で広く同意されていた。例えば，卵白アルブミンの場合，1分子あたり約50個のH^+とOH^-が結合できる。多くの研究所の結果をもとに，1925年，エドウィン・コーンによってさまざまなデータが総説された[25]。

しかしながら，答えが解らない思わぬ障害はあるものである。滴定の範囲とアミノ酸の性質の間に，相関はあるのであろうか？　この潜在的な問題は，シンプルな双性イオンで述べた問題と等しい。つまり，酸と塩基をどうしても分けて考えたいという頑固なこだわりからくるものである。このこだわり

| 68 | 第1部　化学

は，中性のグリシン分子は，主として双性イオンとして存在していると理解することを妨げ，同様にタンパク質についても正しく理解することの妨げとなった。

　ジャック・レーブはイオン性相互作用の重要性の理解に多大な貢献をした人だが，このような誤解に陥った典型的な例であるといえる。タンパク質は疑いなく両性であり酸にも塩基にも結合しうるのに，等電状態においては「電荷をもたない」と思われることから，個々の $-COOH$ や $-NH_2$ などの基までがすべて電荷をもっていないと解釈されてしまう[26]。HCl のような酸を等電状態のタンパク質に加えて pH を下げたとき，酸は塩基サイトに結合し $-NH_3^+Cl^-$ といった形で塩を作ると考えられ，反対にアルカリ側での塩基の結合は，COO^-Na^+ が形成されると考えられた。アダムスは 1916 年にこのような推論がおかしいことを原理的に指摘していたが，タンパク質化学者は（一般の有機化学者と同様に），ビエルムが 1923 年の論文で明らかにするまで，この誤りに気づかないか確信がもてないかのどちらかであった。

　このケースでは，この分野のリーダーであるレオノール・ミカエリスが確信した日付をほぼ明確に指し示すことができる。ミカエリスは H^+ とその反応についてのドイツの有名な教科書の著者であり，第二版が 1926 年に英語に翻訳された[27, 28]。翻訳では内容の本質的な変更はしないものだが，ミカエリスはこのとき，どうしてもめざましい最新の進展について記述を直さなければならないと感じた。ミカエリスによれば，「解離の理論における最も重要な進展は」，アダムスとビエルムによる双性イオンの概念の確立である。彼は「今やイオンは解離していない分子種であり，$NH_3^+-CH_2-COO^-$ のほうが NH_2-CH_2-COOH よりも圧倒的に多く存在する」とした。彼はこの事実を明言し，まさに発見した。あらゆる資料が，このとき彼が見出した解釈によって，タンパク質科学全般が照らし出されたことを指摘している（たぶんアブデルハルデン[29]のように，推測的有機化学の偏見の中にまだ迷っていて，ペプチド結合の有用性を認めていなかった人たちは例外である）[注4]。

注4)　ドイツの物理化学者であるハンス・ヘルマン・ウェーバー（Hans Hermann Weber：1896-1974）は筋肉タンパク質の研究でよく知られているが，等電点にあるタンパク質が双性イオンである——真に電荷でまぶされていること（＋と－が等しい数で存在すること）——ことの最初の確定的「直接」証明を示した。「直接」というのは，タンパク質そのものの実験に根差しており，低分子からの類推ではないという意味である。ウェーバーは pH に依存する熱量と容量の計測を，タンパク質の等電点付近での滴定について行った。彼は，H^+ がアミノ基から解離するときの熱量は $COOH$ 基よりも大きいこと，および解離時の容量の変化はその反対になることを知っていた。彼の結果は，等電点の酸性側からの滴定は主として $COOH$ からであり，アルカリ側からの滴定では主にアミノ基からの解

球状の形

　このように，タンパク質は少なくとも物理化学的手法で研究している人た
ちには複数電荷イオンとして，すなわち1分子あたり非常に多くの電荷を帯
びることができる分子として受け取られるようになった。当初，イオンは正
電荷であるか負電荷であるかのどちらかであると考えられていたが，双性イ
オンの考え方が浸透するにつれ，正電荷と負電荷が同時に存在することがあ
りうるということが理解されるようになった。

　この時点で新しい疑問がわいてきた。タンパク質の一般的な形を何か知る
べきではないか，どのように電荷が分布しているのか？　このような問題は，
以前ポリペプチド鎖としてとらえられている頃にはなかった。エミール・
フィッシャーが10個またはそれ以上のアミノ酸からなるポリペプチドを合
成しときには，その分子が溶液の中でどんな形をとりやすいかなどと推論す
るような空気はまだ醸成されていなかった。

　実質上は，この問題に解答が欲しい人たちは，コロイド化学の領域での幾
何学的粒子の概念にとりあえず答えを求め，最も簡単な推測として，タン
パク質分子は溶液の中でコロイド粒子に似た形をとっているとしていた。金
コロイドはパックされた球形の粒子以外に考えられず，表面に（「吸着した」
イオン）をもって帯電しており，それにより溶液中で懸濁状態を保っている。
タンパク質分子も同様に球形であって，多数の電荷がその表面を覆って，溶
液中に溶けやすくなっているという見方はもっともらしかった。ある種のタ
ンパク質は水分を吸収して膨張することが知られていたので，頭に描くタン
パク質分子のイメージは金コロイドとは異なり，その分子量より少し大きい
粒子になっていた。しかし，タンパク質がやわらかな鎖でできていて，のち
に合成ポリマーのイメージとしてよく用いられたように，溶液の中をくねり
ながら漂っている像は証拠もなく，考えにくかった。

　分子の形状に関して特に仮説を欲しがったのはカイ・リンダストレーム＝
ラング（1896-1959，**図5.2**）であった。リンダストレーム＝ラングは研究人生
のスタートにおいて，物理化学の研究ツールとしての力強さに強烈な印象を
受け，タンパク質を電解質溶液の物理−化学理論の王道にのせることに熱心

離であることを明確に示していた。等電点付近では，酸性側では，COO^-であり，アルカリ側ではNH_3^+であること
になる[30]。

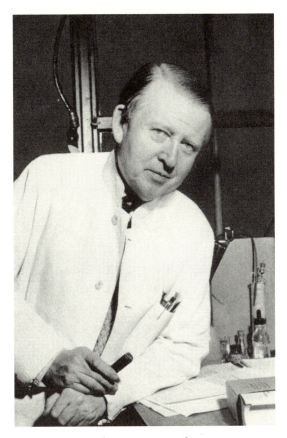

図 5.2　カイ・リンダストレーム＝ラング
ラングが右手に持っているずんぐりした丸っこいものは葉巻である。持ってないことはまれであった。
（出典：カールスバーグ A/S, アーカイブ）

であった[31]。この分野での最新の進展は，デバイ－ヒュッケル理論であり，これは中心にあるイオンの周りのフリーのイオンの統計学的分布式を与えるもので，1923 年に発表されたばかりのものを，リンダストレーム＝ラングは聡明にも 1 年足らず（とてつもなく速い吸収力である）でタンパク質分子のような多価に荷電した中心にあるイオンに適応した[24]。それを行うのに，彼はタンパク質分子を数学的用語で目に見える形に置き換えなければならず，そのときはおそらく誰でもそうしたであろうが，何の迷いもなく球を選んだ。彼は固形のタンパク質にほぼ等しい密度をもつ球を仮定した。そして，分子

第 5 章　密生する電荷　| 71 |

量から大きさを計算した。彼はそうすることに特に理由など考えていなかった。この方法で，リンダストレーム＝ラングは卵白アルブミンの半径として22Åという値を得た[32]。驚異的に小さい値だが，それでも当たり前だが，水分子やNa⁺イオンなどの半径と比べれば結構大きかった。

　実は，何年も前に（おそらくリンダストレーム＝ラングは知らなかっただろう）同じようにコンパクトなサイズが実験的に測定されていた。これは，あまり参照されることはないが，オーストラリアの理論物理学者であるウィリアム・サザーランド（William Sutherland；1859-1911）の冒険にあふれた論文にあり，これは1904年の*Australian Association for Advancement of Science*誌に掲載され，英国で出版されたのは1年後であった。サザーランドは（物理学者には珍しく）タンパク質の分子量を測定するのは難しいことを知っていて，たいていの報告されているデータは最小値であることを知っていた。彼は，この問題を解決するものとして，拡散を用いることを提唱した。ストークスの法則を球に適用し，拡散係数が球の半径に直接関係することを用いるのである。彼はトーマス・グレアム（!!）のところに戻り，卵白アルブミンの拡散係数を求め，分子半径19Åという値を得た。そして，粒子の比重から分子量33,000という値が求められ，これは当然のことながらリンダストレーム＝ラングの時代に受け入れられている値とほとんど一致する[33]。

　ここで特別に興味を惹くのは，彼がどのようにして真の値に近い値を得たかという点ではなく，サザーランドが考えられる誤差について言及していることである。彼は，考えられる誤差を丁寧に調べないと気がすまない性格で，我々が今日ほんのわずか関係あるかないかと思われる程度の誤差，例えば粒子の表面と溶液の間で起こる可能性のあるすべりの程度が，ストークスの法則を適用するうえで2つの因子にもたらす影響について述べている。しかし，彼が疑問を呈していない（明確には触れてさえいない）仮定は，拡散している粒子が固い球の形をしたものだという仮定である！　一番考えうる結論は，やはり彼も他の人たちと同様に最も考えやすい形を考えたということである。

　粘度を直接測定することは，形については固定概念を作ることになる。粘度の測定は簡単（毛細管の中を流れる速度に比例する）なので，1902年にはたくさんのデータが報告された[34]。さらに徹底的に調べたデータが，ロンドン大学のリスター研究所からハリエット・チック（Harriette Chick）によって10年後に報告された[35]。さらにアルバート・アインシュタイン（Albert

Einstein）の粘性方程式が結果の解釈に使われるようになって拍車がかかった。しかしながら，この方程式は大きな球形の粒子上の粘性について特別に導かれたもので，粘度の増加は粒子が溶けている溶液のサイズに関係しているが，個々の粒子の大きさには関係がない[36]。タンパク質の場合は，分子量を式の中で使用しないので，これは分子量の不確定さを無視していることになる。

　粘性のデータはあまり影響がないことがわかった。アインシュタインの方程式は結晶化するタンパク質，例えば卵白アルブミンや血清アルブミンにはよく合致するが，もっと大きい粘性をもつもの（粘性の増加はある条件では100倍以上になる），たとえばカゼインやゼラチンなどの場合はあまり合わなかった。すべてのタンパク質がコンパクトな球形をしているという強い期待が作用している。ある種のタンパク質について，確固たる確信的結果が導かれることに対する賞賛よりも，反対の結果が得られたことに対する興味があった。アインシュタインの方程式の適用は厳密に球に限定されていて，水を含んだ状態を想定するだけでは，あまりに大きな結果の食い違いを説明することができなかった。1917年にアレニウスは，これらのデータを見直して，タンパク質の構造に深くのめりこんだ結果を好んで使うことよりも，自分自身の実験データに即した昔の経験式に沿って行くことを勧めた[37]。

　非球形の粒子の溶液中粘性に関する方程式は，その後1940年には使用できるようになるが，そのずっと前にスヴェドベルグの超遠心法によって，摩擦抵抗に関するストークスの法則にのっとってコンパクトな球状にほぼ近い形を確信できるものとなった。この法則はやはり球に限定されているが，1847年から続く流体力学のとりでであり続け，アインシュタインの粘性方程式より使いやすいものとなっていた。スヴェドベリの超遠心を2つの目的（重さと形を決める）に使う方法は1929年に初めて報告された。2つの結晶性タンパク質，ベンスジョーンズタンパク質といつもの卵白アルブミンという全く化学的組成や等電点が異なるタンパク質が，基本的に同じ分子量と形をもつことがわかった。分子摩擦係数は2つともほとんど同じで完全な球と考えられた。計算された半径はそれぞれ，21.8Åと21.7Åであった[38]。

球状タンパク質

　1枚の絵は千の言葉に匹敵するといわれている。しかし，1920年にはま

だ絵が使われることはなく，構造やメカニズムは言葉で説明されていた。化学の本や論文で実験結果を図で示すときにイラストを使うことや，装置の説明に絵や写真が用いられることはあったが，分子の構造を説明するのに使われることはなかった。なので，この時代に彼らがどのようなタンパク質の分子構造を思い描きながら論文を書いたり，他の研究者の考えを受け取っていたかなどについて，我々は，たくさんの説明文から類推する以外に証明する手立てがない。

これからすると，1925 年から 1930 年の初頭にかけて，多くのタンパク質のイメージが広く受け入れられていったことがわかる。我々がリンダストレーム＝ラングについて議論したモデル，つまりコンパクトに球状になって，表面に多数の電荷をもっている粒子のイメージである。ほとんどの一般的な可溶性タンパク質——ヘモグロビン，卵白アルブミン，血清アルブミン，そしてほとんどの酵素など——はこのモデルの主だった特徴を備えていると考えられ，「球状」タンパク質として知られるようになった。この名称は，もちろんその分子の形状を基にしていて，電荷そのものは論理的根拠となってはいない [39]。しかし，この用語は 1934 年まで使用されることはなく，この頃まさにタンパク質の多価荷電の性質が完全に確立され，イオン性がほとんどの生化学者の思い描くこととなっていた。表面電荷がお互いに手に手をとって連携しているほど近接しているというイメージが定着した頃である。

リンダストレーム＝ラング自身もデバイ－ヒュッケル理論を応用するにあたって，実際の個々のタンパク質の電荷を示すことは理論的にできなかった。彼は正と負の両方の電荷が同じ分子上に存在することさえも考えられなかった。しかし，これはタンパク質に限らず，ベタインやグリシンなどの双性イオンについても同様に成り立つことである。均等に分布するとした正味荷電（ネットチャージ：net charge）のみが理論的に取り扱えるパラメーターであり，リンダストレーム＝ラングも認めたように，「我々は実験データに理論を当てはめるときにおおよその近似以上のことはできない」 [42]。しかし，両方の電荷があるということはリンダストレーム＝ラングの論文ではビエルムのツヴィッターイオン原理の再三の引用によって暗に示唆されているものなので，一般的なモデルの一部となっていたのは間違いないと思われる [43]。

一般的に電荷がいくつあるのかとか，それぞれがどのくらい近くにあるのか，といったことについて，長いこと不確かなままであったがじきに解決が

図 5.3　ハーバード大学のコーンとエドサールの研究グループ
1944年。この研究室は「密生する電荷」の原則の権化といってよい。図 4.1 に載せたセーレンセンのグループと比較してほしい。また，軍服を着用している人が見えるところから，軍との連携や財政的援助も見て取れる。

(著者の個人的論文より。J・T・エドサールの好意による)

もたらされた [43]。エドウィン・コーンはジョン・エドサールとのちに「密生する電荷（bristling with charges ／訳注：適切な訳語がないが，表面に電荷が打ち消されずに密に立っているイメージである。**図 5.3**）」の概念をタイトルに入れた論文を書いて [44]，後世の人々に啓蒙することになるのだが，1年後には消えるものの，1925年のレビューではまだいかばかりかの疑念を表明している [45]。1926年7月に投稿した論文は，可溶性タンパク質のイオン化と形についての一般的な合意を完全に描き出している。コーンは，多数のイオン基の存在について疑いはなく，それらは等電点において「酸と塩基はほとんど解離して」いることも理解していた。等電点付近でのヘモグロビンの滴定曲線の解釈としては，「正と負の電荷が等電点付近のすべての領域で存在している」ことを仮定するべきものであった [46]。1932年のレビューでは，この原理がもう一度述べられている [47]。

　デバイ－ヒュッケル理論に個々のタンパク質の電荷をどのように入れ込むか，という数学的な問題さえも 1934 年には解決した。これは J・G・カークウッド（J. G. Kirkwood）という当時傑出した理論化学者が成し遂げた。彼はタンパク質の構造に関する特殊な興味はなく，その理論的延長線上に，我々が

第 5 章　密生する電荷　| 75 |

記述してきたモデルがある[48]。その理論は（すべての優れた理論に典型的であるが）できるかぎり一般的な形をとっている。しかしながら当初，脂肪族アミノ酸を含む低分子に適用され，分子内の電荷の間の相互作用に起因する解離定数を説明する目的で使用された。タンパク質の滴定曲線に応用されたのは，20年以上も経ってからであった[49]。

　また，1930年にはタンパク質溶液の誘電率が測定され，そのデータからタンパク質分子の双極子モーメントが計算された。このデータを1938年にエドウィン・コーンは再考察して，とんでもない数の電荷が乗っているにもかかわらず，あまりにも双極子モーメントが小さいことを指摘した[50]。それは，電荷をもった基が均一に分子の表面上に分布していることを意味する。ヘモグロビンの双極子モーメントは，分子の一方の端に2つの正の電荷ともう一方の端に2つの負の電荷がある状態に等しい。しかしながら，ヘモグロビン分子には100個以上の電荷があることは間違いないのである（卵白アルブミンの双極子モーメントはもっと小さい！）。

　今日の歴史家の中には，X線結晶構造解析が現れるまでタンパク質の構造に関する価値のある情報はほとんどなかったような印象を与える人もいるが，これは明白に間違っている。「球状」タンパク質（ぎっしりと詰まった，密生する電荷）という言葉に込められたイメージは，X線解析が行われる何年も前からタンパク質のもつイメージとして正確で恒久的なものとなっていたのである。電荷をもたないアミノ酸の側鎖に由来する反応性基をその表面に加えることにより，生化学者やその他の研究者が酵素の活性部位や，免疫学的活性などについて自由に推論できる基本的なモデルに簡単にたどりつくことができる。まさに，タンパク質の構造と機能についてのたくさんの根本的および生産的アイデアがこの「低解像度」のタンパク質の絵から続々と生まれることになるのである。

第6章
Fibrous proteins

繊維状タンパク質

> ヘルツォーク（R.O.Herzog）とヤンケ（W.Jancke）はセルロース繊維を潰して単色X線で解析したところ，微小な結晶構造の存在を示すデバイ−シェラー（Debye-Scherrer）環を発見した。さらに詳しく調べると，このセルロース結晶は繊維軸方向に並行に並んでいた。
>
> M・ポランニー（ポラーニ・ミハーイ；M.Polanyi），1921，
> その後の繊維研究の基礎を築いた[1]。

　すべてのタンパク質が球状，つまり比較的コンパクトかつ球状で電荷をもった粒子であるわけではないのは長年知られていた。カゼイン，ゼラチンといったタンパクの溶液を調べると，この一般的な球状の性質からかけ離れていた。ほかにも，よく知られたケラチンや絹フィブロイン，コラーゲンといったタンパク質は全く溶液に溶けず，顕微鏡下で伸びた繊維（訳注：衣服に用いられるものは「繊維」が多く，生体内で形成されるものは「線維」と書かれることが多い。本章では繊維としての扱いが主であるので「繊維」に統一した）として観察されていた。化学的にはこれらは確かにタンパク質であり，他の扱いやすいタンパク質仲間と同じアミノ酸から構成されるのだが，そのアミノ酸組成が特殊であった。球状タンパク質と同様に，これらの繊維状タンパク質はイオン性の電荷をもっている。カールスバーグ研究室のポスドクであった米国のジャシント・スタインハート（Jacinto Steinhardt）は羊毛のケラチン懸濁液で酸塩基滴定を行い，球状タンパク質と似た滴定曲線を得ていた[2]。

織物繊維

　20世紀初めの10年間，これらの繊維性タンパク質に対する生理学上の関心はほとんどなかった。ヘモグロビンが酸素を結合するパワーや，そのほか

の酵素の活性に比べれば，「生命」にかかわる意味や機能があるものとは思えないと考えられていたからである！　一方で，繊維に対する広く技術的な理解としては，一般的な関心を反映して高いレベルに到達していた[3]。繊維性タンパク質——特にウールやシルクは紡績産業の商業的な関心が高く，研究の動機になっていて，企業自身の研究部門や，実用的な発明を見据えた研究に対する基金が創設された。しかし 1930 年には，この実用重視のテクノロジーと学問的な生命科学への関心が交差しはじめた。繊維性タンパク質への研究を通じて，図らずもすべてのタンパク質がどのように働いているかの構造的理解への手がかりが得られることになった。——その中にはヘモグロビンや酵素も含まれていた。

　これとは別に，この頃繊維工業の変革があったのだが，その歴史については非常に詳しく知られている[4-6]。　合成繊維やプラスチックの誕生は目前にせまっていた！　合成ゴムはすでに存在していたし，ポリスチレンやナイロンも誕生間近であった。巨額の利益が見込まれ，莫大な投資がつぎ込まれた。ドイツでは，カイザー・ヴィルヘルム研究所（Kaiser Willhelm Institute）の繊維研究施設のリーダーであった R・O・ヘルツォーク（R.O. Herzog）[7]は輝かしい履歴の持ち主であり，ルートヴィヒスハーフェンの「IG（イーゲー）ファルベンインドゥストリー（I.G. Farbenindustrie）」では完全に商業目的の研究所が立ち上がり，ヘルマン・マルク（Hermann Mark）や K・マイヤー（Kurt Meyer）らが長く続く関係を築いた。

　米国では別の際立った先駆者がいた。ウォーレス・カロザース（Wallace Carothers）である。彼はハーバードのアカデミアで短期間やってみたのち，1928 年デュポン社に入った。彼はデュポン社において実質自由な立場であったので，ナイロンの合成と販売活動を好きに研究できた。このように合成繊維に対する興味が活発化したのに伴って，自然繊維の科学的な研究活動が加速した。予想どおりだが，合成繊維の成功は究極的には，木綿，羊毛，絹と比較してどうかということにかかっている。新しい手法や技術が開発されたが，中でも最も重要なのは X 線回折であった。

X線回折

　1895 年ヴュルツブルクでヴィルヘルム・レントゲン（Wilhelm Röntgen）が

偶然X線を発見したことは，科学史上まれにみる壮大な出来事であった。すぐさま物理学の夜明けを告げるものとして，この不思議な放射の起源を探る物理学の専門家だけでなく，素人でも，生きている体の中を「見る」ことができるX線の不思議な力に皆心奪われ，大歓迎された。X線が短い波長の電磁波であることが発見されるまでは数年を要したが，X線の波長が分子内における原子間距離と同じオーダーであることが解るまでには，さらに多くの年月を要した。これは要するに分子の内部が「見える」ことを意味しており，単に身体の中の骨が見える以上に，物理学者にとって深い意味をもっていた。

　ただ，この原子レベルの「透視能力」を高めるには，結晶ができて，原子が規則性のある距離に並び，反射または散乱したX線の間で強調が起こることが必要であった。すなわち最大強度が生じることである。この強調の条件は次のブラッグの式[8]によって理論的に与えられ，X線結晶学の根幹をなすものである。

$$n\lambda = 2d\sin\theta$$

　これは結晶中において規則性のある間隔（d）と最大回折が観察されるときの散乱角（θ）との関連性を表している。X線の最大回折は$2d\sin\theta$が，あてたX線の波長λの整数倍になった時に起こる。nを1,2……などとしたときにブラッグの式は一次，二次……として知られる反射に対応する。ダイアモンドや塩化ナトリウムといった単純な結晶の構造のように，少ない種類の間隔しかもたない場合は，それらの距離だけから構造はすぐに解ける。しかし有機分子の結晶（タンパク質を含む）の場合，X線回折パターンは確かにシャープによく見えていたのだが，当時としては絶望的なほど複雑であり，構造を明らかにできる技術はなかった[9]。

　この最大回折像（本当の結晶よりもほんやりとしてあまり興味を引かないものであったが）は構造的な規則性が全くないタンパク質でも見られるのがすぐにわかった。この発見はベルリン・ダーレム繊維研究所（Berlin-Dahlem Fibre Institute）の物理学者が金属ワイヤーや織物繊維[10]といった，あらゆる「繊維」を調べた結果である。

　その後，これとは違う新しい回折パターンがラミー（苧麻）繊維（セルロース，化学的には「ダイサッカライド（disaccharide）」と呼ばれる二糖類のポリマー）の

束について発見された。ハンガリーのÅ聡明な理論物理化学者で，その頃研究所に加わったマイケル・ポランニー（Michael Polanyi ／訳注：ハンガリー語的にはポラーニ・ミハーイ，Polányi, Mihály）に解明がまかされた。彼は，この新しいパターンは1次元的な規則性を示しているとし，セルロース繊維の内部には，繊維方向に沿って規則的に繰り返されている結晶的領域があることを示した[11, 12]。

　定量的にいえば，事はそう単純ではなく，ポランニーの解釈は「単位セルの矛盾」として論争を引き起こした。彼の解析によって得られた繰り返し構造はとても小さく，結晶学的な単位セルの寸法——7.9 × 8.4 × 10.2Å はセルロースとしては小さかったのである[13]。単位セルとは結晶において繰り返し現れる基本的な構成単位のことであり，通常は1分子全体，また時折結晶の対称性によって2，3分子がまとまって構成単位になることもあるが，それにしてもポランニーの寸法は明らかに巨大分子のサイズにあてはめるには不適当であった。ポランニーは彼の示した結果を，2つの違う見方で解釈しうるとした——1つには，単位セルは独立した分子ではなく，二糖を単位セグメントとする長いポリサッカライド (polysaccharide) 鎖であるというもの。もう1つは，より従来型の解釈で，独立した分子という見方に立つと，2つの環状の二糖分子が内在的単位構造を作っている（何年も経って，ポランニーは長鎖モデルを定式化する化学的センスがなかったことを悔やんだようだ！）というものだ。

　同様の結果は絹繊維についても得られた。ブリル (R. Brill) はポランニーの博士課程の学生として研究していたが，彼自身は従来型の解釈の範囲内にとどまり，絹のフィブロイン（絹の構成タンパク質）内の小さな結晶性分子がフィブロインの結晶性を決めていると思っていたようだ。彼は指導教員のポランニーのもう1つの見方，繰り返す断片に基づいた単位セルが1つの長鎖分子になるというモデルについて言及しなかった[14]。

　その頃はまだ，タンパク質が高分子量をもつこと（第4章）に対する四半世紀にわたる抵抗の時代の中にあり，コロイド／高分子の論争において，大きな粒子はいつも小さい分子が二次的に会合して生成される，という考え方の潮流の中で理解されてきたので，小さなサイズの単位セルの見方を支持するコロイド学の見方のほうが強かった。ポランニーの見解は，1926 年にカリフォルニア大学の2人の植物学者（セルロースを研究していた）により，主に

| 80 | 第1部　化学

化学的なデータから強く支持されていた[15]。しかし1928年すぎにマイヤーとマルクがIGファルベン研究所において確信したと宣言するまで，科学界に受け入れられなかった[16]。X線の繰り返し像は共有結合でつながっていない単位間のものではなく，繊維に沿った「同じ繰り返し」として再解釈され，単位セルは「みかけの（Pseudo）」結晶単位と呼ばれることになった。

タンパク質繊維

　X線回折の到来は，タンパク質研究にとっての大変革を告げるものであった。その出口の1つは，「粒子の形」（特定されてない粒子内の配置）というコンセプトは，数値的な原子間距離，すなわちブラッグの式における 'd' によって置き換えられた[注1]。当初どの原子がその距離を与えるのか特定するのは困難で，推論の域を出なかったのは認めざるを得ず，この革命的な技術が完全に活躍して3次元の分子モデルを生み出すまで長い時間を要した。しかしそれが，繊維性タンパク質にはじまって，ポリペプチド鎖の形でその姿を表し，原子間距離が0.1Å近い精度で一致していたのは疑いない。

　タンパク質繊維をX線回折像で調べる努力は主に個人の研究者によって行われていた。ウィリアム・アストベリー（William Astbury）はリーズ大学に33年間勤めたが，1928年，織物の物理学領域で講師についたのが初めで，これは明らかに産業を目指したものであった。後に彼の情熱は分子生物学に向き分子構造の教授となる。彼は羊毛，絹，哺乳類の毛髪，鳥の羽，ミオシン，エピデルミン，フィブリン，コラーゲンといった身の回りで容易に手に入るものすべてについて，繊維のX線回折像を解析していった。彼はこれらの詳細なタンパク質構造を報告したが，当初ほとんどいつも間違った解釈をしていたといわざるを得ない。彼が及ぼした影響は，構造の問題を根本的な方法で解いたというよりも，主にX線解析を熱狂的に支持し進めたということが大きい。

　一方でアストベリー（1898-1961）はX線結晶学者として大きな信頼を得ていた。最初は，ユニバーシティ・カレッジ・ロンドンのウィリアム・ブラッ

注1)　不特定の粒子内の並び方による全体像としての形は，引き続き溶液中におけるタンパク質において重要性はあった。ストークスの法則や球体・楕円体における粘性方程式への展開から見てとることができる。「軸率」は球体の非対称性タンパクの構造性質のパラメータとして良く知られている。例えば，第23章の抗体についての議論を参照。X線結晶学による共通認識ができあがるのはまだ先の話である。

第6章　線維状タンパク質　| 81 |

グの研究スタッフであった。1923 年からは王立研究所で働いた。ブラッグはファラデーほか有名な物理学者が務めた，ファラデー研究所長を務めていた。アストベリーが繊維の解析に入ったのは，多かれ少なかれ偶然である。ブラッグが彼に，王立研究所で毎年開かれていた子どもたちへのクリスマス講義のために「身の回りのもの」のX線写真を撮るように言ったことが発端である。このことがきっかけとなって，リーズ大学のポストに空きが出たときに，アストベリーが有望な候補となった。彼は初め，羊毛の弾性を調べたが，これは J・B・スピークマン（J. B. Speakman）が数年前に始めたことであった。アストベリーは毛髪，羊毛など繊維とその関連繊維質について研究を始めたが，すべてケラチンが主成分である。これは効果的で印象深い仕事となった。彼はこの業界において第一人者となり，つぎつぎと劇的な発見をした[17]。スピークマンの研究が示していた通り，繊維は力をかけて伸ばして離したとき，勢いよく元の長さに戻る性質があったのだ。X 線データはその伸長の前後の 2 つの状態が違うことを示した。つまり X 線回折によってタンパク質構造が分子レベルで変化し，原子間距離でいえば，数 Å の単位で距離の差ができたことを示したのである。さらに，その変化は可逆的であった。アストベリーはこの 2 つの形態を α ケラチン，β ケラチンと呼び分けた。α / β という示し方はその後も残り，基盤にあるポリペプチドのコンフォーメーション変化に一般的に対応している。

　実際のところ，羊毛や毛髪から得られた X 線データは不明瞭な点しか示しておらず，ルドルフ・ブリル（Rudolf Brill）が数年前にドイツで絹を X 線で調べた際に得られたような明瞭な点は得られなかった。しかし限られた範囲ではあったが，定量的な解釈を得ることができるデータであった。伸長した形態の β ケラチンはただちに絹のフィブロインと本質的に同じであると解釈され，繊維方向に 3.4Å の繰り返し構造をもつ完全に延びたポリペプチド鎖であった[18]。一方で伸長していない形態（α ケラチン）は 5.15Å の繰り返し構造を繊維方向にもっていたが真っ直ぐではなく，より短くいくらか折り畳まれた構造であった。繊維軸に対して垂直な方向にも周期性が認められたのもある。4.5Å おきに見られるのは，絹と β ケラチンで認められ，隣のポリペプチドの主鎖との間の距離と解釈された。α ケラチンではそれが認められず，ポリペプチド鎖が何らかの形で折り畳まれている解釈と一致していた[19-21]。

アストベリーの推測

　アストベリーは α 構造の詳細について軽率な推測をしていた。彼はケラチン同様にセルロース繊維においても 5.15Å の重要な繰り返し構造があることを述べた。セルロースでは繰り返しの距離は，ポリマー鎖におけるグルコース残基の長さに相当する。アストベリーは六印環構造が同様にケラチンの基礎構造なのではないかと推測した。ジケトピペラジンは六印環構造としてペプチド化学者によく知られていたが，閉じた印環構造であったため繊維鎖の要素にはなり得なかった。しかしアストベリーは図 6.1 に示すように，連続する鎖の 1 つのモデル的折り畳み構造としてありうるかもしれないと考えていた。この考えは，彼が 3 次元的でなく平面的に構造を考えていたとして，アストベリーの図を見比べているうちに間違いを見逃してしまうとしても，今からみると化学的にばかげている。ライナス・ポーリングはその 20 年後，アストベリーや他の結晶学者たちが考案した，あまりに勝手な分子モデルに衝撃を受けたといわれている。（ポーリングによれば）彼らは原子がきちんとすべて等しい間隔で並んでいるのだと考えていたように思えるとのことであり，それは確かに問題だった。ただしポーリングも含めて振り返ってみれば，この指摘は五十歩百歩で，他人を笑えない。ポーリングはポリペプチドについて正しい構造を考え出していたが，彼自身しばしば軽率にあせって他の構造について間違ってもいた。特に有名なのは，ジェームズ・ワトソン（James Watson）が著書『二重らせん』(The double helix)[22] で示した DNA の構造についてである。アストベリーについていえば，彼のケラチンの構造にはアミノ酸側鎖が入る余地が全くないことを 1940 年にハンス・ノイラート（Hans Neurath）によって指摘されてからは [23]，もともとのモデルを訂正した。

　アストベリーは他のタンパク質繊維についても調べていた [24]。羽毛のケラチンは毛髪のケラチンよりもずっと複雑であり，アストベリーはまた別の野蛮な推測による分子構造を提示した。そこには側鎖のカルボキシル基やアルギニン残基にペプチド結合したポリペプチドの主鎖が横に伸びている。一方で，筋繊維や血液凝固タンパク質のフィブリノーゲンは全体的に毛髪や羊毛と似ていて，α や β コンフォーメーション（立体配座）がたぶん存在するものとされた [25]。対照的に極端な例はコラーゲンである。繊維としては明らかに

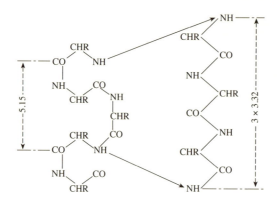

図 6.1　アストベリーによるケラチン α⇔β 転移の推測図
縦方向の数字は繰り返し構造の距離を Å で表している。

(Astbury and Street, 1930[20]) より)

別の種類であり，α にも β にも似ていない。アストベリーはその独特のアミノ酸構成，プロリンとグリシン残基が豊富であることに言及したが，特に構造的な特徴は示唆できなかった。

　アストベリーの講演は学会でよく行われており，彼の刺激的で建設的なコンセプト提示に対する貢献は評価されていた。双頭のアミノ酸のシスチンが羊毛や毛髪に豊富であることから，彼はシスチンが鎖同士を架橋しているのではないかと考えた。つまり，シスチン残基の半分は片方のアミノ酸鎖に含まれ，もう半分はもう一方のアミノ酸鎖に含まれるということを意味している。また，彼は当時新しく取られたペプシンの X 線データが，それまでの他のタンパク質結晶の3次元構造に比べて，はるかに大きい内部構造をもつことを示していることに魅了された[26]。彼は直感的に[27]，繊維構造が結晶性の基礎となっており，球形のタンパク質は，一般的に繊維タンパク質の単位構造と本質的に同様な単位構造が折り畳まれたものかもしれないと考えていたのだ！　彼の考えは，恐ろしいほど的を射ていたものの，実際に証明されたのはずっとあとのことであった。バナール（Bernal）はアストベリーについて書いた伝記の中で，繊維タンパク質と結晶タンパク質の間に根本的な差はないと理解したことが最も偉大な彼の貢献としている[17]。バナールの言葉を借りれば，全体としてアストベリーは「巨大な生体高分子の考え方に広く影響を及ぼし」そして「のちに他の繊維構造を見出していった人たちの父で

あり，……あいまいな研究領域のぼんやりとしたパターン像から編み込んだ
分子構造を見出すことができる人だった」のだ。

第7章
Analytical imperative
分析の必要性

> 人はこう尋ねるかもしれない。分離方法などという，あまりにもありきたりな手法がノーベル賞で報われるなんて，一体，どうすればそんなことになるのか？
>
> A. ティセリウス, 1952[1]

初期の分類法

　エミール・フィッシャーとフランツ・ホフマイスターが，ようやくペプチド結合の本質を解き明かした1905年当時，すでに機能や物性がさまざまに異なる，うんざりするほどたくさんのタンパク質がみつかってきていた。この増え続ける多数の物質をどうやって分類し，命名するか？　この問題が極めて重要になってきたことから，2つの別々の委員会が立ち上がることになった。1つは英国における生理学者と化学者とからなる委員会であり，もう1つは，米国における米国生化学会と米国生理学会の後援による委員会である。各委員会からの報告書は，それぞれ1907年と1908年に出版されている[2,3]。

　2つの報告は実質的に似ていた。彼らは，問題に対する新しいアプローチを提案するだけの十分な化学的知識をもっていないことを反省し，既存の一般的な命名法を定式化することによって生じていたあいまいさを排除することで，自己満足するしかないと感じていた。なにしろ，単純タンパク質に対する系統的命名法として利用できるものは，どれもすべて溶解度に基づいていたのだ。例えば，アルブミンとは純水に溶けるタンパク質を指し，グロブリンとは水には溶けず中性塩溶液に溶けるタンパク質，グルテリンとは，溶かすのに希酸または希アルカリを必要とするタンパク質，ヒストン（主に塩基性アミノ酸で構成されることが知られている）とは，極めて水に溶けやすいが，希釈したアンモニア水には溶けないタンパク質，という具合に定義されてい

た。加熱による凝固は，すべての単純なタンパク質について共通に見られる性質とみなされた。両委員会は，ヘムタンパク質や，核タンパク質といったさまざまな種類の非タンパク質に結合するタイプのタンパク質の定義を押し進め，それらの加水分解によって生じる断片にそれぞれ名前を与え，第一次加水分解産物と第二次加水分解産物を異なるものとして認識するようにしていた。第4章ですでに述べたように，タンパク質が巨大分子であることはほぼ受け入れられていた[4]。

　どちらの委員会の報告も，「プロテイド（proteid）」という，しばしば「タンパク質（protein）」と互換的に使われてきた用語については，破棄するべきであると勧告した。しかし，ただ1つの有益な変更とは裏腹に，全体としてはタンパク質の命名に関する分類計画は効果に乏しく，非生産的であった。たとえば「ラクトグロブリン」という名は，ミルク由来のグロブリンタンパク質であるということ以外には何の情報もない。同様に，「血清グロブリン」は血清由来のグロブリンというだけである。この両者は，溶解性を除けば，互いにまるで類似性のないタンパク質なのである。

　そんな欠陥にもかかわらず，溶解度を基準とした命名システムは長年にわたって維持された。のちに連続的に塩濃度を高めていくという改良された分画法が用いられ，改善の必要性が生じた場合でさえ，変更点は結果的に古いスキームの範囲にとどまった。血清グロブリンの各画分には，例えば「真性グロブリン（オイグロブリン／訳注：現在あまり使われない）」とか「偽性グロブリン（プソイドグロブリン／訳注：同上）」といった名称が与えられたのである。しかし，研究のスピードが加速し，新しいタンパク質がほぼ毎日発見されるにつれて，分類および命名法だけでなく，それらの基礎となっている実際の実験法においても劇的な変化が必要となった。タンパク質混合物の成分を分離するためと，分離した成分の化学的特徴付けのために，より多様な方法が必要となったのである。この特徴付けとして，すぐに（というか実証的に）やるべきことは，アミノ酸組成，つまりすべての既知のポリペプチド鎖における全アミノ酸残基の位置を番号付けするという現実的問題であった。単純な有機化合物は，まずは経験的にC，H，O，Nと，さらにそれ以外の元素があれば，それをつけ加えた原子組成を基に定義するのが習わしであった。しかし，タンパク質にはこのやり方は不十分であった。というのも，タンパク質ではアミノ酸のみが実証的構造式の基盤だからである。それに，タンパク

質はその天然資源の中に必ずしも豊富にあるとは限らなかったため，分析の速度や最小限のサンプル量なども，取り組まなければならない問題であった。

　この章では，これらの目標が実際にどのように達成されたかを説明するのだが，それは恐らく，科学的進歩の旗艦（フラッグシップ）は，常に新しいアイデアや新しい仮説である，と思い込んでいる読者には驚きとなるだろう。ここに述べる純粋に技術的な進歩は，決定的に重要な役割を果たした。この技術的進歩に携わった人たちは，必ずしも「生命とは何か？」という類の問題に面と向かって取り組んでいたわけではないことを，頭に留めておくべきだろう。世間の人々の記憶に留まるような名声を得る人物になることや，本質的問題に対する予言を残すといったこととは無関係に，彼らはただ，新しい技術をいかに応用し，自分たちのプロジェクトをデザインするか，ということを知っているのみであった。

　研究報告や論文発表にも精神的に相応の変化がもたらされ，ナットとボルトについてとか，接合部の漏れについて，といった記載が多くなった。実験結果がどのように解釈できるかといったことを推測する時間はほとんどなかったのである。以下は，A・J・Pマーティン（Archer John Porter Martin ／訳注：アーチャー・マーティン；1910-2002）による実際の引用例で，それは，マーティンとシング（Richard Laurence Millington Synge：リチャード・シング；1914-1994 ／訳注：1952 年，2 人でノーベル化学賞受賞）が羊毛の加水分解産物中のアミノ酸を分離して測定するために，分配クロマトグラフィーを開発していた1941 年に遡る。

　　それは，1 回の分離のために 1 週間ずっとその前に座っていなければならないという悪魔のような装置だった。39 段の理論段数をもち，実験室はクロロホルムの蒸気で満ちていた。我々は，いつも 4 時間交代で監視していた。装置がきちんと動くように，常に小さな銀のバッフルを調整しなければならなかった[5]。

　分離操作は分析の前提条件であるが，タンパク質については古い化学的手法では不十分であり，新しいアプローチが必要とされていた。

電気泳動による解決策

アルネ・ティセリウス（Arne Wilhelm Kaurin Tiselius ／訳注：ウィルヘルム・ティセリウス；1902-1971）は，技術革命の火を灯した男である。彼は学者一家の出身で，学問的なキャリアの選択にあたっては，彼自身の興味と知的好奇心に従うことが奨励されていた。そこで彼は，ほぼ直感的に，ウプサラ大学のテ・スヴェドベリ（Theodor Svedberg；1884-1971）のもとで研究することを思いついた。生産的でないコロイド会合理論の重荷を背負ってキャリアをスタートさせたスヴェドベリとは異なり，ティセリウスはスヴェドベリ本人と彼の超遠心分離に関する研究のおかげで生まれた，タンパク質の最新の正しい分子イメージから出発することができた。彼の野望は，自身の語るところによると，生物資源に含まれる豊富なタンパク質を，それぞれ別個にとらえるために分離する手法を見出し，まだ予測もつかない分子メカニズムの奥深い実態をおびき出すことであった[6,7]。

超遠心分離機そのものは，質量分離法の基礎としての可能性を秘めていたが，スヴェドベリは，その方向性で使用することには消極的であった。彼は，高度の分析ツールとして開発を始め，混合物の組成に関する定量的データを得るよう設計したものを具体化したことによって，分離法として使用できることを明らかにした。当時，混合物は連続的な質量をもつと考えられており，よって長い間，数学的解析こそがコロイド凝集の謎に対する鍵を握っているとされていたのだ。この点に関して，分取用の超遠心分離器を設計したいと考えていた，英国リスター（Lister）研究所の所長あてにスヴェドベリ自身が返信した言葉が残っている。

　　我々がここで取り組んできたタイプの超遠心分離機は，「大量に」分取するのではなく，光学的に観測することを目的としています。現在のタイプに到達するまでに，我々は長年の厳しい研鑽を積んで参りました。あなたがお考えの目的のためにマシンを改変するには，さらに長い時間と労力がかかることでしょう[8]。

分子運動を生じさせるという意味では，電気的な力は遠心力に代わる手段を提供するものであり，ひょっとしたら，分離にはよりふさわしいかもしれない。スヴェドベリはこれをティセリウスの博士論文課題としてはどうかと

提案した（図7.1）。電気泳動の研究として，その理論の構築と装置の開発は，いわばスヴェドベリ本人の研究テーマのフォローアップにもつながるものであった。この論文課題のおかげで，ティセリウスは1930年に博士号（Ph.D.）

図7.1　アルネ・ティセリウスと指導教官のスヴェドベリ博士
この写真はスヴェドベリの長年の助手で，2人の伝記を書いたKai Pedersenにより1926年に撮影された。

(G. Semenzaの好意による)[7]

を授与され，そのすぐ後には，フェローシップを受けて1年間の米国留学が与えられ，プリンストン大学のテイラー（Hugh Stott Taylor／訳注：ヒュー・テイラー：1890-1974）のもとで，吸着の物理化学の理解を深めることになった。後（1948年）に，ティセリウスがノーベル賞を受賞したとき，その授賞理由には，電気泳動と吸着による解析の両方の業績が取り上げられていた。

　プリンストンでは，ティセリウスは，ノースロップ（John Howard Northrop／訳注：ジョン・ノースロップ：1891-1987）やスタンリー（Wendell Meredith Stanley／訳注：ウェンデル・スタンリー：1904-1971）といった輝ける名士がいるロックフェラー研究所プリンストン支部の仲間入りを果たした。そこで，タンパク質や酵素やウィルスに夢中になっている彼らの姿をみて，いつしかティセリウスも，それらについての生化学的問題を考えるようになった。自分のテーマに対するこれまでの純粋に物理化学的探求から，ここでいささか横道にそれてしまったわけである。スウェーデンに戻った彼は，自分の電気泳動装置の設計を根本的に見直し，それを初めて，確固たる目的，すなわち血清タンパク質の解析のために使用した[10]。その結果は劇的であった。ウマの血清を用い，4つの主要画分であるアルブミンと3つのグロブリンに分離できることを見出したのだ。彼はそれら3つのグロブリンをα，β，γと名付けた。4つのタンパク質はすべてpH8では陰イオンとして泳動した。そして，泳動の向きが逆転することになる等電点は，それぞれpH4.64，5.06，5.12，6.0であった。この結果についてティセリウスは，抗体活性はγグロブリン画分のみに沿って移動すること，そしてα画分は当時まだ偽性グロブリンと呼ばれていたものを最も高濃度で含んでいることに注目したのだった[11]。

　このγ画分における免疫活性の同定こそが，電気泳動法を瞬く間に全世界に知らしめる出来事となったのだ。ティセリウスは以来，この分野における模範的実験として認識されるようになったこの実験を，彼の初めての公表結果の一部として含めることにした。彼は，一個体の正常ウサギ由来の血清を分析し，引き続き同じ個体を結晶化した卵アルブミンで免疫した後の血清についても分析した。そしてγグロブリン画分が極めて顕著に増加していることを突き止めた。さらにこのとき，この画分の85%が卵白アルブミンと沈降を起こした。

　ティセリウスの電気泳動法は移動境界電気泳動（*boundary electrophoresis*）と

呼ばれ，1892年にピクトンとリンダーが用いた方法[12]と原理的には類似している。当時彼らは，ヘモグロビン分子が電場中で移動することを報告しており，それはタンパク質が，コロイド状凝集体とは明らかに異なる真の分子であることが初めて明確に認識された初期の時代である。電気泳動移動度の定量的測定法を模索していたティセリウスは当然，自身の装置の設計に多大な労力を払っていた。対流電流を避けることや，境界移動の進行を追跡するための最適な光学系を見出すことなど，さまざまな改善を必要としていたのだ[13]。ピクトンとリンダーによる境界移動の検出は，ヘモグロビンには色があるという事実だけで成し得たものであった。しかし，血清の場合は無色であるから，例えば図7.2に示されるように，屈折率が光学的検出の基盤でなければならなかった。

　ティセリウス以来の年月をかけて，多くの技術的進歩が続いている。自由境界電気泳動は，少なくとも分析が目的である場合には，もはや選択肢に含まれる方法ではなく，まずは紙を用いたゾーン電気泳動 (*zone electrophoresis*) に置き換えられ，次いでデンプンブロック上，さらにごく最近ではポリアクリルアミドゲル上でのゾーン電気泳動へと大々的に置き換えられてきた。今や，電気泳動とクロマトグラフィーを組み合わせたさまざまな形

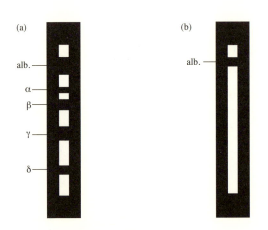

図7.2　血清グロブリン成分の電気泳動分離
(a) 全血清の泳動像，(b) 全血清から単離されたアルブミン画分 (alb.) が単一成分のようにふるまった泳動像。この図はグロブリン各成分をα，β，γと命名して初めて紹介したものである。
(文献11，1937年より転載)

態での利用が可能となっている。さまざまな溶媒を使用し，可能な限り多く
の目的のためにタンパク質またはペプチドの分離を行うことができる。例え
ば，適切な条件下での界面活性剤 SDS の使用は，天然構造のタンパク質分
子全体よりも，それを構成する個々のポリペプチドを分離する。この方法や
その他の技術は，今日の研究室では標準的なツールであり，ほとんどの読者
にとって，馴染みの深いものであることは疑いない。

　しかし，斬新な新デバイスのどれもが，スピード，解像度，汎用性という
点でどれほど卓越したものであっても，「ガンマグロブリン」という今や正
式な英単語として，その起源が人々に広く理解され，受け入れられている数
少ない科学用語の魅力を伝えるのに，十分なものではないのだ。

分配クロマトグラフィー

　本著者としては，ティセリウスが 1937 年にタンパク質分析の様相を変え
る革命を引き起こしたものとしてきたが，実は純粋に科学的見地からする
と，それより 30 年前に，ロシアの植物学者ミハイル・ツヴェット（Michail
Semyonovich Tswett；1872-1919）が，クロマトグラフィーを発明し，植物色素
クロロフィル（葉緑素）がいくつかの成分に容易に分離できることを実証す
る過程で，すでに変化は引き起こされていたのである。彼は，クロロフィル
は紙や他の吸着剤に選択的に吸着することができ，分離した成分は色のつい
た円形（紙の上に拡散できる場合）またはリング状（カラムから溶出された場合）と
して見えることを発見した。ツヴェットは，のちにこの方法を「クロマトグ
ラフィー」と命名したが，それは色が見えることで検出できたからである。
ツヴェットの仕事は彼が生きている間は評価されなかったが，それは彼が何
もしなかったからではない。彼は自分の努力を強く訴えたし，他人が示した
データや説明の中で，クロロフィルの化学に関して間違えていると思われる
部分があれば，自身の論文の中で，躊躇なく批判していた。遡及的に見ると，
彼は大方のそういった論争において正しいと認められていたようである。

　ツヴェットの仕事が一般に無視される理由は，その内容が新規性に富ん
でいた（「化学者が慣れていた化学の常識の範囲を超えていた」ことは明らかだった）[14]
ことと，彼が，しばしばドイツ軍の追跡から逃れるために点々と場所を移動
し，決して安定したキャリアを達成しなかったという事実にある[15]。彼は

いくつかの成果をドイツの学術誌に発表し，さらに 1907 年 6 月 28 日に行われたドイツ植物学会（Deutsche Botanische Gesellschaft）[16, 17] において，彼の新しい技術を披露したが，その技術は，仮にドイツ国内で行われた仕事であったとしても重要性に乏しいものと判断されてしまった。後に彼は，第一次世界大戦のせいで，豊かな知性と潜在的なパワーを秘めたドイツの聴衆との個人的な接触を阻止されてしまった。

1930 年代までには，カラムクロマトグラフィーの威力が広く評価され，最初にこれまでのものに追加して植物色素の分析に使われ，次いで，他の有機混合物の分析に使用された。タンパク質に関しては，A・J・P・マーティン（1910-）と R・L・M・シング（1914-1994）の研究が最も重要であるといえるだろう。この研究は，実際にはマーティンがケンブリッジ大学でビタミンE を研究していたときに始めたものだが，それよりずっと以前（1938 年）に，2 人はリーズ（Leeds）のウール研究所にいて，ウールの加水分解産物から得られたアミノ酸を分離するプロジェクトで共同研究をしていた。マーティンとシングの努力は，1952 年ついに，2 人へのノーベル化学賞授与という形で実を結んだ。ほかならぬティセリウスによる記念スピーチでは，彼はまず，こんな問いかけで話を始めた，「人はこう尋ねるかもしれない。分離方法などという，あまりにもありきたりな手技がノーベル賞で報われるなんて，一体，どうすればそんなことになるのか？」と。彼は，このテーマにまつわる明快な歴史の中に，その答えを見出し，自分自身でそれを語るために話を続けたのだった。これは受賞記念スピーチの発表者自身が，すでに当該テーマの世界的権威であり先のノーベル賞の受賞者（1948 年）であったまれなケースである。

マーティンとシングは，理論的レベルと実践的レベルの両方で大きな進歩をもたらした[18, 19]。彼らは，クロマトグラフィーによる分離と，蒸留による揮発性物質の分離との間の本質的な類似性を認識していた。両方とも二相間の反復的分配が関与し，どちらも非常に正確な熱力学的記述が可能な原理である。この原理を利用する最初の実用的な装置は，実際には，互いに逆方向に移動する 2 つの混じり合わない溶媒間で溶質を繰り返し分配することができる分液漏斗が連続的に連なったものであった。いうまでもなく，この装置は非常に煩雑であった。装置が大幅に簡便化（理論的厳密さを損なうことなく）されたのは，彼らが，実際に移動する必要がある液体は 1 つだけであること

を認識したときで，もう一方の溶媒がシリカゲルのような固体支持体に捕捉
されたことで，装置はクロマトグラフィーに使用されるものに似たようなも
のになった。しかし，それは従来の吸着クロマトグラフィーからすると重要
な改変を含んでいた。固体支持体は，もはや従来のような特定の化学的結合
親和性により選択的分布をもたらしていた固体吸着剤ではなく，不活性素材
が使われるようになり，液相の機械的支持体としてのみ機能するようになっ
た。マーティンとシングの言葉を直接引用すると，「吸着剤による吸着から，
2つの液相間の分配へと置き換わる」[20]ことになったのだ。この技術は他
と区別するために，分配クロマトグラフィーという名で知られるようになっ
た。

　最終的には，ろ紙のほうがシリカゲルよりも優れていることが判明
し，毛細管現象により水が保持されている紙の上を，ブタノールが流れな
がら連続的に再平衡化が達成されるようになった。新しい技術開発のたび
に，ますます少量でより良い分離が得られるようになっている。「我々がこ
のテーマの研究を開始する以前のアミノ酸分析には，0.5キログラムのタン
パク質が必要だった。……やがてシリカ分配カラムには数ミリグラム，そ
してペーパークロマトグラムではわずか数マイクログラムしか必要でなく
なった」。[21]

　誰もが知っているように，その後のクロマトグラフィーの展開は爆発的
だった。タンパク質化学のすべてのレベルにおいて分析の主流となったのだ。
マーティンとシングは，単一タンパク質の加水分解産物からアミノ酸を分離
していたが，クロマトグラフィーの新しいバージョンは，タンパク質自体ま
たはその不完全加水分解に由来するペプチド断片に適用することが可能に
なった。ここに至って，化学的親和性に基づく2つの溶媒間の分配は，もは
や理想的なツールではなくなり，代わって，分子の電荷あるいはサイズが考
慮の対象として登場してきた。タンパク質では，イオン電荷がそれに当たる
顕著な特徴であることを考えると，イオン交換クロマトグラフィーは明らか
に第一選択肢であった[22]。より革新的なものとしては，ゲルろ過（分子ふる
いクロマトグラフィーとも呼ばれる）の開発があった。この技術における固定相
は，分子サイズの「穴」が開いているという重要な特徴を有する樹脂である。
穴の中に保持される時間は，タンパク質粒子の大きさに依存する[24-26]。

　紙または平板ゲル上での二次元クロマトグラフィーが，すぐそのあとに続

いた。この方法では，二次元目の溶出溶媒の方向を一次元目の展開溶媒に対
して直角の方向にしたり，あるいは，一方向へのクロマトグラフィーの後，
二次元目は電気泳動法で分離するといったことをする。

アミノ酸分析

　全アミノ酸の定量分析は，タンパク質化学における本質的な主題として一
般的に認識されていた。単純な有機物質の理解のために元素組成を指標に
したごとく，タンパク質に対しても，アミノ酸分析により実証的な化学式
と最小限の分子量が得られる。ウィリアム・スタイン（William Howard Stein；
1911-1980）とスタンフォード・ムーア（Stanford Moore；1913-1982）は，この目
標の達成に乗り出した。彼らは，分析に対する強力な支持者として，また特
に刺激を受けた人物として，ロックフェラー研究所のマックス・バーグマ
ン（Max Bergmann；1886-1944）を挙げている。ただし，文献的に公平な目で
見ると，バーグマンは単に多くの分析支持者のうちの一人にすぎない。1934
年にロックフェラー研究所の研究者としてヨーロッパから来たバーグマンは，
独特なモチベーションをもった男だった。彼のビジョンは，分析そのもので
はなく，それを飛び越えたところにあるタンパク質化学あるいは生合成につ
いて，未だ語られていない秘密を解き明かすかもしれない「規則性」に向け
られていた [27, 28]。しかし彼の予見は価値がないものであったし，技術の進歩
に直接的な影響は全く及ぼさなかった。彼の主な貢献は，スタインとムーア
を刺激したということであろう。

　第二次世界大戦は，ロックフェラー研究所におけるタンパク質化学の研
究を中断させた。バーグマンはそのさ中に亡くなり，スタインとムーア（当
時まだ経験の浅い若手研究者であった）はより緊急性の高いプロジェクトに配属
されてしまった。しかし，米国の他の地域では，軍事用医薬の目的で，特
定のタンパク質群（ヒト血液のタンパク質）を分画し，特徴づける巨大な政府
プロジェクトの下での研究はペースが加速された。目指したのは，全血輸
血への依存度を減少させることであった。1944 年 7 月に *Journal of Clinical
Investigation* 誌に発表されたいくつかの大学からの 23 報の論文からなる進
捗報告書は，そのプロジェクトの野心的なもくろみの全貌を示している [29]。
これら政府主導プロジェクトの中でも純粋に科学的で，臨床応用とは無関係

| 96 | 第 1 部　化学

の側面に焦点を当てた研究の要約は，その後，1945 年 10 月のニューヨーク科学アカデミーの学術会議において明らかにされた[30]。このとき，分画技術そのものは，エドウィン・コーンとジョン・エドサールといったハーバード主体のグループの手に委ねられていた[31]。

　コロンビア大学のアーウィン・ブランド（Erwin Brand ／訳注：1891-1953）は分析作業を担当し，ニューヨークの会合ではアミノ酸含有量に関する利用可能なあらゆる結果を包括的に概説した[32]。小さいながらも 1 つの有益な貢献は，シンプルな記号システムを提案したことにある。可能な限り各アミノ酸名は，最初のアルファベット 3 文字を使用することとした。いくつかの例外としては，イソロイシンを Ileu，アスパラギンおよびグルタミンを Asp-NH$_2$ および Glu-NH$_2$，還元および酸化システインをそれぞれ CySH および Cys- と表記することとした。これらのシンボルは，すべての人から瞬く間に支持され，例えば酸アミド（訳注：上記アスパラギン，グルタミン）については Asn および Gln にする等のわずかな改変があったものの，長年の間使われ続けた。多くの人々が，より単純な有機分子の表記ために化学式を用いたときと同様に，これらの記号を用いた実験式，例えば Gly$_{27}$Val$_{34}$Leu$_{46}$……などを実際に用いて研究成果を報告した[33]。

　ブランドの総説の最も印象的な側面は，使われた分析方法にある。おそらく立案時点で最先端の技術を盛り込んだプロジェクトとして計画され，事前に決定され，しかも戦時の緊急事態や政府予算の不安定さによる見直しにも耐えられるように準備して，実施された分析方法である。振り返って判断してみると，当時でさえすぐにでも陳腐化しそうだった方法でも，古くからの方法に対して，人はほとんど全面的に信頼を置いてしまうことがある。当時，クロマトグラフィーを使用した実験がされることはなかった。マーティンとシングによって報告されたいくつかの結果がブランドの総説に含まれてはいたが，当時の実験結果は，非極性側鎖をもつアミノ酸に限定されたものだった。なぜなら，アミノ酸の N- アシル誘導体を使用していたため，通常の荷電アミノ基が非荷電体（水に難溶性）に置換されていて，有機溶媒での抽出を必要としたからである。この困難な時代に，ウールの分析ということだけで知られていたマーティンとシングは[34]，仮にそれだけではなかったとしても，彼ら自身，血液タンパク質を中心とした大規模な米国のプロジェクトに参加することは，もちろんなかった。

分析の化学的方法は，いくつかのアミノ酸については実用的であったが，それらは少数であった[35]。ほとんどのアミノ酸について，利用可能な最良の分析手順は，極めて扱いにくい微生物学的アッセイに依存していたのだ！[36]　これらのアッセイは，特定のアミノ酸を合成する能力を欠損した微生物（*Neurospora*, *Lactobacillus* など）の突然変異体を使用した。培養微生物の増殖は，培地中の注目アミノ酸の量に定量的に依存するので，適切なキャリブレーションを加えた後，その特定のアミノ酸の定量分析値を提供することができた。ある1つのタンパク質（β-ラクトグロブリン）について，その時点までに報告された最も詳細な分析では，データの約半分が微生物学的アッセイから得られている。結果を得るために，個々のアミノ酸特異的な突然変異体を一昼夜インキュベーションする必要があった。きっと，数えきれないほど多数のペトリ皿が消費されたに違いない[37]。

　最も権威ある学者たちの意見は，微生物学的方法に対する熱意にあふれていた。例えば，エドサルはニューヨークでの会合で最近の進展を概説し，さらに取り上げた話題が……，

　　微生物学的方法の導入は，これまで正確な量の推定が極めて困難だったいくつかのアミノ酸を含む多くのアミノ酸について，わずかな量からでも，迅速かつ驚くべき正確さの推定値を提供してきた。分配クロマトグラフィーや関連技術の今後の重要性は非常に大きいかもしれないが，現時点では，これらの方法から得られた結果は，議論中のいくつかの他の方法から得られたものよりいくぶん大きな誤差を生じやすいかのように見えるのだ[38]。

　生きた生物の使用に基づいた方法には特に偏見をもっていた物理化学者のクラーク（H. T. Clarke）も，ニューヨークの会合での最終的なコメントの中で，いつもの自身のやり方から逸れて，微生物学的方法を賞賛している。「正確さは驚くほど素晴らしい……。これらの方法には輝かしい未来があることを予想しても構わないでしょう」[39]。

　ウィリアム・スタインとスタンフォード・ムーアに尋ねれば，別の証言をしたであろう。彼らは戦争後にロックフェラー研究所で共同研究を再開し，その間に分配クロマトグラフィーの優れた可能性を完全に確信していたのだ。彼らは，マーティンとシングが使用していた N-アシル誘導体の代わりに未

修飾のアミノ酸を用いて研究をしたが，これは，分離のときに有機溶媒の必要性を避けることができるため，大きな進歩であった。彼らは固定相としてシリカゲルの代わりにデンプンカラムを使用した。そして，適切なキャリブレーションの後，各画分のアミノ酸量を定量するために，古くから知られた染色試薬（ニンヒドリン）が有効であることを再発見したのだった[40]。この方法は 1949 年に完成され，2 つのタンパク質，β - ラクトグロブリンとウシ血清アルブミンの完全な分析のために使用された。その結果として，ブランドのグループの結果が最も信頼できるものであったとみなされた。結果は極めて満足のいくものであった[41]。ブランドが，β - ラクトグロブリンの論文を「1 つのグループの研究員による単一タンパク質調製物の完全分析として最初のもの」として，誇らしげに宣言したことは注目に値する。その発言は，タンパク質加水分解物中の各アミノ酸に対して，個別の分析方法（例えば，それぞれ特別に調整された微生物）[42] を必要としていたときに存在した明らかな困難を見事に言い当てていた。クロマトグラフィーが分析の主流を引き継ぐには，1946 年から 1949 年までのわずか 3 年しかかかっておらず，いわば新鮮な息吹のようであったといえよう。

　続いて，デンプンカラムは分離速度が遅すぎると考えられ，イオン交換樹脂に置き換えられた。また，スタインとムーアは，現在普遍的に使用されているメカニカルデバイスであるドロップカウンター（滴数測定装置）とフラクションコレクターを開発した。そして商業用研究室によって，すべてが集約され自動化された。1958 年までには，自動分析装置が，オペレーターの立ち会う必要もなく，一晩中仕事をすることができるようになっていた。

第8章
Amino acid sequence

アミノ酸配列

> タンパク質を酵素で分解すると，常にさまざまなサイズの分子が入り混じった多くの物質の混合物が得られる。……ここから，ある特定のアルブモースやペプトン（断片ペプチド）を単離することは骨の折れる仕事である。
>
> F. ホフマイスター（F.Hofmeister），1908[1]

　タンパク質を加水分解して生じたアミノ酸の構成を知ることは，たとえそれが正確であっても，結果的にはアルファベット文字がまぜこぜになった袋を1つ得ることと同じである。このことと，ポリペプチド鎖のアミノ酸の配列あるいはいくつかのアミノ酸からなるポリペプチド鎖の配列を知ることは，全く別の問題である。アルファベットを，配列に移すことによって，単語や文章が生まれるのである。1945年頃から1955年までにわたる10年以上の期間を費やして初めてこの移行作業を成し遂げたのが，ケンブリッジ大学の生化学者フレデリック・サンガー（Frederick Sanger；1918-，図8.1）である。

ウシインスリンのアミノ酸配列

　このプロジェクトは，アーウィン・ブランドによる一風変わったアミノ酸分析から始まった。彼の業績については前章で触れたが，ブランドはアミノ酸組成の分野における権威であった。彼は，特に微生物アッセイを好んで使用していた。これは，個々のアミノ酸に特異的な方法であるが，そのデータには常にいくつかの遊離の α-アミノ基（ペプチド結合には関与していない，ポリペプチド鎖末端のアミノ基，N端）が含まれていた。これらの α-アミノ基の数は，微生物法では測定できない。しかし，測定したいタンパク質の加水分解前の遊離アミノ基の総数を，側鎖に遊離型アミノ基をもつ唯一のアミノ酸であるリジン残基が加水分解産物に含まれる数とともに直接測定することにより，

図 8.1　研究室のフレッド・サンガー

(フレッド・サンガー博士のご好意による)

遊離アミノ基の総数から，リジン残基の数を差し引けば，アミノ末端の α-アミノ基の数を求めることができる。大きな数同士の引き算を用いるこの方法では，どうしても実験誤差が大きくなってしまう。しかし，ブランドは気にすることなく計算を行い，得られた数が測定しているタンパク質中のポリペプチド鎖の数であるとみなしたのである。彼のデータは，一般的なタンパク質である，血清アルブミン，γ-グロブリン，あるいはインスリンなどで

も，10 かそれ以上の独立したポリペプチド鎖があることを示していた。一方，有機化学分析を行わずにポリペプチド鎖の数を測定するより直接的な方法も開発された。その結果は，ブランドが導いたデータとは一致してはいないのだが，これはブランドの主張を根本から覆すものではなかった。

サンガーは極めて控えめな人物であるが，彼は自分がどのようにしてこの仕事にかかわるようになったかを述べている[2]。彼はケンブリッジ大学のチブナル（A. C. Chibnall）の下に「偶然に職を手に入れ」，そして α-アミノ基を特異的に測定する，信頼できる分析手法の開発の課題を与えられた。

チブナルは，トーマス・オズボーンの下で 1 年間ポスドク研究員として研究に携わり，1933 年からアミノ酸分析の仕事に取り組んでいた。そこでは，伝統的な有機化学の手法を用いて，アミノ酸の定量をする前にタンパク質の加水分解物から各アミノ酸を分離精製しなければならなかった。ブランドの β-ラクトグロブリンのアミノ酸組成についての膨大なデータを含む論文[3]は，もちろん「文献的に」価値があるが，その中でアルギニンの残基数は，チブナルによってすでに測定されていた。

サンガーによる献身的な努力の結果，ジニトロフルオロベンゼン（DNFB）を用いて，ポリペプチド鎖末端の α-アミノ基を特異的に決定する，新しい普遍的な手法が確立された[4]。DNFB は，ペプチド結合を切断することなく，末端の α-アミノ基と反応して鮮明な黄色を呈するジニトロフェニル（DNP）誘導体を形成する。次に，加水分解によってペプチド結合を加水分解すると，誘導体の結合は切断されないため，末端アミノ酸だけ DNP 誘導体として遊離される。これをクロマトグラフィーで分離すると，末端アミノ酸の DNP 誘導体は黄色のスポットとして同定されるのである。しかし，DNP-グリシン誘導体は他の誘導体と比較して不安定なので，タンパク質分解をより短時間で行う必要があった。そのため，正確な測定結果を得るために，必ず通常の時間の分解物と，短時間で行った分解物とを比較して確認しなければならなかった。このような比較を用いた方法では，いくつかの余計な黄色のスポットが測定されることがあった。それはジペプチド（あるいは他の短いペプチド）由来のスポットであった。これらのペプチドでは，末端のアミノ酸の次のアミノ酸から続くペプチド結合が切断されずに，末端となった次のアミノ基に DNFB が挿入されていたのである。これらのペプチドを分離して，そして末端アミノ酸に続くアミノ酸が決定された。

これは予想されなかった発見（セレンディピティー）であった！　この結果に従っていくことで，タンパク質のアミノ酸配列を決定することが，原理的に可能になったのである。

　もちろん，「原理的に可能なこと」を「現実的に成し遂げる」には莫大な量の仕事をこなす必要があった。例えば，どのような方法を用いて分解するのか，（酸・塩基・タンパク質分解酵素あるいは他の方法）について，詳細に検討しなければならなかった。これは，その分解が定量的に行われ，分析の最中に再結合を起こさないことを確かめる必要があるからである。この情報を用いれば，アミノ酸配列の決定に，もはや分解前の全ポリペプチド鎖は必要ではなくなった。つまり，加水分解を部分的に行うことで，反応で得られるペプチド断片の，末端の短い配列が重複するため，それぞれの配列を決定して，それらをパズルのように組み合わせて，すべての断片がうまく合わさるように順序を並び替えて再構築していくのである。ペプチドのもう一方の末端である，フリーのカルボキシル基側（C末端）からのアミノ酸配列決定法もあったほうがよかった。カルボキシペプチダーゼは，この反応に適したタンパク質分解酵素であり，特異的にC末端のペプチド結合を切断することがわかった。この酵素の分解速度は，末端アミノ酸の種類にかなり依存することが判明したことから，C末端からの探索は，N末端からと比較すると扱いにくい方法ではあったが，それでも有力な手段であった。

　サンガーは最も小さいタンパク質の1つとして知られているインスリンの分析に集中して取り組んだ。物理的な測定によるとその分子量は12,000であることから，インスリン1分子あたり102個のアミノ酸からなると見積もられていた。サンガーは，インスリン1分子あたり4つの末端アミノ酸が存在すると同定した。つまり，4つのポリペプチド鎖の存在を示しており，このうち2つは末端がフェニルアラニンであり，残りの2つの末端はグリシンであった[5]。

　さらに，これらのポリペプチド鎖は，ジスルフィド結合で連結されているため，単なる物理的方法では分離することができないことが判明した。このため，ジスルフィド結合を切断する最善の方法について，より体系的に検討をしなければならなかった。その結果，「酸化」法が選択され，切断されたフェニルアラニン鎖とグリシン鎖を回収する最適な解決策となった[6]。切断されたポリペプチド鎖はN末端アミノ酸を探索するために用い

第8章　アミノ酸配列　│ 103 │

られ，そして4個ではなく2個の異なるポリペプチド鎖であることが判明した。この結果は，分子量 12,000 というのは二量体の質量を示していることを示唆していた[7]。2つの鎖は合計 51 個のアミノ酸残基からなり，Gly 末端鎖（現在では A 鎖）は 21 残基であり，Phe 末端鎖（現在では B 鎖）は 30 残基である。配列が決定されたのは B 鎖からであり，1951 年に発表された[8, 9]。A 鎖の配列は2年後に発表された[10]。同じ頃，分子量についての結果が，他の研究室からも独立に発表され，インスリンとして小さいほうの分子量が確認された。サンガーの測定したインスリン全体の分子量は，アミノ酸残基の分子量を合計した結果，5,734 という値になった。

この時点で，分離されたペプチドのアミノ酸配列は明らかとなったが，これだけでは十分でなく，より困難な作業が待ち構えていた。分離されたペプチド鎖には，A 鎖に4カ所，B 鎖に2カ所，酸化されて壊れたシスチン残基が認められた。これらを組み合わせて，3個のジスルフィド結合を作る組み合わせは原理的には数多く考えられる。インスリンに存在する，ジスルフィド結合の本当の位置を確かめるためには，振出しに戻って実験を再び積み重ねる必要があった。つまり，ジスルフィド結合が保たれた状態で得られるように部分的加水分解をさまざまな方法で行い，結果として得られたペプチドを分離・精製し，最後にそれらペプチドについて決めたアミノ酸配列をすでに確立されている A 鎖・B 鎖の配列と照らし合わせながらフィットするように並び替えていくのである。ジスルフィド結合が交換したような，人工産物が作られてしまうことを回避するために細心の注意が払われた。これらジスルフィド結合の位置を決定するのに，さらに1年を費やし，**図8.2** に示すような完全な構造が論文発表されたのは 1955 年のことであった[11]。

このプロジェクトはその開始からゴールまでおよそ 10 年以上の歳月を費やしたが，それは忍耐と我慢に対する記念碑的な業績である。この結果は，基礎的な有機化学においてエミール・フィッシャーとその弟子たち以来試みられなかった，未知の領域に到達したと認識されるべきである。反応生成物を分離して同定する分析機器は，より高度に洗練されていったが，その反応原理そのものはサンガーが編み出した当初のものとほとんど同じであった。サンガーは，ほとんどすべての仕事を小さな研究室で単独で行い，アシスタントの人数も手で数えられる程度であっ　た。この業績が評価され，サンガーはノーベル賞を 1958 年に授与された。さらにサンガーは DNA 塩基の

| 104 | 第1部　化学

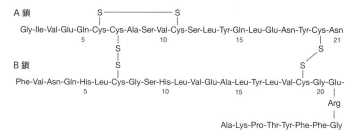

図 8.2　ウシインスリンの完全アミノ酸配列

(文献 11 より)

配列決定法も開発し，1980 年に 2 度目のノーベル賞を受賞することになるのである。

他の動物種について

これまでのすべての研究はウシのインスリンについてであったが，アミノ酸配列決定法の問題は解決され，次に数人の大学院学生の支援の下，ブタとヒツジのインスリンについてのアミノ酸配列も早急に決定された。その結果，これら 3 種間のインスリンではフェニルアラニン鎖は全く等しい配列をもっていると判明した。一方で，グリシン鎖では，全長は全く同じであったが，8 番目から 10 番目のアミノ酸残基に置換がみられた。

生理的に重要なタンパク質が，動物種の違いによってどのくらい異なる配列をもつかについて，たった 2 文で正確に記述できるということを考えても，インスリンの配列決定によって成し遂げられたことは，タンパク質研究の中でもおそらく最も大きな進歩であった[12]。

当時の懐疑論

歴史的な見方を広げるために，配列決定の研究に対して，それが行われている最中に公表されたコメントを見直すことは，望ましいやり方である。研究が行われている時点では，依然として単一なアミノ酸配列が果たして存在するのか，という懐疑論さえ存在していた。これは，インスリン以外の多く

のタンパク質でも，インスリンで観察されたような変異が種差間だけで存在するだけではなく，おそらく同じ種の中でも個体間において，遺伝子上の変異が存在するという事実から結論されたものであった。この違いは，タンパク質全体の電荷の違いを，電気泳動により区別することで観察された。最も有名な同一種間での配列変異は，1949 年に発見された，ヒトの正常赤血球と鎌状赤血球のヘモグロビンの違いである [13]。このような変異が多数存在しているが，電荷の違いがない場合は観察できないために同定できない，という可能性が考えられた [14]。この現象を表現するのに「微小不均一性」(microheterogeneity) という言葉が用いられた。1954 年に，微小不均一性についての膨大な総説が発表され，その中では「これまで調整されたすべてのタンパク質は似たタンパク質のファミリーメンバーの集合体であり，全く同一の分子の集まりではない」と結論づけられている [15]。この考えはサンガーによるアミノ酸配列決定後でも，懐疑的ではあるがある程度の支持は受けていた。それは，サンガーによって決められた配列は，単に混合物中において大勢を占める分子の配列を示しているにすぎないというものであった。しかし，そうであれば，サンガーがインスリンのタンパク質分解断片をその重複に基づいて再配列している際に，いくつかの異常を発見していたはずである。しかし，そのような結果は，有意的なレベルにおいて全く観察されなかったのである。

　フランスの分子生物学者ジャック・モノー (Jacques Monod) による，また別の懐疑論も存在する。ジャドソン (H. F. Judson) が行った回想録のインタビューから引用すると，彼はサンガーによる配列決定には，考え方を一掃するような歴史的意義があるとしている。モノーは，サンガーの研究がなされるまで，「誰も真剣に遺伝暗号について考えようとする気になれなかった」と語っている。この記事によると，サンガー以前は多くの生化学者は依然として，バーグマン-ニーマン (Bergmann-Niemann) によるアミノ酸含量の数秘術，またはそれに似たものがありうると信じていたというのである。彼らは，ポリペプチド鎖は，何らかのまだ発見されていない化学的方法で，短い繰り返し配列から組み合わせられていると考えていた。そのような状況下では「遺伝暗号の概念など必要なかった」というのである [16]。科学的事実が判明してから 20 年もの時間が経過して行われた，このようなインタビューの価値を判断することは難しい。モノー自身の研究に対しては影響があったかも

106 第 1 部 化学

しれないが，それを他の研究分野にも適用して一般化してしまうことには問題があるだろう。フランシス・クリック（Francis Crick）は自身の回想録の中で，より説得力のある評価をしている。「サンガー以前はアミノ酸が鉄壁のように配列しているとは一点の曇りもないまでに確立されてはいなかった。しかし，それがたぶん事実なのだと推論することは容易なことであった」[17]。

第9章
Subunits and omains

サブユニットとドメイン

　サブユニットの概念は，1分子のタンパク質に含まれる1本以上のポリペプチド鎖のことであり，アミノ酸配列を決定する際に自動的に出現してくる。前章において，インスリン配列分析のまず第一歩目は，遊離型の α －アミノ基を決定することから始まったと述べ，そしてインスリンは複数のサブユニットからなると示した（特にこの例は，後にこの章の中で，最初に予想された以上に複雑であったことが述べられている）。

　ドメインの概念は，アミノ酸配列の探索で出現した全く別の概念であり，1本のポリペプチド鎖内にある，化学的および／または機能的に，他の配列とはっきり区別される部分である。これは，アミノ酸配列が完全に明らかにされた後に明確になるものである。インスリンは例として適切ではないが，アミノ酸配列の解析が系統的に進むにつれて多数の例が（極めて広範囲の起源や解釈を伴って）見つかるようになった。

ヘモグロビンのサブユニット

　我々はタンパク質の歴史について書いているので，サブユニットの概念は実のところ，アミノ酸配列決定の技術よりずっと古いものであることを述べなければならない。ヘモグロビンは最も有名な例である。1924年に発見されて以来，4つのサブユニットから構成されるタンパク質であることは，タンパク質科学において最もよく確立された事実である。1ヘムグループあたりあるいは1鉄原子あたりのヘモグロビンの質量は，50年余りにわたって，常に約17,000と測定されていた。しかし，全体の分子量は，明らかにその4倍の大きさを示した。これはケンブリッジ大学とウプサラ大学の2カ所でそれぞれ独立してほぼ同時に，しかし異なる目標をもった研究者たちによって確立された。

当時，ケンブリッジ大学はヘモグロビン研究では世界の中心で，そこでは著名な血液生理学者であるジョセフ・バークロフト（Joseph Barcroft）が研究を行っていた。彼は化学的・機能的分子としてのヘモグロビン分子の魅力を多くの同僚たちに伝えながら研究に打ち込んでいた。その中の１人に生化学者のアデール（G. S. Adair）がいた。アデールは，浸透圧を利用して分子量の測定を行ったが，その際，彼は考えうる限りの間違いをみつけて訂正し，徹底的に精力を傾けて測定を行った。彼はタンパク質のような大きな分子は透過せず，小さなイオンだけを透す，半透膜を隔てた分子の動きを利用して測定した。アデールは，ヘモグロビンの分子量として，高い塩濃度の液体中でも，あるいはわずかな余分なイオンの存在が実験結果に重大な影響を与えてしまう，塩を含まない溶液中でも，約 65,000 の測定値を得た。これは素晴らしい実験的偉業であると，当時ケンブリッジ大学を訪れた多くの人々が回顧録の中で語っている[1]。

　これらの結果は，酸素分圧に依存して変化する，ヘモグロビンの酸素結合平衡（酸素飽和度）を測定することにより補強された。この酸素飽和度の測定結果は，正確な熱力学的解析により解釈をした場合に，同一分子上でいくつか（２個以上）の結合サイトの"協調性"がなくてはならないことを示していた。この実験から導かれる方程式は，ヘモグロビン，さらには他の多くの酵素の生理的な機能を，詳細に理解するための理論的モデルの基盤を創り上げた[2-6]。

　同じ年，スウェーデンではスヴェドベリがタンパク質の分析機器として超遠心機を彼の研究の中で初めて使用して，ヘモグロビンの分子量が 67,000 であることを確認した。これはケンブリッジ大学のグループとは独立した研究であり，当時，彼はアデールによる浸透圧を利用した実験結果は知らなかったのである。ペダーセンはこれについての逸話を明らかにしている[7]。スヴェドベリは，タンパク質が互いに結合していないコロイド状の単なる集合体であるという考えから，ある一定の分子量 17,000 を示す真の生体高分子であるという考えに確信をもって転向したところであった。ヘモグロビンを使った最初の超遠心機を使った実験では，使用した重力が弱すぎて，そのサイズの粒子が沈降して作るはずの明確な境界線ができなかった。スヴェドベリは，同僚のファーレウスに遠心機を一晩中回すように頼んで自宅に帰った。ヘモグロビンの分子量は推定より約４倍も重かったため，その後，超遠

第 9 章　サブユニットとドメイン　│ **109** │

心を長時間続けることによって，はっきりと境界線が出現したのであった。ファーレウスは興奮のあまり，真夜中に就寝中のスヴェドベリを電話で起こしてこの結果を報告した。彼は，遠心によって色のついたタンパク質が沈降し，遠沈管のトップに透明な領域が現れた事実を前にしてこういった。「テ (The ／訳注：愛称)，僕には夜明けが見えてるよ」。

　現代では，シークエンサーや高度な分析機器を使うことにより，我々は多くのタンパク質が1分子あたり1本のポリペプチド鎖で構成されていることを知っているが，また，いくつかのポリペプチド鎖が会合して形成されているタンパク質も多数存在することも知っている。ヘモグロビンのように，その構成するポリペプチド鎖が類似しているか，もしくは同一であるタンパク質もあれば，より複雑な構造をもつタンパク質もある。例えば，ミトコンドリアや細菌で，エネルギー産生の中心的役割を果たしている ATP 合成酵素は，それぞれ 8,000 から 55,000 までの分子量をもつ，8 種類の異なるタンパク質からなる 22 個のサブユニットが会合した構造をとっている[8]。

　ヘモグロビンや ATP 合成酵素のような場合は，サブユニット同士は純粋に非共有結合の力によってばらばらにならないように結合し（それにもかかわらず，この結合は強く特異的である），化学結合を切断することなく分離することができる。その一方で，例えば前章の**図8.1**でみたインスリンは，ジスルフィド結合がある鎖と他の鎖を共有結合で連結している例であるし，免疫グロブリン分子にも共通の構造である。ジスルフィド結合は，インスリンの場合のように，常にある特定の位置にあるシステイン同士を結合して形成されている。

前駆体

　たまたまインスリンは生体内で最初に生合成された後に，その構造がさらに変化するタンパク質の例として知られている[9]。このような合成後の変化はまれなことではないが，インスリンの場合ではポリペプチド鎖の数が変化することが偶然にもわかった。前駆体のプロインスリンは，内部にジスルフィド結合をもった1本のポリペプチド鎖である（**図9.1**）[10, 11]。この前駆体は，膵管（原文のママ，訳注参照）を経由する間にプロテアーゼによって切断され（訳注：インスリンは膵臓のランゲルハンス島に存在する β 細胞で合成され，<u>細</u>

| 110 | 第1部　化学

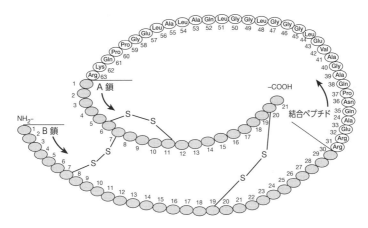

図 9.1　プロインスリン：前駆体タンパク質の一次構造
構造図は最終的に分離したポリペプチド鎖となる 2 つの鎖をつなぐ結合ペプチド（C - ペプチド）のアミノ酸配列を含む。
〔ドナルド・スタイナー（Donald Steiner）と共同研究者の仕事に基づく[10,11]〕

胞内の小器官を通過する際に，プロテアーゼにより切断されて成熟インスリン分子となり，血中に分泌される。膵臓の内分泌機能であり，後出の消化酵素など膵管から分泌される外分泌腺構造とは細胞も異なる），その残存部がフレッド・サンガーによって構造決定されたものである。この残存部分がインスリン本来の構造として定義されていて，生合成された時点でのタンパク質ではなく，生理的に活性をもったタンパク質を指し示す用語として一般に使われている。

　アミノ酸配列の正確な詳細が明らかになるより前から，長い間いくつかの前駆体タンパク質の存在が知られていた。フィブリノーゲンはその名前が示すように前駆体タンパク質の例であり，フィブリン塊を形成する前駆体であるということは 1850 年頃には確立されていた[12]。ほかにも，膵管から分泌されるタンパク質分解酵素群を別の例として示すことができる。1867 年に発見されたのだが，これらの酵素は膵臓組織や膵液から調整された時点では，不活性状態で酵素作用を示さない。これらの前駆体（ペプシノーゲン，キモトリプシノーゲンなど）はよく知られるようになり，1934 年には結晶化も行われた[13]。現代では，生合成されてから最終産物として目的の作用場所までたどりつくまでの経過が，生化学者により解明されるにつれ，その数が増えている。

ポリペプチドドメイン

　最後に，ポリペプチド鎖内にあり，その他の部分とは著しく異なる働きを示す「ドメイン」について言及しておこう。その違いはおそらく全体の構成に由来すると考えられる。膜タンパク質で頻繁に観察される明らかに無極性の部分は，細胞膜に典型的な疎水性の内部領域に局在していることを示している [14]。また，違いとして特異的なアミノ酸配列の存在も挙げることができるだろう。例えば，抗原抗体複合体を認識し，感染細胞を障害する（実際には溶解する）作用をもつ補体に分類されるポリペプチドである。この補体タンパク質は，結合組織の構造タンパク質であるコラーゲンに特徴的な要素である Gly-Gly-Pro の繰り返し配列領域を含んでいる [15]。

　あるいは，ドメインの特徴が極めて機能的であり，遺伝子配列に依存していて，アミノ酸配列に目立った例外などはない場合もある。例として，抗体分子において変化しやすい部位と定常的な部位が存在することが挙げられる（第 16 章を参照）。抗体分子の配列は無限の可能性をもっているが，抗体のアミノ酸配列に関するほとんどすべての論文は 1970 年以降に発表されている。

結　語

　この章の目的は，インスリンのアミノ酸配列決定以降に起こった，タンパク質についての考え方の劇的な変化であり，正確なアミノ酸配列決定が可能となったという内容をはるかに超えている。そのような考え方に基づけば，すべてのタンパク質科学者にとって，たとえどんなタンパク質に興味をもっていようとも，きちんとアミノ酸配列を決めることは，そのほうが実用的であると示されてきたし，明らかな義務となった。「配列決定」の意味そのものが変化し，「サブユニット，ドメイン，前駆体」の定義も自動的に含まれるようになり，タンパク質の構造・機能・遺伝学に洞察を与え，タンパク質科学という学問をかつて予想できなかったほど壮麗な学問にしたのである。これは先見の明をもった計画性と厳しい基準を設けて研究を行った，フレデリック・サンガーに対する賛辞である。彼が編み出した方法は，彼が想像を超えるほどの忍耐力を費やして解明した，2 本の小さなインスリンペプチド鎖よりも，はるかに長いアミノ酸配列決定に対してもすぐに応用可能となったのである。

| 112 | 第 1 部　化学

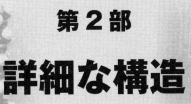

第2部
詳細な構造

第10章
Early spproaches to protein folding

タンパク質フォールディングの初期の試み

> ペプシン分子が球状であるとともに，現実的あるいは潜在的にポリペプチド鎖の形状もとりうるというパラドックスが残った。
>
> ウィリアム・アストベリー（William Astbury），1934[1]

問題の定式化

　ペプチド結合そのものは，アミノ酸同志を鎖のようにつなげていくものであり，構造的には2つから3つ，そしてもっとたくさんの特に長さの制限もないポリペプチドを作り出す以上の何ものでもない。不溶性の繊維性タンパク質の場合は，そのような長く伸びたポリペプチド鎖があることがX線解析によって確かめられた。水溶性で同じくらいの長さのタンパク質についても，固く伸びた鎖というよりしなやかで，水溶液の中で流動性の高い性状をもつ構造が想像しやすい。
　しかし，1930年頃観察された事実は全く異なるものであった。溶液中に存在するほとんどのタンパク質は，伸びたしなやかな鎖状ではなく，むしろ球状タンパク質と呼ばれる，しっかりとパックされた真球に近い形であり，その径はポリペプチド鎖から予想される長さと比べると，おかしなくらい小さなものであった。どんな種類の分子組織化によるものだろうか？　そしてもっと重要なことは，どうしてポリペプチド鎖は溶液の中をゆるくくねって進むということをしないのだろうか？　内部崩壊のような事態をもたらす駆動力はどんなものだろうか？
　これらの疑問に対する挑戦が，30年間タンパク質化学の中心的課題であった。そして，全く異なるバックグラウンドをもつ，さまざまな分野の科学者たちをタンパク質科学に惹きつけた。どんな領域で教育を受けたかを問わず，

全く異なる行動様式の人たちが境界を超えて飛び込んできた。中でも、数多くの異なるタンパク質が、それぞれユニークな組織化を行っていると考え、疑問を解決するまで何年も嫌がらずに整然と忍耐強く仕事を続ける人は珍しかった。ほとんどの人が一般的な新しい原理を求め、約束の地への近道を探した。後者のグループには本当に優秀な人たちもいたが、自称天才たちも含まれていた。接点はそれとなく合意されている寛大さであった。将来へのビジョンがどのようなものであろうと、現在は「白紙」でかまわないというような[注1]。

この章の冒頭に引用したウィリアム・アストベリーは、タンパク質繊維のX線解析の専門家であり（第6章）、繊維状構造を学会から学会へと講演してまわったが、のちに的をはずしていないことがわかった単純な見方をしていた。彼は繊維性タンパク質と球状タンパク質に根本的な差はなく、繊維性の鎖はもともと球状のユニットがつながってできており、また反対のことも起こると考えていた。すなわち、鎖そのものが本来的なユニットで、「それがのちに何かうまい具合に折り畳まれて」球状の粒子を形成しているだろうと。彼は、特殊な考えに陥らない、よいセンスの持ち主であった[1,2]。

バナールの予言的ビジョン[3]

X線回折は3次元的に整列した単結晶を解析するのに最も適した方法である。アストベリーが研究したような繊維図形は枝葉であり、結晶が得られない場合に限定的な情報しかないときに使うものである。しかし、多くのタンパク質では、真の結晶が得られ、X線解析の手法を用いて精細な構造を知ることができる。ジョン・デスモンド・バナール（1901-1971）はこのことを知っていて、最初からの熱狂的支持者であった。1924年の彼の最初の論文は王立協会のウィリアム・ブラッグの指導の下で、X線解析によるグラファイト（黒鉛）[4]の構造に関するもので、すぐに宣教師的熱心さでその手法をタンパク質に展開した。バナールはC・P・スノー（C. P. Snow）の小説『*The*

注1) 大胆な仮説を提唱するには、この時点での生物学の根幹をなす知識は、まだ極端に初歩的であったということを指摘しておくべきだろう。タンパク質がどのように生合成されるかという経路についてかけらほどの知識もなく、ほとんどの人が、まだ—DNAではなく—タンパク質が遺伝情報を運んでいるものと思っていた。DNAであることを証明した最初の論文は1944年に発表されたが、その後も何年かその「証明」は疑いをもって扱われた。詳細については、本書第4部を参照のこと。

第10章　タンパク質フォールディングの初期の試み　**115**

search』の登場人物で，タンパク質科学で発見する大きな野望を抱いている
コンスタンチンのモデルである [5]。

　X線解析機器を開発するだけでなく，バナールは自分の確信を実行に移した。そして，〔彼の学生であるドロシー・クローフット・ホジキン（Dorothy Crowfoot Hodgkin）とともに〕1934年，初めてタンパク質–ペプシンの精密なX線結晶構造を描き上げた。ペプシンはその4年前に米国のジョン・ノースロップが確立した方法によって結晶化されていた。この手法での直接的な発見は，タンパク質の結晶における水の重要性であった。結晶を調べるときに水を蒸発させてしまうと，X線回折像が急速に劣化してしまう。そしてまた，タンパク質が球状であることが確認された。タンパク質分子は，水を含む間隙で仕切られていた。しかし，これ以上バナールのビジョンを満たすには，さらに25年を要する技術の進歩が必要であった（第13章参照）。

　バナールは，しばらくの間X線回折のパイオニア以上の存在であった。彼はサイエンスのすべての観点からして傑出しており，それはタンパク質とさまざまに関連しているので，この本のいたるところに現れる。彼は誰よりも早く液体の中での構造を考えていたし，液体状態の水の構造の最初のモデルは彼によるものであり，それは球状タンパク質が存在し，機能を発揮するための枠組みとなるものである。彼は，タンパク質化学者の中では珍しくタンパク質の折り畳みに疎水性が重要であることを認識していた。また，個人的履歴としても珍しかった。「賢人」というあだ名がついていたが，彼は解き放たれた野放しの精神の権化であり，異なる分野から分野へ何の制限もなく飛び回れる精神の持ち主であった。「すべての思考の富は私に開かれている」と彼はケンブリッジ大学在学中に記している。「どこを見渡しても特に興味を惹かれる人にもわくわくする人にもこれまでに出くわしたことがない」。彼は科学だけでなく，哲学や社会学の理論にも通じていた。熱心なマルクス主義者であり，ロシア共産主義の支持者であった。第二次世界大戦時には戦争反対運動の主導者であったが，英国の国家安全省で戦時大臣のサー・ジョン・アンダーソン（Sir John Anderson）の下で戦術についてのアドバイザーに抜擢された。のちに，ルイス・マウントバッテン卿（Lord Louis Mountbatten）の信頼を得て，連合国によるノルマンジー侵略に関連した技術問題のアドバイスを担当し，ノルマンジー上陸作戦 [8] 後，戦況が東アジアに移ったときに，マウントバッテンに随伴してインドとスリランカに赴いた（**図 10.1**）。

| 116 | 第2部　詳細な構造

図10.1 マウントバッテン卿（中央）や軍関係者と一緒のJ・D・バナール（右から2人目）
(出典：ホジキンによるJ・D・バナールの伝記，1980[3]より)

バナールはマウントバッテンに大変気に入られ，その評価についてはドロシー・クローフット・ホジキンによって書かれた伝記に記されている．ドロシー・クローフットはバナールの最も有名な生徒で，のちに構造に関する仕事でノーベル賞を受賞することとなる[9]．

幻想的飛翔

これまでに述べたように，この頃はX線結晶構造解析によって精密なタンパク質の構造を扱うにはまだ早かった．バナールとドロシー・クローフット（1937年にドロシー・ホジキンと改名する）はペプシンの構造にたどり着く前に，もっと単純な構造の炭水化物やビタミンやステロールに戻って研究を進めていた[10-13]．戦争の間，1942年にペニシリンの研究が始まり，4年経ってついに精密な構造が解けた．

その間，タンパク質科学は10年以上，皆何かいいたがり，実際いろいろなことをいっていたにもかかわらず，すでに述べた液体状態のままであった．建設的意見はやはり偶然の発見から生まれた．その一番重要なのは，T・スヴェドベリの仮説である．彼は，（自ら開発した超遠心を用いて分子量を測定する

手法による成果として）すべてのタンパク質は，何か同じ共通のサブユニットか同じ分子量のサブユニットからなる種類（クラス）によって作り上げられているとした。このスヴェドベリの熱意のこもったアイデアには，もちろん彼の仕事の初期の頃[14]に発見した卵白アルブミンとベンスジョーンズタンパク質が，図らずもあまりに同じ分子量をもっていたということが少なからず影響しているが，同様に，スヴェドベリと独立にケンブリッジ大学のアデールが浸透圧を使ってみつけたヘモグロビンが解離するという事実が確立したことも影響を与えている[15, 16]。

さらに不思議なのはバーグマンとニーマン（1937年）が突然舞い降りたお告げのように提出した仮説で，一部スヴェドベリの提案とアミノ酸含量データを基にしている[18]。正気に戻れば，これはうすっぺらの証拠に基づいた数霊術以外の何ものでもないことがわかる。その仮説の主張するところは，すべてのタンパク質についてそのアミノ酸残基の総数は$2^m \times 3^n$（m, nは整数）という数式で表されるというものである。さらに，個々のアミノ酸についてもその総数が$2^{m'} \times 3^{n'}$（m', n'は整数か0）で表されるという。もしこの「魔法の数式」が本当であれば，タンパク質が生体の中でどのように作り上げられていくかについてのさまざまな数学的考察が可能になるであろう！しかし，もちろんのこと，この数式はでたらめであった[19]。

このような荒っぽいアイデアが，一笑に伏されないばかりかじっくりと考慮されたことをよく考えなければならない。バーグマンはニューヨークにある一流のロックフェラー研究所のスタッフであったし，ニーマンはカルテックでいくつかの共同研究を行っていたライナス・ポーリングに信頼されていた。今日でもなお，バーグマンはある歴史家からは優秀な科学者であり，その時代に重要な貢献をしたと思われている[20, 21]。

ドロシー・リンチとサイクロール理論

1930年に収穫された成果の中で最も忘れられず，脚注にすら値しない理論は，教育も受けず，関連する技術もない，何もないところに築かれたものであった。なのにその理論は，タンパク質科学の歴史の中で，ほかの何よりもずっと世間の脚光を浴びている瞬間があった。それはおそらく，本人の際立った華麗な演出（図太さ）のおかげであり，また20世紀の偉大な物理化学

図10.2　ケンブリッジで講演するドロシー・リンチ（1933年）
(P. G. Abir-Am による Wrinch の伝記より。
原典：C.H.Waddington; Gary Werskey の好意による）

者の一人であるアーヴィング・ラングミュア（Irving Langmuir）の加護のおかげでもあり，当時のタンパク質科学界から畏敬の念をもってみられていた。

ドロシー・リンチは英国の数学者で，バートランド・ラッセル（Bertrand Russell）とその哲学に，ほかの支持者らと一緒にいっとき夢中になっていた。彼女はきちんとした化学の教育を受けていなかったし，科学研究での証明のしかたについて，せいぜい初歩的な知識しかなかった。彼女は傲慢で，まわりからの批判を迫害のように受け取っていたが，振り返ってみれば，みじめな事態に陥ったのは自らが招いたことと思える[22]。

リンチの仮説は，タンパク質の骨格をなすアミノ酸残基間の基礎的なペプチド結合を否定した上に成り立つ，幾何学的建造物であった。その仮説によると，ペプチド結合は（他の有機化合物にみられるラクタム−ラクチム互変異性のような変換によって）三つ又の構造をとり，自然に6角形の輪をなしてハチの巣状の多面体を構成する。集中砲火のように論文が発表された[23]。タンパク質分子がコンパクトに折り畳まれていることの説明だけでなく，スヴェドベ

第10章　タンパク質フォールディングの初期の試み　| 119 |

リが提案した分子量のクラス仮説をも説明しようとした（リンチによって書かれたレビュー文献[24]を参照のこと。彼女の短い論文にみられる押しつけがましさはない）。

サイクロール仮説提案に続いて，リンチは著名人たちに会見や共同研究を求める手紙攻撃を始めた。例えば，1936年の夏にはライナス・ポーリングが彼女のターゲットだったが，1938年まで彼らが会うことはなかった[25]。しかし，アーヴィング・ラングミュアに対してはうまくいった。彼の表面バランス測定をタンパク質相に応用するという新しい実験の提案をされたことで，ラングミュアにとっては新しい展望が開けるような期待あふれる想像を掻き立てられて，リンチをより受け入れやすかったのであろう。とにかく，ラングミュアはリンチを1936年12月にスケネクタディ（Schenectady／訳注：米国東部，ゼネラルエレクトリック社の研究所がある）に招き，表面バランスの最初の実験を行い，成功した。「これは，生物学のツールとして重要な価値があり，病気の診断に使われるようになるだろう」と彼は講演で述べている[26, 27]。

のちに見直してみて，ラングミュアがどうして彼女を長いこと支持し続けていたのか理解するのは難しい。リンチによる構造は立体的に不可能であったからだ。彼女は，ポリペプチドの主鎖の骨格に幾何学的な執着をしていた。アミノ酸側鎖は単に‘R’という1文字で表していた。もし，‘R’を実際に構成するすべての原子で置き換えてみると，十分な空間がないことがわかる！　ノイラートとブルはこのことからすでに1938年にはサイクロール理論を論破していた。しかし，分子の空間占有について精緻な絵画的想像力とユニークなセンスを示してきたラングミュアにとって，第三者の批判など必要なかったはずだ[29, 30]。

しかし今になってみて，いかに不合理に見えようとも，世界中がドロシー・リンチのいうことを聞くことになったのは，ラングミュアのかかわりによるものだ。例えば，ドロシー・ホジキンによると，リンチは1938年のコールドスプリングハーバーのシンポジウムの特別に誉の高い会場において「彼女の熱狂で聴衆を魅了した」[31]。そして，確かにリンチとラングミュアのつながりによって，いっときラングミュアとタンパク質科学の主流の科学者コミュニティが関係をもつことになり，究極的収穫をもたらした。これについては第12章で詳しく述べる。

タンパク質変性

　もっと建設的なアイデアはタンパク質の変性についての研究からもたらされた。タンパク質変性は古くからタンパク質の状態の変化としてとらえられていたもので，熱やpHの強い変化またはいろいろな化学物質の添加によって起こる。1900年頃の教科書には，可溶性の喪失（または「凝固」）と定義されている。当時から分子量の変化はないということが理解されていた[32]。現代では，生物学的活性の喪失，結晶化能の消失，スペクトル変化，そして化学プローブのスルフヒドリル基（SH基）や他の反応基への到達度の変化などが含まれるようになっている。

　もう1つの変性を特徴付ける当初から知られている性質は，その不可逆性である。例えば，変性タンパク質の中で最もよく知られている，ゆでた卵の白身は，酸あるいはアルカリによって再び液体に戻すことができるが，さらにもう一度pHを中性に戻すとまた沈殿することから，「アルブミン」そのものを特徴付けているものが永久に失われていることを示している。この手の喪失はあまりにあたりまえに起こることだと思われており，変性タンパク質に対する研究の意欲をそいでしまう。アンソン（M. L. Anson）とミルスキー（A. E. Mirsky）の言葉を借りれば，「凝固が不可逆的であるということは公理のように自明なことだと思われており」，そして当然「生理的意味合いはほとんどない」。しかし，アンソンとミルスキー自身がその考えを破った。彼らは1925年に変性したヘモグロビンは（気を付けてやれば）再び結晶化もするし，酸素とも結合するようにできることを発見した。血清アルブミン，トリプシン，続いてたくさんの変性タンパク質が元に戻すことができることが示された。卵白アルブミンだけは例外である[33, 34]。

　この発見は，全体像を塗りかえることになった。可逆的であるということは，転移は平衡状態の一部であることを意味しており，天然（ネイティブ：native）あるいは変性した構造は熱力学的に「システムの状態」として定義される機能である。ということであれば，熱や化学物質やその他の因子の影響を，熱力学的手法を駆使して，つまりすでにある平衡状態からの偏りということで分析することができるということになる。そして化学的または光学的プローブを使って，変性した状態と生の自然の状態を比較するという変性タンパク質に関する実験研究が，タンパク質構造を考えるにあたって貴重

な指針となることを意味している[35]。その後，多数の影響力のある論文が，天然–変性転移の説明から始めるようになった。例えば，ミルスキーとポーリングによる水素結合をタンパク質化学者の用語として紹介した1936年の論文（次章参照）は，「天然，変性および凝固タンパク質の構造について」という題で出版された。

　タンパク質変性に関する，最も初期の「考察」は1931年，中国のシェン・ウー（Hsien Wu）の研究室からもたらされた。ウーは傑出した科学者であったが，その生涯は，満州王朝から——途中日本の支配をはさんで共和制，共産主義へと変遷する中国の動乱期にまたがっていた（伝記についてはエドサール[36]参照）。ウーの変性に関する見解は単純明快であった。彼は天然（ネイティブ）タンパク質は，「自由に動くポリペプチド鎖ではなく」機能的に組織されたコンパクトな分子で，変性とはこの秩序だった組織を壊し，無秩序な分子にすることであると考えた。この天然な組織化は，主に極性基による非共有結合的な分子間引力によるものとウーは考えていた。彼の「極性」のカテゴリーの中にはイオン基が含まれていたが，秩序だったポリペプチド鎖を作る際には，ペプチド基もその中に含ませることの必要性を感じていた[37]。水素結合はまだこの頃広く知られていなかった。もし，知られていれば，ウーは間違いなく，最も考えるべきものとして取り上げていただろう。水素結合は実際，1936年にミルスキーとポーリングによって，非共有結合性分子間引力の主体として持ち込まれたものであり，変性についてこの時代に最も影響力のあった仕事であることがわかった（第12章参照）。ミルスキーとポーリングは，引用文献もないし，ウーの仕事に気が付いていなかっただろう。ポーリングは1936年の論文を自ら「天然と変性タンパク質についての初めての現代的理論」と呼んでいる[38]。

　といっても，水素結合理論によって最終的決着がついたわけではなかった。変性は，タンパク質の構造についての研究と思考の両面で，長きにわたって活発な議論のあるトピックであり続けた。ミルスキーとポーリングののちの世代に，新たな歴史的マイルストーンが導かれた。天然のタンパク質構造を保つために関与しているであろうすべての力についてのウォルター・カウズマン（Walter Kauzmann）による学術的総説である[39, 40]。彼は，最も重要なエネルギー的原動力は「疎水結合」によってもたらされる，という全く予想もつかなかった結論に達する。同時に，タンパク質がどうやって機能している

かというメカニズムに対しても，全く新しい因子をもち込んで説明することになり，第12章に主題として述べる。現代の知恵者はおそらく疎水結合も疎水力も両方とも，少し異なった方法ではあれ，タンパク質の天然構造の保持に関与しているということだろう[41]（第12章脚注参照，144頁）。

極性および非極性基

第5章において，タンパク質の中のイオン基の存在——静電的電荷がある原子に固定していること——が徐々に理解されたことを述べた。その文脈の中で，分子双極子について述べた。つまり，一方は陽性でもう一方は陰性の完全なイオン電荷，例えば$-NH_3^+$や$-COO^-$などのように電荷が固定された基をもつが，全体としては電気的に中性の分子である。また，タンパク質に当てはめると「双極子」という言葉は必ずしも適当ではなく，「多極子」というのがもっと現実的であるということを指摘した。タンパク質分子には1分子あたり大量の数のイオン基が存在するが，互いに相殺され，等電点と呼ばれる1つのpHをもつ。

我々は今，本章において，また全体的には化学の歴史の中において，電気的極性をもっと広い領域にまでカバーできるように敷衍してゆく。特に，すべての化学結合は電気的極性をもっていることが知られている。ほとんどすべての分子は，その結合が完全な対照性をもつように調整されていないことから，何らかの「双極子」となっている。タンパク質分子の中では，C-C結合やC-H結合は最小の非対称性しかないため，炭化水素部分はほとんど極性がなく，通常「非極性」と指定される。一方，酸素や窒素原子は本来的に電気的陰性であり，C-N結合やC-O結合はそれゆえに「極性」とされる（全分子の中では，水H_2Oは比較的強い極性をもつことで有名である。水素原子の位置する側では正で，酸素原子の側では負であるが，HまたはO原子の全電荷があるほどに極性があるわけではない）。これらの極性が，タンパク質とそれが通常浸っている溶媒であるH_2Oの化学に大きな位置を占める2次的力の基盤を与えている。

イオン結合について

タンパク質のポリペプチド鎖が折り畳まれて，コンパクトな構造をとる

第10章　タンパク質フォールディングの初期の試み　| 123 |

フォールディングの過程を考えるには，実験値（変性のデータとして）をベースに考えるかあるいは純粋に考察するかにかかわらず，分子間に働く2次的な力についての理解は避けて通ることはできない。ここで，2次的な力は1次的な原子価結合より弱い力であり，フォールディング過程において1次的結合は変化しないものとしている。

　古いアイデアとしては，単にあり得るだろう程度の可能性の話であったが，正電荷と負電荷が引き合う「イオン結合」の考え方がある。ポリペプチド鎖に沿って多数の電荷が存在する。それらの電荷がすべて関与するように配置されているのだろうか？　この考えはこの章で見てきた「幻想の」時代では，証拠を積み上げることなく信じられていて，球状タンパク質では，その表面にイオン電荷が存在して水分子に対してイオン双極子結合を作っていると考えられていた。例えばシェン・ウー[37]は，1931年にペプチド基間の2次的力よりもっとイオン結合を重要視していた。そして，繊維タンパク質では，近接したポリペプチド鎖間のグルタミン酸とリジンの側鎖の電荷間の引力が横方向の結合力として必要であると広く考えられていた[42]。バナールは1939年にきっぱりと「全く疑いがなく」というのも「確かに水和される」ので，イオン結合を明確に除外するとした。しかし，バナールは一般より鋭敏であり，静電結合力はその後も散発的に呼び覚まされ，重要なエネルギー因子としての概念が本当に顧みられなくなったのは1949年であった[44]。

　その後，20世紀では水素結合と疎水「結合」の概念が最も生産的なツールとして用いられるようになり，続く個々の章で詳細に述べる。

全体像

　2次的結合力の概念を全体像の中で適切にとらえるため，タンパク質の構造そのものだけでなく，リガンドとの結合部位の解析や，酵素の活性中心の説明などについて，2次的結合力の概念がどのように一般的に用いられる（そして現在も用いられ続けている）ようになったかを記述すべきであろうと思われる。

　また，可逆的タンパク質の変性について全体像の中で適切にとらえるためには，1960年以降タンパク質合成の分子機構が解明されて，遺伝子とアミノ酸配列の関係が明らかになった将来を俯瞰する必要がある。自然はどのよ

うに1次元的シークエンスから3次元の天然構造を形成するのか？　変性の可逆性は新しい基本理念の必要性がないことを意味している。新生のポリペプチドのフォールディングは変性したタンパク質からもう一度フォールディングすることに類似している。「シークエンスが構造を決める」ということがタンパク質科学のドグマになった[45]。

第11章
Hydrogen bonds and the α-helix
水素結合とαヘリックス

> そのような結合体は2個あるいは3個の分子からなる構成に限定する必要はない。実際，液体は大きな分子凝集体でできあがっており，熱でかき混ぜられることから，常に壊れて作り直されている。
>
> W・ラティマーとW・ローデブッシュ（W. Latimer and W. Rodebush），1920，
> 液体の水に関して [1]

　原子間で電子が共有されることによる共有結合の概念は，1916年にカリフォルニア大学のG・N・ルイス（G. N. Lewis）によって提唱されたものであったので，同じくカリフォルニア大学のウェンデル・ラティマー（Wendell Latimer）とウォース・ローデブッシュ（Worth Rodebush）が [2,3]，原子価結合より弱い原子間の2次的結合として初めて水素結合を提唱した1920年当時はまだ新しかった [1]。当初より，水素結合を静電的結合力由来と理解していたため，酸素や窒素のような電子親和性の高い原子間で形成されると考えていた。同様に，彼らは液体の水における水素結合は特別重要であると考えていた。この最初の論文には，のちにさまざまな研究者によって定量的に発展される未熟なアイデアをいっぱいみることができる。

水の構造

　水素結合のコンセプトは有名な話だが，1933年にJ・D・バナール（J. D. Bernal）とラルフ・ファウラー（Ralph Fowler）によって液体の水の構造モデルを創るために活用された。物理化学の歴史的にはマイルストーンとなるもので，タンパク質科学にも間接的に多大なインパクトを与えた [4] 注1)。

注1) 著者らは，この現象に対して「結合」という言葉を使用することを避けた。共有された電子が原子同士を「結合」するというアイデアはまだとても新しく，弱い形の引力に対して，この言葉をあてはめて用いることにあまり賛

その仕事の発端は面白いものである [6]。それは，マックス・ボルン（Max Born）やヴァルター・ハイトラーやフリッツ・ロンドンといった際立った人物が参加した理論的な会議のあとに，モスクワ空港に発生した濃い霧に端を発する。バナールとファウラーは午前4時に出発する飛行機に乗る予定だったが，霧のおかげで午後4時に延期になってしまった。空港はできて間もなかったので，座るところもなかった。バナールとファウラーは上に行ったり下に行ったり歩き回って，「考えることと話すことしかできなかった」。自然と話題は，置かれている不愉快な状況をもたらしたものについて——何故に水分子はこの「霧」という不透明な液滴になるのか？　ファウラーは（熱力学理論家としてかなりの名声を博していたが）水分子については何も知らなかったので，バナールは彼に問題が何かを説明しなければならなかった。数時間が過ぎ，議論は水の結晶のような構造や氷・水の密度等々違う観点に移った。目的をもった決断とかではなく，偶然によって（むしろ魅力的なやり方で）歴史が作られることがある。

　バナールとファウラーの理論では H_2O 分子は，液体の水（霧も）でも蒸気でも基本的に同じであり，O–H 間距離は $0.96Å$ である。実験的に，液体の水の X 線散乱曲線から，彼らは O–H 結合は隣の H_2O 分子の酸素原子に向かっていることを導き出し，O–O 間距離を $2.76Å$ とした。水素結合は共有結合における電子の共有に類似するものではなく，（等距離にない）2個の酸素原子間の水素原子の対等な共有でもない。それは極性結合である。H 原子は正の極性をもち，遠くの水分子の非結合電子対の負の極性に強く引き付けられている。精緻なモデルはその少しのちにバナールとその学生のヘレン・メゴー（Helen Megaw）から出た。このモデルでは，水素原子はバルク液体水（界面に接していない塊としての液体の水）の中で，2つの互いにリンクしている酸素原子の間を協調的にジャンプして動き回っている。このようにして全体として水分子のテトラポッド状（クォーツ様の）配列を乱すことなく，流動性を保つことができる [7]。

　この2つの論文は先駆的研究であり，その理論は液体水の「構造」を包含するだけでなく，その他のたくさんのトピックに関連している。例えば，

成しない（特に物理学者）人たちがいるからである。バナールとファウラーも，彼らより前のラティマーやローデブッシュらの論文を引用していない。おそらく，気が付かなかったのだろう。J・ダナヒュー（J. Donohue）[5] によると，水素結合が「現実味」をもって化学関係者たちの間に広く浸透するのは，1939 年にポーリングが「化学結合論」[10] を出版した後のことである（128 頁参照）。

第 11 章　水素結合とαヘリックス　| 127 |

H_2O 以外の分子の O-O 距離と水素結合エネルギーとの間の一般的関係を提供するし，溶解イオンの水和反応の議論の一般的用語になっている。これに関連して，H^+ は水の中では水和した形の H_3O^+ として存在している。これを心に留めると，H^+ と OH^- イオンの水中での異常に高い移動性（想定されるより5倍高い）を定量的に説明できる。現在一般的にはグロータス機構として知られている [8]。

水素結合とタンパク質フォールディング

その頃，ライナス・ポーリングはカリフォルニア工科大学で学位研究（1922－1925）を始めており，彼のキャリアの基礎を築くこととなる，結晶のX線回折による実験的構造決定とその理論的説明の開発を行っていた。彼は量子力学やその他の新しい理論を即座に身に着け，それらをすべて原子と原子間の結合の問題に応用した。成功に心がはやってしまう質で，彼は研究の直近の目標を超えて発表してしまうことがよくあった。例えば，最初の論文は結合の電子共有に関するものであったが，すでに水素結合やそれが静電結合由来であるという認識にまで触れてしまっている。

より長い決定的論文 [9] はそのすぐあとに発表され，のちにポーリングは1939年初版の本『化学結合論 (The nature of the chemical bond)』を執筆して，すべての化学結合の権威として知られるようになった。当然のことながら，この本には水素結合の章があったが，まだタンパク質に関する言及はなかった。ポーリングの初期のキャリアは無機化学側に大きく傾いていた。

ポーリング自身の回顧によれば [11]，タンパク質に興味をもったのは，一部研究費に起因している。ロックフェラー財団からのサポートは彼の無機化合物の結晶構造解析に対してではなかった。また，他の要因は，アンソンとミルスキーによるヘモグロビンやその他のタンパク質の凝集の可逆性に関する総説から刺激を受けたことである [12]。このとき，アルフレッド・ミルスキーはロックフェラー研究所にいたため，ポーリングがタンパク質を扱ううえで，専門家の協力を必要としたときは，ミルスキーがちょうどよかった。ロックフェラーは彼の給料も払った。

成果はタンパク質変性についての包括的な論文だった。水素結合は今やファッショナブルなドグマとなった。初心者でも液体水の異常な性質と水素

図 11.1 分子模型の横で講演するライナス・ポーリング
(Ava Helen and Linus Pauling papers, Oregon State University special collection より)

結合がいかにタンパク質変性を説明できるかを理解することができた。であるからこそ，ポーリングにとって天然のタンパク質が機能的に集合していく際の凝集力として，水素結合を引き合いに出すことは自然の成り行きであった。挑発的なスタイルが身についてきて，彼はその他のありうるかもしれない可能性を一切認めなかった[13]。

　構造が決定されていくのに，水素結合は欠くことのできないものだとすべての人が信じていたわけでもなかった。例えば，学術的レビュー誌でハンス・ノイラートと何人かの傑出した共著者は，タンパク質を形作る凝集の結合はまだ知られていないとして，慎重に取り扱うと 1944 年においてもまだ記述している[14]。しかし，ミルスキーとポーリングは彼らの論文の中で，そんな心配は必要ないとしている。変性の定義をしてその可逆性を説明したあと，単刀直入に切り込んで，「ポリペプチド鎖は水素結合によって保持さ

第 11 章　水素結合とαヘリックス　│ 129 │

れ，ただ1つに規定される形状に折り畳まれる」としている。2種類の水素結合が言及されている。ポリペプチドの主鎖にある窒素原子と酸素原子間のものと，側鎖にあるアミノ基とカルボキシル基の間のものである。タンパク質分子の中にあるすべての側鎖にある基がフォールディングに関与しているわけではなく，一部が使われ，そのほかは分子表面にフリーな基として存在していることが述べられている。

この論文には，一般的に知られている水素結合の幾何学的性質が含まれていて，例えばN–H–Oの距離は約2.8Åであり，結合していないNとO原子の距離よりも短いことなどである。水素結合のエネルギーは大体5～8kcal/molで「タンパク質の中」にあるN–H–O結合で同定されるものにほぼ近い。側鎖の水素結合も同様のエネルギーが割り当てられている。実験的に観測される，典型的な変性のいわば活性化エネルギー150kcal/molは，これから計算するとおよそ30個の側鎖の水素結合が壊れたものと見積もることができる。

後世からみると，この熱力学的解析は間違いであることがわかる。水溶液中で行われる典型的な変性実験においては，タンパク質中の水素結合は事実上「壊れる」わけではなく，水分子との水素結合に置き換わる——あるいは，化学物質変性剤を使う場合は「変性剤分子」との水素結合に置き換わるだけである。実際，ミルスキーとポーリングは変性剤の作用を説明するときに，このことを暗示している。尿素や他の多数の変性剤として知られているものは「タンパク質の側鎖と水素結合を形成し，お互いがつぶれてしまうのを防いで，タンパク質が天然の形状を保つのに役立っている」[13]。論理的に考えれば，実質上のエネルギー変化は，ゼロということになる。しかし，テキストはこの文脈についてはあいまいに書かれていて，水素結合に関する強さについては，少なからぬ混乱が論文上何年も続いた。内在性水素結合理論自体は少なくとも20年間，つぶれたタンパク質分子の理論として続いた。

αヘリックスとβシート

ミルスキーとポーリングによるタンパク質変性に関する論文発表の後，ポーリングは天然のタンパク質構造に根本的に重要な結合に関する，もっと精密な定義を考案しようとし始めた。彼はアストベリーのポリペプチド主

130　第2部　詳細な構造

鎖に関する推論的αとβ構造から始めた[15]。彼は，これらの構造について，全く端からはねつけることも可能だったが，かといってほかにもっと確信のもてる構造も思いつかなかったからだ。

この頃，すでにX線結晶構造家として教育を受けたロバート・B・コリー（Robert B. Corey）がミルスキーのようにロックフェラー研究所からポーリングのグループに加わった。2人は結合に定義を与える問題を解くというユニークなプロジェクトに乗り出すことに同意する。彼ら自身でタンパク質の解析をするのではなく，アミノ酸の結晶構造解析や単純なペプチド──それは，タンパク質部分ペプチド（フラグメント）と呼ばれるもので，しばしば分子間水素結合を含む比較的単純な化合物の構造解析である。このような構造はX線解析で精力的に決定され，原子間距離や結合方向などが求められていて，もっと複雑なタンパク質構造のモデルを構築するのに使用できるに違いないものであった。ポーリングの基礎知識に一般的な理論的原理を付け加える才能のある人が加わることにより，折れ畳まれたポリペプチドが従うべき規則が確立された。

現在有名なαヘリックスとβシート構造[16, 17]は，戦争中は中断したが，この仕事の結果である。鍵となる1つの結論は，それぞれのペプチド基は結合している一番近い2つの炭素原子と平面を形成していなければならないことである。しかし，平面のつながりでは，αヘリックスの構造で重要な，繰り返し構造を十分な裏付けをもって説明できないため，この直感的には考えやすい制限（訳注：平面の連なりだと整数個になる）をあきらめることが必要であった。ヘリックスの1回転ごとに最大3.7個のアミノ酸残基が入るというのが彼らの最終的結論であった[16] [注2]。

これはめざましい成果であった。この結果（訳注：非整数個の繰り返し構造）にたどり着くのにタンパク質繊維や結晶のデータは使っていない。びっくりするような新しい原理を引き合いに出したわけでもなく，ただひたすら，構造単位はタンパク質もモデル化合物も同じであるという信念に基づいている。

もう一度強調するが，この結果に行きつくのに実験的なタンパク質のデー

注2) 客員教授のH・ブランソン博士はポーリングの計算をチェックして，ポーリング―コリーの厳密な条件に適合するヘリックス構造が実際は2種類あることを見つけた。2種類目のものはαヘリックスより平べったいもので，5.1残基で1回転であった。β構造の場合は，完全に伸長した絹のフィブロインとか伸びたケラチンの横方向の水素結合への応用を目指していた。ポーリングとコリーは2種類のあり得べき「ひだのあるシート」の形状を同定した。1つは鎖が並行に並んでいるもので，もう1つは逆並行に並んでいるものである。

第11章　水素結合とαヘリックス　│ 131 │

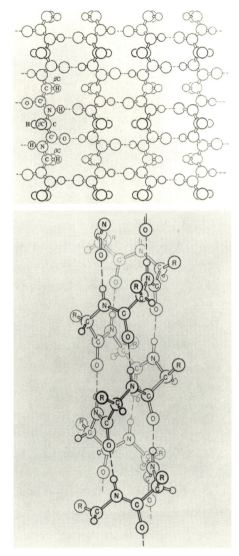

図 11.2　ポーリングのαヘリックスとβシート構造
(文献 16, 17 より。L・ポーリングとR・B・コリーの好意による)

タをいっさい使用していない。実際，歴史を完璧にするために指摘しておくが，予想されたαヘリックスはケラチンや筋肉繊維のX線解析データから得られる最も際立った特徴と矛盾していた。実験では5.1Åのらせんピッチを

表す強いユビキタスな屈折像を示していたが，理論からは5.4Åの屈折が予想された。これは，理論的構造が即座に否定されるくらいの食い違いであった。理論研究は，実験と完璧に合致してはじめて認められるべきものではなかっただろうか？　しかし実際には，すぐにほとんどの人に受け入れられた。それには3つの理由があるとされている。

1. 理論面での理由付けとモデル化合物でのデータとの合致が強力で否定できないと思われたこと。また，タンパク質にだけ特別に適応されるような，想像上のアイデアがあるのではないかといった憧れの歴史が，この段階において消滅したこと。
2. 英国のコートールズ社（訳注：合成繊維会社，レーヨン等）で行われていた研究で，L－アミノ酸から合成される高分子ポリマーであるポリガンマメチルグルタミン酸やポリアラニンはヘリックス構造をもっており，そのX線回折像はタンパク質繊維のものとは異なり，ポーリングのモデルから推論されるものとほぼ完全に一致した。つまり，5.1Åではなく5.4Åの層線が観測された[18]。この仕事は数年後になって発表されたが，タンパク質結晶解析家の間では，ポーリングの発表時にすでにニュースとして知られていた。
3. ケンブリッジ大学のマックス・ペルーツはこの5.1Å/5.4Åの解離についていち早く気が付いていたが，彼自身の研究室で得られた最新のデータはポーリングの構造を支持していた。すなわち，縦方向の1.5Åの間隔の発見である。これは，その方向でのアミノ酸の繰り返し幅以外には説明がつかないからだ[19]。この値はヘリックス1回転あたり，3.7個のアミノ酸残基を含むというポーリングのαヘリックスのモデルに「ぴったり」一致し，これまでに提案された他のどの（らせん）モデルとも合致しなかった。ペルーツは自身が2，3年前に提案したものを含む5つのモデルを示した[20]。1.5Å間隔はヘモグロビン結晶，筋肉繊維，そしてコートールズで得られた他の（繊維としてではなくフィルムとして研究された）ポリペプチドなどに見られた[21]。

　5.1Å/5.4Åの解離の問題は当然いまだ残っている。しかし，分子モデルの間違いというよりは，ケラチンタンパク質のある種の特異性によるものと考

えられている。マックス・ペルーツはこの問題を彼の同僚フランシス・クリック（Francis Crick）に示した。クリックは，天然のゆがんでいない α ヘリックスは，アミノ酸側鎖の「こぶ」をうまくパッキングできるように変形して，隣同士の α 鎖が会合して「コイルドコイル」として知られるようになる構造をとることを示した [22, 23]。

ポーリングの伝記作家トーマス・ヘイガー（Thomas Hager）は，ポーリングの構造に関する仕事を「20 世紀の科学の歴史におけるたぐいまれな論文のひとつである」と呼び，観察された 5.1Å の回折像とポーリングの予測による 5.4Å の回折像は「彼とタンパク質構造を記述した最初の人と称される人物との間にあるたったひとつの壁」であり，またばかげた障壁であることは明白であると主張している [24, 25]。ポーリングは何のタンパク質の構造も示していないし，示したともいっていない。にもかかわらず，α ヘリックスが皆の想像力を魅了し，すべての分子生物学とその有望性の誓約の象徴となり偶像となったことは間違いない。50 年経った今日においても，ほとんどの一般の人はいまだに「α ヘリックス」と DNA の「二重らせん」は基本的に同じものであり，分子のらせんは生命の科学で基本的な要素であると思っている。

134 第 2 部 詳細な構造

第 12 章
Irving Langmuir and the hydrophobic factor

アーヴィング・ラングミュアと疎水性因子[1]

> ほとんどすべてのタンパク質に多数のペプチド基と疎水基があることから，ペプチドの結合間の水素結合や疎水結合がタンパク質分子の全体的形状を決めるのに群を抜いて重要であると思われる。
>
> W・カウズマン（W. Kauzmann），1959[3]

　ウォルター・カウズマンは1954年と1959年の2つの総説論文の中でタンパク質化学者に疎水結合力を認識させ，水溶液の中でタンパク質がある形状にコンパクトにフォールディングしていくために，エネルギーの観点からして水素結合よりずっと重要であることを提言した[2,3]。同様の観点はすでに20年近く前から存在していた。それがどのように起こり，そして実質的に忘れ去られてしまった[4]のかは良い物語であり，タンパク質の歴史でいままで見たことがない対立の面白い時代の姿を見せてくれる。

定義と初期の歴史

　疎水的なものを嫌うということは，水素結合の別の表現であるが，この場合重要となる水素結合は溶媒としての水分子間のものであり，タンパク質の中にある基の間の水素結合ではない。タンパク質の場合，炭化水素の集まりである非極性の表面が（しぼり出されるように）近くに寄ってくるのは，水分子同士が集まる力を主要なエネルギーとしているのであって，非極性分子同士が「好んで」引き合うというエネルギーは理論的には含まれていない。この効果はタンパク質（または他の両親媒性のカテゴリーに入る物質）の場合，特に面白くなる。親水性と疎水性の化学基がおそらく1つの分子上に存在し，片や水との接触を探し，他方は避けるという二分法（ダイコトミー）がごく自然

に起こって，良い幾何学的配置の分子になるか，あるいは予期せぬねじれた
コンフォメーション（形態）になるかが決まる。

　最初の疎水性の概念は 100 年以上前に，表面張力との関係で，ドイツの物
理化学者イジドール・トラウベ（Isidor Traube）によって使用された[5]。彼は，
多くの有機溶質について，分子の極性端が水のほうに向き，非極性端が空気
に突き出した状態で水／空気界面に分子が吸着されることを示した[6]。その
後，アーヴィング・ラングミュア（**図 12.1**）が界面における事象の解析に
関する真に偉大な大家になる。ラングミュアは，1917 年の有機分子の表面
膜に関する大傑作である論文において，個々の分子が吸着した膜の中でど
のように挙動しているかについて，彼の心の中にあるイメージを可視化する
ため，単純な表面バランスによって絵画的な分子像を描き出すことに成功し
た。彼は 1 つの例として，脂肪族炭素鎖の中にある 2 重結合によって恒久的
な「ねじれ」が生じることを見出していた[7]。この仕事により，ラングミュ
アは 1932 年ノーベル化学賞を受賞した。彼の結論については誰も反論して
いない。

　もう 1 つの疎水性の利用は，水溶液における石鹸のミセルに関するもの
で，両親媒性単分子の多重凝集を取り扱うことになる。これに関する G・S・
ハートレー（G. S. Hartley）の 1936 年の論文は，「好き同士」の引力と凝集の
疎水的メカニズムとの間の違いを，特に強調して明確に述べている[8]。これ
と同じ系統で，疎水性の概念の最も明白な生化学的応用は，生物学的脂質と
細胞膜の関係である。これに関するゴーター（Gorter）とグレンデル（Grendel）
による有名な論文は，1917 年のラングミュアの論文を積極的に取り入れた
ものであり，リン脂質分子の炭化水素部位が真ん中に向き合った形の二重層
（ミセルの延長と考えられる）として存在していることに対する確固たる証拠を
提示した[9, 10]。

　これらのミセルあるいは脂質二重層に関する影響力の大きい仕事は，ほと
んどというか全くタンパク質のフォールディングの理論的探索については影
響を与えなかった。これは単純に，疎水性の概念をタンパク質に持ち込むの
は明白ではなかったからという理由による。ミセルや脂質二重層の形成にお
いては，非常に長い鎖の脂肪族化合物分子で，しかも均質（ホモジーニアス）
か極めて同質の溶質を扱っており，例えば並行にずらっと並んだ形状を簡単
に思い浮かべることができる。これに対して，タンパク質のアミノ酸の非極

| 136 | 第 2 部　詳細な構造

図12.1 アディロンダック山地 (the Adirondack Mountains) をハイキングするアーヴィング・ラングミュア
ラングミュアは心を奪われたものに対して，すべてに集中し野心的であった。
〔ゼネラルエレクトリック社のジョージ・ゲインズ (George Gaines) 博士の提供による〕

性側鎖は長さも短いし，あるものは脂肪族化合物で，またあるものは芳香族化合物である。そのうえ，きれいに分かれているのではなく，ポリペプチド鎖に沿って極性基と混合して並んでいるのである。

第12章 アーヴィング・ラングミュアと疎水性因子 | 137

猛烈な論争の数週間：
Ｊ・Ｄ・バナールらによるサイクロール理論への攻撃

　疎水性原理の最初のタンパク質への応用は，1938 年にほかならぬラング
ミュアによってなされた。もちろん化学者として著名人であったが，タンパ
ク質科学界からすると外部者であった。彼はどのようにしてかかわっていっ
たのか。不思議なことに，それはドロシー・リンチの嫌われていたサイク
ロール理論からであり，一時期ラングミュアは擁護していた（第 10 章参照）。
　理論に対する納得のいく支持を探していたラングミュアは，彼の過去の経
験にたどり着いた。つまり，我々がすでに述べた空気 / 水の界面に関する仕
事である。彼は，さまざまなタンパク質にある側鎖のかなりの部分が疎水的
であることに気づき，可溶性のタンパク質が水の中で，知られているような
「球状」にコンパクトになるとき，ポリペプチド鎖がフォールディングして
いく際に，溶媒との接触からこの疎水的部位を除くことが駆動力となってい
るに違いないと考えた。ある論文の中で，ラングミュアは定量的な評価まで
行った。2 つの CH_2 基が水との接触を避けて，隣同士に移動して安定するの
に 2kcal/mol 必要である。これはサイクロール仮説の文脈の中で述べられた。
熱力学的必要性により，小さな空間に「つぶれる」と考えると，ポリペプチ
ド骨格がその空間に入り込む方法や，何らかの自然にはありえない構造的道
具をみつけないといけない。
　ラングミュアは，タンパク質フォールディングに関する疎水性理論
を，1938 年夏のタンパク質化学に関する例外的に活発な議論がかわされた，
コールドスプリングハーバーシンポジウムで初めて詳しく説明した [12]。し
かし，彼の論文はほとんど表面に吸着したタンパク質の単分子層に関する
もので，良い機会ではあったが，集まったタンパク質科学者の琴線に触れ
ることはなかった。しかし，その年の暮れに，彼はリンチのサイクロール
仮説の精力的な推進派として英国に来て，猛烈な論争を引き起こすことと
なった。知的先鋒者となったのはＪ・Ｄ・バナールである（**図 12.2**）。タン
パク質のコミュニティに属する（少なくとも英国の）ほとんどの人たちがサイ
クロール仮説やそれが批判を受けずにもてはやされていることに腹を立て
始めていたし，バナールはほかの誰よりも個人的に挑戦を受けていると感
じていた。なぜなら，リンチによって不用意に，時に傲慢に主張される問

| **138** | 第 2 部　詳細な構造

図 12.2　左から，ラングミュア，バナールとホジキン
1937 年，英国学術協会 (British Association) のミーティングにて。
(出典：ホジキンによる J.D. バナールの伝記 [3], 1980)

題（タンパク質分子の中での緊密な原子の配置）は，バナールが生涯をかけて研究しようと考えていた問題だった。特に，バナールの博士課程学生であったドロシー・クロウフット [14] が発表したインスリンの X 線回折の予備的データが，サイクロール構造を支持しているとリンチが主張していることに怒っていた [13]。この主張に至る解析は，好意的にみてもとてもずさんで不十分であり，悪くいえば不誠実であった [15]。

　言葉の戦争が（数週間のうちにロンドンですべて起こった），1938 年 11 月 17 日に開始したロイヤルソサイエティのタンパク質分子の学会で勃発した。T・スヴェドベリが主席の講演者であった [16]。ドロシー・リンチは彼女自身の構造理論の擁護運動の先頭に立って講演した。その場で，名高い生化学者の A・ノイベルガー（A. Neuberger）に痛烈な批判を浴びせられた [17]。バナールも X 線結晶回折に関する口演を行ったがサイクロール論争には加わっていない。2 週間後の 12 月 1 日，バークベックカレッジの物理学教授就任演説の際に巻き込まれることとなった。それは，「物理と化学の接点としての個体の構造」と題した一般的な講演だった。しかし，その中に彼がタンパク質に非常に関心があるということを示す逸話が含まれていた [18]。講演はとて

も急いで用意されたようで，バナールはいくつかのスライドを借りようと王立研究所に行ったのだが，そこで（翌週の彼自身の講演の準備をしていた）ラングミュアにつかまった。ラングミュアはサイクロール理論の利点を納得させようとした。数時間を費やし，バークベックの講演に遅刻しそうになったことから，バナールは彼の純朴さが信じがたく，おそらく逆に説得しようとしたと思われる。

バナールの就任演説の1週間後，ラングミュアの2つの講演があった。12月8日のロイヤルソサイエティのPilgrim Trust Lectureと12月9日の王立研究所の講演であり，どちらもすぐに出版された[19, 20]。ラングミュアは，球状タンパク質と石鹸のミセル間の同等性について言及するなど，疎水性／親水性の原理を球状タンパク質の構造の基礎として明確に打ち出した。それは学術的発表であったのに，ラングミュアは単にサイクロール理論の擁護の一環として持ち出した。

同時期に，サイクロール理論に関する洪水のような手紙（レター）や論文が週刊誌「ネイチャー」（Nature）をにぎわした。1939年1月14日号では，ラングミュアとリンチの，インスリンのX線データによってサイクロール仮説が「確証」されたと重ねて主張する論文が発表され[21]，3つの手紙がその主張に反論した。バナールによる最も痛烈な批判[22]のほかにノーベル賞を受賞したX線結晶解析家のローレンス・ブラッグ（Lawrence Bragg）の批判もかなり強烈であった[23]。ネイチャー誌への手紙（レター）はその頃1週間から2週間で受け取られていたので，非常に速い会話ができる公開討論場であった。すなわち，これらの手紙はすべてその前の講演に対して書かれたものであった。ネイチャー誌への投稿の中で唯一リンチを支持したものが，レディング大学のE・H・ネヴィル（E. H. Neville）からのものであり[24]，その手紙は，証拠がないときの支持書にしばしばみかける――リンチに反論するのなら，彼女のものより良い構造を提示しなさいという呼びかけで終わっている[注1]。

すぐあとに（1939年1月27日），王立研究所でバナールの「タンパク質の構造」と題する重要な講演が行われた[26]。バナールはこの講演で，ひとまず

注1）　ネヴィルはリンチの「親密な友人」であり「熱愛する恋人」であることがわかり[25]，彼が客観的な傍観者的立場にいるかどうかは疑わしい。こののち，1950年代にネヴィルはリンチに結婚を申し込んだが，彼女の熱情は冷めていた。でなければ，彼女の3回目の結婚となるはずだった。

サイクロール論争を置いておき，彼自身の疎水性原理の擁護をした。バナール自身の言葉によれば，「ラングミュアはこの図をサイクロール籠仮説の正当化に用いたが，厳密に言って全く関係ない」。

それはすばらしいことであった。通常，人はサイクロール仮説を怒って却下するとき，それに付随するものすべてを自動的に否定するものだ。しかし，バナールは「かす」の中から真実の宝石をなんとかみつけたのだ。バナールがこきおろしたラングミュアの2週間前の論文[27]の中で主張されていた疎水性メカニズムについて考慮し，確信を得たのだ。バナールはラングミュアが指摘していない点を述べている。「イオン結合は単純に関係ない。すでに水和しているから」として，極性基のフォールディングにおける関与の可能性を否定している。そのほかのバナールの講演から直接引用すると，「タンパク質の疎水性基はお互いにくっついているに違いない」「このように，会合の力は，疎水的な基同士が引き合う弱い力より，溶媒の水から受ける排斥の力によってまかなわれている」。バナールは，ことの本質を突いていた[28]。

同じ論文[26]でバナールはもちろんX線回折とそれから得られる構造の情報について，それに超遠心法などについても同時に議論している。これは先駆的，予言的論文であり，1人の男の洞察が，その後20年間ほかのタンパク質科学界のだれも理解できないであろう複雑な問題のすべてのより糸を，一度に網羅してしまった，類まれな瞬間である。この論文は1939年4月のネイチャー誌にちょいとした変更のみで再掲載され，広く世界で利用できるようになった。そして多数の読者（あるいは講演の視聴者）はその要点を吸収し，また心にとどめたことであろう。我々は印刷された明かな是認を見つけることはできないが，カウズマンが講演や非公式の議論で述べたように，アイデアはこの後「広まっている」と思われる。

戦争の介入

1939年にヨーロッパで戦争が始まり，タンパク質の構造がコンパクトである理由についての白熱した議論にも，効果的な幕引きとなった。これまでにも指摘したように，バナールは英国政府の科学顧問になった。ラングミュアはガスマスクに付ける煙フィルターの開発といった仕事に就いた。疎水性の概念の一般への普及活動も止まった。戦争が終わったあともカウズマンの

第12章　アーヴィング・ラングミュアと疎水性因子　│141│

総説が現れるまで，何も見つけることができない。

　バナール自身，戦争前の疎水性原理に対する熱情を忘れてしまったようだった。1958 年になって，ファラデーソサイエティの一般討論会で紹介講演を行ったとき[29]，彼はそこでこう述べた。「我々が扱うべき（タンパク質の結合に関する）力を思い起こすのは困難なことだ」。と言いつつ，彼はさらに続けて，「それは強さの順で並べると，（1）共有結合，（2）イオン結合，そして（3）水素結合である」と述べた。水素結合として，C=O…H-N 結合を強調した。彼は液体水の水素結合の重要さに触れた（元祖主唱者の 1 人なのだから当然である）が，これが何故にタンパク質フォールディングの根本的要因であるのか，という以前行ったような冴えた説明はなかった。

エントロピーとエンタルピー

　この問題への次の重要な貢献はそれ自体タンパク質科学に何の影響もなかったし，またありそうもないところから出た。ヘンリー・フランク（Henry Frank）は中国にいたキリスト教伝道者で物理化学の博士号（Ph.D.）をもっていて，嶺南大学（Lignan University）で化学を教えていた。彼はパールハーバーで日本に抑留され，1942 年に捕虜交換の際に送還された。そして，戦争に駆り出された常勤教員のあとを埋めるため，カリフォルニア大学に講師として待望されて就職した。彼は研究も自由にできることになっていたので，長い間気になっていたテーマをやり始めた。液体の熱力学的データ解析の統計力学的展開である。アイデアは（おおよそではあるが）一般的アプローチを用いて，原子そのものが占有する体積の残りの体積を全体積で割った自由体積分率としてエントロピー値を説明しようとするものである。これはフランクにとって魅力的な概念で，なぜなら（彼自身の言葉でいうと）「絵画的解釈」をすることができたからである[30]。最初の論文は一原子結晶を扱ったもので，2 番目は純粋な液体で，3 番目はコンピュータ補助者としてマージョリー・エヴァンス（Marjorie Evance）を共著者に迎えて混合液体についてのものだった[31]。混合液体はイオン性の溶質であろうと非極性の溶質（この本での主題であるが）であろうととても不思議だった。非極性の溶質の最も際立った性質は，混合のエントロピーが負であるとともに，混合に伴って H_2O-H_2O の水素結合の切断の際に起こるはずの熱の発生がないことだった。これらの熱力学的

特徴が示しているのは，非極性の溶質によって壊された水素結合は，壊れたままになっているのではなく，より制限されたもっと秩序のとれたパターンに，再構成されているということだ。フランクがこの仕事に関して議論した，バークレーの最も有名な化学者である G・N・ルイス（G. N. Lewis）は，この秩序のとれた領域を「アイスバーグ（氷山）」と呼ぶことを提案した。氷の結晶構造と詳細が似ているわけではなく，単に熱力学的データが示す整った形を表すものとして。

　ヘンリー・フランクはタンパク質化学のことを全く知らなかった。たぶん界面の両親媒性溶質の配向性についても知らなかったし，「希ガスやそのほか非極性分子」を指しているときも「疎水性」という言葉を使いさえしていない。それでも，彼の仕事は触媒的効果があった。ある意味「疎水性」という言葉の定義の拡張であったし，より明確に照らし出すものであった。この「絵画的解釈」は乱暴ではあったが，タンパク質化学者の想像力をとらえ，水の不均衡な水素結合に証拠を与え，疎水結合の概念の誕生に自信を生じさせるものであった。例えば，マックス・ペルーツは J・D・バナールの初期の学生であり，基本的に彼から疎水性を学んだはずだが，次のような回想を述べている（ペルーツとの個人的情報交換）。

　　私はタンパク質の疎水性基について，バナールがどんなことを言っていたか覚え
　　ていない。しかし，カウズマンの総説は大変強い印象をもって覚えている。という
　　のも，彼は疎水性基が埋もれている理由を説明し，でなければ見なかっただろうフ
　　ランクとエヴァンスの重要な論文に私の注意を向けてくれたからだ。

結　語

　一般に，疎水性原理の重要性は過小評価されやすい。重要なのは構造自身であって，構造をとるのにどの力が他の力より強いかどうかなんぞ，単に技術的な屁理屈であって，理論的物理化学者が喜んでやる類のものだと思ってしまう。全く反対に，この問題はタンパク質科学の真髄である。このことは，ますます注目を集めているテーマを参照することでよりわかりやすいだろう。それはタンパク質のアミノ酸配列を基に３次元構造を予測しようとする問題であり，ポリペプチドのフォールディングと内部組織化を支配してい

る一般的規則を見出すことである。コーネル大学教授のハロルド・シェラーガ（Harold Scheraga）はこの構造予測の問題をいち早く手掛けている１人であり，タンパク質フォールディング理論の水素結合の熱狂的支持者でもあって，よく用いている。1960 年に，彼はリボヌクレアーゼタンパク質の３次元構造予測を 124 アミノ酸の I 次構造シークエンスをもとに行い，最近構造が決まった。予測された構造は原子模型で詳細に描かれているが，側鎖極性基間の内部水素結合によってタンパク質はお互いに支えている[32]。これはもちろんたくさんの極性側鎖を構造の真ん中に置き，ほかのほとんどの疎水基を表面から外にぶらさげたものだった。1960 年は，また最初の高分解能の３次元構造が X 線結晶学によって得られ，発表された年でもあった。ここから後に構造が発表されたすべてのものは（リボヌクレアーゼも含めて），逆の様相を呈してくる。電荷をもった基やほとんどすべての極性側鎖は表面に出て水と接触し，ほとんどの疎水基は「中」に入っている。

　ほかにもっと確かなものがあっただろうか？　シェラーガは（ドロシー・リンチがやらかしたような）ばかばかしい間違いをしたわけではない。彼はまさにポーリングが規定した通りにヘリックスを構成した。彼はモデルを構築するときにすべて正しく行った。ただ１点，そもそもの出発点で，タンパク質が作られるときに優勢となる結合や力について，ある仮定を置いたことを除いて。同じ原理が機能について理論的な解析を行うときに使われる（例えば，基質の結合や細胞の内外への輸送など）。もし間違った仮定のうえに構築されると，混乱と勘違いのもととなる。すべてのタンパク質の相互作用は同じ力によって支配されており，疎水性の熱力学的優勢を評価することなしに，理解することはできない。

　疎水相互作用の優位性はタンパク質分子を超えて議論してもよいだろう。疎水性の力は生命のすべての過程において，封じ込めや粘着などのエネルギー的に優勢な力である。これは，我々が知っているすべての生命体が液体水の水素結合による構造の奴隷であるということを意味している。この現在では一般的な結論が 1960 年までは理解されていなかった。歴史的に，タンパク質構造における疎水「結合」の役割がその後の広い理解の引き金となった[注2]。

[注2]　疎水性効果の一般性は，異なる種類の水素結合間の微妙な相互作用に注意することより，エネルギー原理のさらに詳細な説明を与えるのに有効である。このことを 287 頁の注 33 に示した。

144　第 2 部　詳細な構造

第 13 章
Three-dimensional structure
三次元構造

> 結晶は六方両錐体だった。2mm かそれ以上の長さで，ジョン・フィルポット（John Philpot）がウプサラで短期間働いている間に作製した。彼は冷蔵庫に，調整したサンプルを置き，休暇のスキーに出かけた。帰ってきて結晶があまりにも大きく成長していたのでびっくりする。彼は，それをグレン・ミリカン（Glen Millikan）に見せた。ミリカンはカリフォルニア大学とケンブリッジ大学から来ていた客員生理学者で，「私はこの結晶のためならなんでもする男がケンブリッジにいるのを知っているよ」と言った。
>
> その晩，バナールは興奮の渦の中で，ケンブリッジの道をさまよっていた。彼が今撮ったばかりの写真を詳細に解釈することができたら，どれだけタンパク質の構造を知ることができるようになり，未来はどんなことになるだろうかと想いをめぐらしていた。
>
> ドロシー・ホジキン（Dorothy Hodgkin），1968，ペプシンの最初の結晶を思い起こしつつ [1]

単結晶：原子レベルの解像度への道

バナールとクローフットによって 1934 年に報告されたペプシンの X 線写真は，古典的で歴史的な価値のあるものであり，単結晶の中の光学的干渉と増強から，直接高い分解能で構造の情報が得られるという可能性がもたらされた興奮をよく伝えている [2]。

今や，結晶化したタンパク質から X 線写真を撮ることができることがわかり，これは我々が手法を手に入れたということが明白で……タンパク質の構造について，これまでの物理的，化学的方法のどれでも達成することができなかった詳細な構造情報を得ることができるところに到達した。

数年後もバナールの熱狂は全く衰えていなかった。また熱狂を支える結果が出ていた。例えば 1939 年のバナールを引用すると，「最初から……タンパク質の結晶から生み出される像は想像を絶するくらい完璧だ」。回折像は大きな角度まで見ることができ，それは分解能が高いことを意味していて，2Å くらいの小さなところまで，つまり原子間の結合距離に近づいていた（例えば，C-C 結合の一般的長さは 1.54Å である）。タンパク質科学はいわゆる「原子の分解能」まで到達した。それはそれぞれの原子の位置を隣の原子から区別できるということを意味する[3]。

　問題は，X線回折パターンの中に閉じ込められている情報を使う実際的手法がまだ見えていなかったことだ。ブラッグの法則は，結晶内の高電子密度の平面間の「分離」とその距離を生み出すのみである。1935 年，A・L・パターソン（A. L. Patterson ; 1902-1966）は，ニュージーランド出身でカナダのマクギル大学で博士号（Ph.D.）を取得したが，実際の原子間距離の 2 次元図（パターソン図）を作ることができるという，小幅ながら重要な技術的前進をした。結晶中の平面間の距離というよりは，実際的価値のあるパラメータであるが，絶対的座標を与えるというわけでもなく，いまだ分離というべきものであった[注1]。パターソン自身，この方法を使ってタンパク質の構造を解こうと考えるのは「正気でない」といっていた。

　このように，徐々にタンパク質のX線写真は出現し始めてはいたのだが，それでは結晶の「単位胞（unit cell）」を決める以上の何の情報も得られず，分子レベルでは，全体の形とサイズを決めることぐらいしか役に立たなかった[5,6]。それ以上の進展は，本来的な数学的／理論的問題を解くだけでなく，解析に適した大きな単結晶を得ることが必要であった――それは，バナールらがデータを改善するために行った大変な努力として語った言葉に現れている[7]。「我々は最近，運よくキモトリプシンとヘモグロビンのよく発達した結晶を得ることができた」。ペルーツがその後の研究対象としてヘモグロビンを選んだのは，それが面白い生理学的あるいは化学的性質をもっていたからではなく，彼が得たキモトリプシンの結晶が双晶であり，X線データが解析困難であったからである。

注1)　正確にいうと，これらは距離の参照平面への射影であって，まだ 3 次元空間における向きの感覚は全くない。パターソンはダーレムにあるカイザー・ヴィルヘルム協会繊維研究所で，ある部分初期の訓練を受けており，我々が第 6 章で論じたX線解析ともっと，複雑に込み入った単結晶解析との間のギャップを埋めた類まれな人間の典型である。

| 146 | 第 2 部　詳細な構造

この種の研究に携わる研究者にとっては，出世の観点から受け入れがたいリスクにさらされることになる。1950年代には全く無理だと考える人が多かったからだ。例えば，1954年，G・ヘッグ（G. Hägg）教授はライナス・ポーリングのノーベル賞授賞発表スピーチで次のように述べている。

現在のところ，X線を用いてタンパク質の構造を直接決めることは，その原子の数がとてつもなく多いことから考えられない。例えば，血の色の元であるヘモグロビン分子には8,000以上の原子が含まれている[8]。

マックス・ペルーツと位相問題

原子間距離の決定から個々の原子の座標に進むには，技術的に「位相問題」と呼ばれている問題を解かなければならない。散乱したX線の強度は，写真で撮影するにせよその他の方法で測定するにせよ，いつも電磁気振動のある期間の平均をとったものとなる。それぞれの散乱光の「位相」の差は，平均化の作業の中で必然的に失われてしまう。しかし，この位相の差は（散乱した波の強度と方向に加えて），個々の原子の座標を決定するには必要であるし，1947年ケンブリッジ大学に設立された医学研究会議（Medical Research Coucil；MRC）グループのゴールは，この位相を実用上決定する方法を見つけることであった。マックス・ペルーツ（Max Perutz；1914年生まれ。著者が本書を執筆している今も，いまだに彼は自転車で仕事場を行き来している）はこのプロジェクトのディレクターであったし，また成功の主導者である[注2]。

ペルーツの関与に関する歴史は大変魅惑的なものである。ヨーロッパの戦時中の生活の浮き沈みの鏡のようだ。ペルーツは1936年，ウィーンからケンブリッジ大学のキャベンディッシュ研究所にJ・D・バナールの研究生として来た。1939年に戦争が始まると，幸運なことにロックフェラー基金を受けて，ローレンス・ブラッグの研究助手として残ることができた。この基金はペルーツ自身をサポートするだけでなく，1938年にナチスによって併合されたときに彼の家族全員が難民となってしまい，両親が英国の難民収容

注2）ペルーツによる，主要論文を含む個人的説明書が最近発行された。それによると，ヘモグロビンの分子構造と酸素との相互作用についての性質が特に強調されている。彼の構造が受け入れられるまでに，どれだけ論戦を張らなければならなかったかという説明は，ペルーツの特に興味ある点である。

所を探すのに資金的保証となった。

　戦争は，時を待たずペルーツにとってうれしくない影響を及ぼし始めた。ケンブリッジ大学での地位をしっかりとしたものにする前に彼のキャリアを脅かし始めた。1939年5月，ドイツがオランダやベルギーに侵攻したのち，英国政府はすべてのドイツ人やオーストリア人を「敵性外人（enemy aliens)」として扱うべきだという布告をした。同じ敵から逃れてきた難民にとっては，信じられないレッテルであってもおかまいなしだった。その法律は逮捕と抑留（arrest and internment）と呼ばれた。ペルーツは（他の大勢と同様）マン島に抑留され，数カ月後には，もっと遠くのカナダに移送された。幸いなことに，このばかばかしい状況がやがて明らかになって，ペルーツは1941年1月にケンブリッジ大学に戻ることができた。少し後に彼は戦争のおかげで仕事に就くことができた。「ハバクック計画（Project Habbakuk)」と呼ばれる，大西洋のど真ん中に氷と木のパルプでできた氷山空母を建設しようという，J・D・バナールが中心的科学者だった英米プロジェクトに雇われたのだ[10]。それでも，ペルーツは抑留を解かれたといってもまだ公式には「敵性外人」と分類されていたため，ちょっとした障害は残った。その浮氷塊プロジェクトのUS/UKの作戦会議のあとワシントンに帰ろうとしたときに，当然のように米国への入国を断られたのだ。すぐに帰化が認められ，その後ずっともつことになる英国市民権が保証されて，この難事は解決した。

　「ハバクック計画」は結局何ごともなく中止され，ペルーツはケンブリッジ大学に戻り，ヘモグロビン結晶の仕事を再開した。1946年には，ケンブリッジトリニティーカレッジの物理化学を卒業したジョン・ケンドルー（John Kendrew ; 1917-1997）が加わった。ペルーツは新たに作られた医学研究会議分子生物学ユニットのヘッドとなり，ジョン・ケンドルーが最初は専門スタッフのすべてだった。その後，位相問題への対処の仕方が徐々にではあるが確実に進んだ。その基盤は，基本的でよく知られた事実だった。つまり，重原子は軽い原子よりももっと高い散乱強度をもっているというものである。クローフットとバナールはすでにぼんやりと，インスリンの結晶の中に天然のZn（亜鉛）の代わりにもっと重いCd（カドミウム）に代わっているものが1,000個に1個くらいあることに気づいていた。しかし，それ自身は何ら影響を及ぼさなかった。ペルーツがやったのは，単なる置き換え以上のことで，重原子同型置換法（isomorphous

| 148 |　第2部　詳細な構造

replacement）という，タンパク質構造や結晶構造を変えずに非常に重い原子を取り込ませることである。したがって，回折パターン，つまり写真上の点の分布には変化はない。しかし，それぞれの点の濃さが影響される。例えば，パターソン図ではこれまで述べたように，原子間の距離が表されるが，重原子置換に影響される点は濃さが増すことから，そのほかの点から区別できる。これは，何カ所か違う場所に独立して重原子が置換されることが要求されるという点で，実際上は難しい技法であった。しかし，うまくいくと，天然のタンパク質と修飾されたタンパク質を並べて比べることにより，複雑なタンパク質でも3次元構造の解明を可能な世界へと導くものであった。いうまでもなく，必要なコンピュータ計算の開発が同時に動き出した（データはまだパンチカードで入れられていたし，まだ萌芽期のコンピュータしか使えなかった）[11] [注3]。

ヘモグロビンとミオグロビン

ペルーツは引き続きヘモグロビンに集中して取り組んでいたが，ジョン・ケンドルーはミオグロビンに関するプロジェクトを独立して始めた。同様に，鉄–ヘム補欠分子族を酸素結合部位にもつ酸素運搬タンパク質として，ヘモグロビンに似ているが，ヘモグロビンの4分の1しかない大きさで，4つではなく1つのポリペプチド鎖からなっていた。

このサイズの小ささにより，ミオグロビン構造は最初に解明された。最初に報告されたモデル（1958年）は6か7Å以下の分解能しかないデータを基にしたもので，**図13.1** に示すように原子の位置を正確に示すことはできなかった[注4]。

[注3] ローレンス・ブラッグはキャベンディッシュ研究所の所長であったが，奮闘していた時期すべてを通して，タンパク質プロジェクトを熱狂的にサポートし続けた。フランシス・クリックは他の有名な連中に混じってキャベンディッシュ研究所の分子生物学のグループに属していた。キャベンディッシュ研究所の歴史的名声は──例えばジェームス・クラーク・マクスウェル（James Clerk Maxwell）やアーネスト・ラザフォード（Ernest Rutherford）やウィリアム・ブラッグなど何人もの世界的に有名な「純粋」物理学者の功績によるものだとしても，ブラッグによる生物学への傾倒と恩恵は決して当然の帰結ではない。物理学と生物学の公式の結婚の結果として「分子生物学」が誕生し[12]，生物学にはかり知れない影響を与えることを予見するのはとてつもない想像力を必要とすることだ。

[注4] ミオグロビンの機能は（もともとヘモグロビンにより供給された）酸素を組織に貯めるものである。潜る動物，例えばクジラやアザラシやペンギンなどにとっては，特に大切なもので，大気中の酸素を使用できない時間中に，必要な大量の酸素を供給するものだ。これは，X線解析に使われたのがマッコウクジラのタンパク質であったという深遠な理由だ。

第13章　三次元構造　**| 149 |**

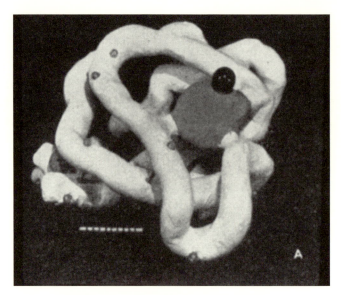

図 13.1　低分解能でのミオグロビンの 3 次元構造（1958 年）
(原図：*Nature* の許諾による [13]。©1958 Macmillan Magazines Ltd.)

　6 Å の分解能のタンパク質分子の構造は，ピント外れの写真を見ているのとは違う。人のように黒い濃い陰影をもった物体がより薄い灰色や白い背景の中にぼやっと見えているようなものではない。図 13.1 に見るように，構成アミノ酸が近くに寄った電子密度の高い領域が見て取れる。そして，想像によりポリペプチド鎖の骨組みやアミノ酸側鎖が近くにパッキングされている様子をたどることができる。これは特段驚くべきことではないようにも思えるが，ケンドルーの像は報道価値があり，ある意味驚異的であった。というのも皆，α ヘリックスの規則的なパッキングを期待していたのだ。ケンドルー自身の言葉を引用すると，

　　たぶんこの分子の最も顕著な特徴は，複雑で対称性がないことである。その構造には，みなが直感的に予測できる類の規則性が全くみられない。そしてどんなタンパク質構造理論で予測されるよりもっと複雑である [13]。

　そして，同じ論文で，「我々は『いまだ』球状タンパク質の 2 次構造につ

いて全く無知である。確かに示唆的な証拠はある……αヘリックスが球状タンパク質の中にあるということだ」と述べた。しかし，このことさえ完全に証明されたとはいえないし，定量的に測定もできていない。（いろいろな中から）8つの重原子による変換物で，5カ所の異なる場所に置換されているタンパク質が解析に用いられた。試薬は（例えば，ヨウ化水銀のような）錯イオンが用いられ，1カ所の結合部位に限られるようなものが選ばれている。

大変な努力の末，回折マップの縁の近くまで，強度測定をもっと多い斑点に広げることにより，1960年には2Åの分解能に必要なデータがとれるようになった。6Åの分解能に必要だった斑点が400だったのに対し，2Åの分解能には9,600が必要となった。各斑点の強度は非置換のタンパク質と重原子で置換されたものと別個に測定され，コンピュータプログラムに組み込まれて結果を解析するのに使われた[14]。

2Åの分解能でもいらいらする困難が出現した。ミオグロビンのアミノ酸配列の決定がまだ終わっていなかったのだ。配列の知識なしには，どうしても構造の部分にあいまいさが残る。それは，そこにはまるべき側鎖の情報があれば，立体構造の制限により解決できるものであった。この問題に対するケンドルーらの反応は，もっと高い分解能をX線のデータだけから目指そうというものであった。高い分解能をもってすれば，化学的方法で配列を決めることが不必要になる。

そしてそうなった。1.5Åの分解能（20,000個の反射）によって，構造が解かれた。これこそまさにさらなる楽しみだった。アミノ酸配列が，側鎖原子に対応する電子密度分布から読み取ることができた。それは純粋に物理的濃度を表している斑点から明確な化学的同定なしに演繹することができることを意味している[15-17]。

ヘモグロビン結晶の構造解析ももちろん同時並行で進んでいた。最初はウマのヘモグロビンが，結晶がよい性質をもっているということで使われていたが，その後ヒトに移っていった。タンパク質は4つのサブユニットからなり，それぞれは表面的にはミオグロビン分子に似ていた。ポリペプチド鎖は2種類あって，通常αとβと呼ばれている。低分解能の構造は，1960年にミオグロビンの2Åの結果と同時に発表されている[18, 19]。しかし，ミオグロビンに比べると，10年は遅れた段階のものが出てくるだけだった。

その理由の一部は，ヘモグロビンの機能にみてとることができる。ミオグ

ロビンよりはるかに複雑だからだ[20]。酸素の結合は，同じ分子の中の4つの独立な結合サイトとしての熱力学方程式に従わず，4つのサイトが強い協調的な相互作用を示していることが何年も前から知られていた。なので，デオキシヘモグロビン（deoxy-Hb：脱酵素型）とオキシヘモグロビン（oxy-Hb：酵素型）は大変異なった構造をもっているものと推察されたので，別個に決める必要があった[21]。さらにその上に複雑にしているのが，オキシヘモグロビンのゆっくりしたメトヘモグロビン〔鉄原子が三価（フェリ）の状態にある〕への酸化が構造決定を厄介なものにしていた。それでもミオグロビンを α 鎖と β 鎖個々のフォールディングのガイドとして，2.8Å の分解能で暫定的な原子モデルを構築するには十分で，最初の構造は（ウマのオキシおよびデオキシヘモグロビンについて），1968 ～ 1970 年に報告された[22, 23]。ほとんど同時期に，オキシ型とデオキシ型の間の構造変化に基づいた，酸素結合の特徴を説明する最初の理論（例えば協同現象）がほぼ同時に発表された[24]。

しかし，すべての原子の位置がX線データのみから決定できる極限的レベルの分解能（1.74Å）まで精緻化された構造を得るには，ドラマティックな技術的改良（シンクロトロン放射）が完成する 1984 年まで待たなければならなかった[25]。

オキシヘモグロビンとデオキシヘモグロビンの間の構造的違いや，α 鎖と β 鎖の相対的位置の変化によって，協同的に酸素結合力が変わる詳細な図式が最終的にわかるまでの過程を，一般に理解できるレベルで説明している，極めて優れた総説が出ている[26, 27]。

「特殊なタンパク質を超えた」重要性

それぞれのヘモグロビン鎖が，ミオグロビン構造とびっくりするほど似ているということを示すには低分解能のデータで十分だった[28]。同様に，アザラシのミオグロビン分子がマッコウクジラのミオグロビンと，結晶の中での分子の配置がかなり違っているにもかかわらず，似ていることがわかった。ミオグロビンの高分解能構造の結果から，「その構造は，ある特定の生物種やタンパク質をも超えて拡張される意義を含んでいる」ことが明らかになった。

この引用文の最後の部分は特筆すべきである。先行する3つの章で見てき

| 152 | 第2部　詳細な構造

たすべてのことから，タンパク質のフォールディングは，幾何学的制約やエネルギーの最小化など，物理の法則に従っていることは明白である．さまざまな規則が提案された．あるものはとても綿密な理論的裏付けをもっているし，またあるものはもっと推測の部分を含んでいる．出所が異なるため，往々にして相互矛盾をきたす．ミオグロビン構造のもつ広い意義深さは，つまるところ，これらの規則はすべてのタンパク質に通用することだ，ということを我々に知らしめている．図 13.2 に示されている絵は，タンパク質の文献にいまだにくすぶるたくさんの疑念や論争を一撃のもとに消失させた．

このように，ポーリングの α ヘリックスはミオグロビン分子の中にあるヘリカル断片の精確な特徴として決定的に確立された．他方，ポーリングのさらなる論点である，アミノ酸側鎖間の水素結合が，分子全体をただ 1 つの形状に折り畳むために重要である，という考えは根拠がないことが証明された．分子の非極性部位は主として内部に分布し，電荷をもった基はもっぱら表面に分布しており，お互い同士ではなく，水と水素結合を作っていた．重要な点は，これらの観察の根底にある「規則」が，すべてのタンパク質にあてはまるはずだということである．例えば，リボヌクレアーゼにおけるシェラー

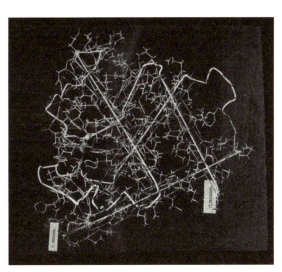

図 13.2　高分解能でのミオグロビンの 3 次元構造（1961 年）
（原図：*Nature* の許諾による [15]）．©1961, Macmillan Magazines Ltd.）

第 13 章　三次元構造 ｜ 153 ｜

ガのモデルは電荷をもった側鎖間の水素結合が最大限になるようにデザインされたものであった（144頁参照）が，全く関係のないミオグロビンの構造から，簡単に棄却された。同様に，ミオグロビンの構造は，部分的な分子配列を推測するために開発された分光学的手法の根拠としても使われる。例えば，折り畳まれたポリペプチド鎖中の「αヘリックス百分率」を円偏光二色性や旋光度測定によって求めることができる[29]。

規則がしっかりとしたものになればなるほど，タンパク質の立体構造は，そのアミノ酸配列から決定されるという見解が確固としたものになっていく。アミノ酸配列からの構造予測だけをとってみれば，不可能なゴールとはいえなくなっているかもしれないが，実際上いまだ実現はされていない。

1962年ノーベル化学賞がペルーツとケンドルーに与えられたことからもわかるように，これはタンパク質構造の秘密を解くという探求の旅の絶頂期だったといえる[注5]。

同じ年，DNAの二重らせんの発見がノーベル医学生理学賞に輝き，J・D・ワトソン（J. D. Watson），フランシス・クリック，そしてモーリス・ウィルキンス（Maurice Wilkins）に与えられた。このうち2人はキャベンディッシュ研究所で，ペルーツとケンドルーの仲間である。1つの研究所からこれほどの成果が出たのは前代未聞であったし，いまだ同等のものはない。

結　語

ミオグロビンとヘモグロビン以降，3次元構造の研究は急激に拡大した。最初の酵素の構造であるリゾチームは1962年に発表され，すぐさま高分解能データが報告された。そこでは基質がぴったりフィットする溝が同定された。エミール・フィッシャー以来多くの研究者が引き合いに出してきた「鍵と鍵穴」のたとえの初めての可視化である[31-34]。そして，大学院生としてペプシンの単結晶の研究を始めて36年後，インスリンの研究を始めてから33

注5)　疑いもなく，この歴史的マイルストーンはペルーツやケンドルーそしてケンブリッジ大学の彼らの共同研究者たちに与えられた栄誉であって，他の誰でもない。ポーリングの1951年のαヘリックスやβシートに関する数報の論文は，これに比べれば大したことはない。タンパク質の結晶に関する研究を含んでいないし実際の構造を予想できる手立ても与えていないからだ。このテーマに関しては，しばしばポーリングに誇大な称賛が集まる。特に彼の伝記作家（T・ヘイガー）は彼を「タンパク質の構造を初めて記述した男」[30]といわんばかりであるが，あきらかに筋の通らない主張である。

年後，ドロシー・ホジキンはタンパク質の結晶構造学に戻り，インスリンの3次元構造を 1.9Å の分解能で明らかにした[35, 36]。いまや構造決定されたタンパク質は数千にのぼる。

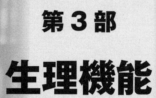

第3部
生理機能

第14章
An ancient and many-sided science
古くて多面性のある科学

> 植物や動物に共通している生命現象を，正確かつ決定的に明確化することは，今日においては生理学の一側面にすぎない。もう1つの側面は，これらの一般的性質から生命体がどのように構成されているのかのイメージを構築していくことである。この点について，我々の仕事には，物理化学の手助けが必要となってくる。
>
> ジャック・レーブ（Jacques Loeb），1897[1]

哲学的イントロダクション

　辞書の上では，「生理学」は，動植物の生命過程の科学として定義される。タンパク質はこの過程のすべての部分を制御し，最も複雑な生理機能に対してさえも，必要に応じてそれに適合できるような巧みな構造変化を提供することができる。今日，それはごく当たり前であるとしてとらえられている。実際，頑固な非還元論者たちはタンパク質の構造から機能を推定するという，高まりつつある研究傾向を無視しようとするが，あっという間にのけものにされていく。そんないくつかの実例を，以下に見ていくことになるだろう。しかしその前に，我々は「生命の過程」についての科学が，タンパク質の化学よりずっと以前の，タンパク質についてまるでわかっていない時代からあることも，充分理解しなければならない。タンパク質の歴史について書いていれば，必然的に生理機能についての理想的な分子論的説明が存在しえなかった時代に遡ることになる。
　つまり，一般的には生気論のほうが信じられていた。すなわちそれは，物理学や化学の法則は生命現象を決して説明できないし，機械化が進む社会で，エンジンとかその他の無機質な機械の機能を説明するのに使うような原理では，到底生物学的過程の複雑さを説明することなど期待できるわけがない，

図 14.1　ジャック・レーブ（1895 年）
生理機能の説明に物理化学を用いることの提唱者。
（原図：P. J. Pauly, 1987。*Controlling life*, Oxford University Press）

とする教義であった。もちろん，こうした教義は 1900 年までには消滅していたといってもよいが，生理機能にタンパク質の役割を取り入れている人々でさえも，実際にはそうでもなかったという証拠がある。1906 年になっても，ある評価の高いタンパク質化学の教科書に次のようなイントロダクションがある。

> 現代の生物学者は，すべての動植物の存在に「生命原理」と呼ばれる特別な，説明できない力が与えられていると考えている学派と，ごく低分子の無機化合物に成り立つ法則のみを用いて，有機的生命を説明しようと努力する物理化学学派とに分

類できるといえよう。

　本書で正しいと信ずる見解は，上記の２つの学派，すなわち生気論者と非生気論者の間に存在する大きな隔たりに橋をかけることになるであろう[2]。

　いうまでもなく，これまではこの隔たりに橋渡しをすることはできなかった。タンパク質科学と，「説明できない」力を具象化するいかなる教義との間にも共有できる根拠などあり得ないからだ。

　しかしながら，タンパク質が生理学的過程の基礎である，ということを認識していく道の上に，ハードルを築いていたもう１つの哲学者集団のことも，より深刻に取り上げなければならない。彼らはそのほとんどがドイツの自然哲学者であり，とても尊敬され，高い評価を受けていた。自分たちを生気論者たちとは対照的であると考えており，何世紀にもわたり，自然の秘密に対する極めて合理的で具体的なアプローチを取り続けてきたのだった。今になってわかることだが，彼らの間違いは物理学や化学で必要な厳しい訓練もなしに，ただ自分の頭の中にあることだけから合理性を導いていることだ。これは，おそらく彼らの人気の一端であり，みずからの手を汚すこともなく自然の奥義を語れる能力よりも，もっと神がかりなことであったに違いない。

　『純粋理性批判（*Critique of pure reason*）』の著者であり，知的才能にあふれたイマヌエル・カント（Immanuel Kant；1724-1804）は，その一例であった[注1]。

　もう１人は，有名な詩人で劇作家のヨハン・ヴォルフガング・ゲーテ（Johann Wolfgang Goethe；1749-1832）であるが，彼は，ドイツでは尊敬すべき科学者としても完璧に受け入れられていた[4,5]。彼の最も有名な科学的研究『色彩論（*Zur Farbenlehre*）』（1810 年）は，光学と色について扱ったものである。そこでは，ニュートンは間違いだらけのおおぼらふきであるという信念に基づいており，詩的な直感のもとに成り立つ見事な理論が詳述するごとく綴られている。しかしながらそれは，虹の存在という単純な事実のもとにあっさ

注1)　カントの仕事とそのもたらす影響については，実験科学中心の時代には理解しづらい。そのことについては，事実上あらゆる百科事典の中で議論されており，論ずるところは本質的にはどれも皆同じである。たとえば，オックスフォード哲学辞典のエントリーを引用してみると以下のようである[3]。

　　カントの書は，彼好みの独特な学問体系と不明瞭な専門用語のせいで，余計に理解し難くなるという悪評の高さにもかかわらず，*過去 300 年間における最も偉大な哲学者としての彼の地位は十分に保証されている*。

　それならそれで仕方がない。我々はそうした哲学者の言葉を，そのまま受け取ろう（イタリック体の部分は著者らによる）。

160　第３部　生理機能

り覆されてしまい得るものでもあった。

　ゲーテが特にユニークだったというわけではない。彼は詩人であるということから，他人よりは遥かに自由にふるまうことが許されてはいたかもしれないが，一般的にいって，自然哲学者たちは誰もかなり勝手気ままなことを口にしていた。ウィーンのエルンスト・マッハ（Ernst Mach）のような哲学者たちは，タンパク質の構造を考えるうえで最も根本である原子の存在に疑問を呈していた。1900年後半のことだが，原子の存在を証明することに没頭した，偉大な物理学者であるルートヴィッヒ・ボルツマン（Ludwig Boltzmann）は，マッハによる「誰かそんなものを見たことがあるというのかね？」といったしつこい反論によって，研究を棚上げせざるを得なかった。

　注意すべき点は，生物学的過程の研究に取り組み始めた者が皆，誰も知らない領域に足を踏み入れたわけではなく，むしろ往々にして，化学とは無関係の世界で確立されたアイデアとか，彼ら自身の基準からすれば，とても科学的精査には耐えられないようなアイデアとかに向き合わなければならなかったということである。物理学と生理学の融合領域で最も有名な先駆者の1人であるヘルマン・ヘルムホルツ（Hermann Helmholtz；1821-1894）は，イマヌエル・カントと，熱心なカントの弟子であるヨハン・フィヒテ（J. G. Fichte；1762-1814）とに傾倒していた父親から，音楽，芸術，哲学についての深い影響を受け継いだ[6]。彼は，自身の視覚理論を最初に提唱したとき，ゲーテ哲学に対する賞賛を表する必要があると感じると同時に，ゲーテの光学理論については細部にわたって反論するのだった[7]。視覚に関するヘルムホルツの初期の最も有名な講演「人間の視覚作用について（Über das Sehen des Menchen）」は，1855年のイマヌエル・カントに敬意を表する会議において行われたのだが，その中で彼は，この講義がおそらくその場には不適切であろうことを謝罪しなければならなかった。なぜなら，彼の経験主義者的理論展開はカント精神とは全く相いれないものであったからである[8]。

　純粋哲学のもつ制約は，結果的には払拭され，それに代わって近代的・機械論的視点の熱狂的な支持者であるジャック・レーブのような，新しい考え方が登場してきた[9]。しかし，レーブと自然哲学者の間には，依然としてかなり親密な関係が存在した。レーブたちの思考方法の中にも，個々の問題点に真正面から取り組もうとする代わりに，一般的な哲学的表現を用いて賄ってしまうという傾向があったのだ。物理化学を提唱したという点では，彼の

学位論文はまさしく「現代的」ではあったが，物理化学の必要性について，それがどのように適用されるかという点について曖昧であった。1898 年における論争から直接引用すると，「我々には物理化学の，特に 3 つの理論の助けが必要である。それは，立体化学，ファント・ホッフ（van't Hoff）の浸透圧理論，そして電解質解離の理論である」というのだ。しかしこれは，研究のための手段というよりも，どちらかというと「物理化学」の定義により近い。レーブが（少なくとも当時）物理化学の目指すべきところは，分子的特異性を機能的多様性の基盤ととらえることであるとみなしていたという証拠は存在しない。

かなり後になって，ある意味同様な流れで，ケンブリッジ大学生理学教授のヒル（A. V. Hill）が登場した。彼はどこから見ても優秀であったし，また間違いなく卓越した熱力学研究者であった。彼はタンパク質について知ってはいたが，それを無視することにしていた。彼は筋肉研究に一生を費やした（第18 章）のだが，タンパク質は生化学者の研究領域であって，生理学者としての自分には関係がないと固く信じていたのだ [10]。

醸造家と医師

医学は，後に登場してきたタンパク質化学者の別の例を提供している。ここでは，医者によって数世紀前に持ちこまれた，古くさい治療法や妙薬とかの基礎のうえに，タンパク質化学入り込んできたのである。この時代の医療の現場では，分子的説明よりも実用的な治療法のほうが支持されていた。初期の時代，タンパク質化学が医療における新たな恩恵の源になり得るという考え方は，一般的に受け入れられるものではなかった。

例えば，糖尿病と，タンパク質であるインスリンとの関係が，非常によい例である。糖尿病は何世紀にもわたって知られていて，「おしっこ病」と呼ばれていたが，癒しがたい喉の渇きと酷い頻尿にさいなまれる病であった。ここで，1921 年から 1922 年にかけてのトロント大学でのインスリンの発見によって，この病気が治療できたことは，現代医学における真の奇跡の1 つともいえる，劇的な出来事だった [11]。しかし，これはタンパク質としてのインスリンについてのいかなる知識よりも先に起こった出来事であって，インスリンが化学的にタンパク質であるという事実は，この発見とは事実上，

| 162 　第 3 部　生理機能

無関係であった。ところが，ここで恩恵を受けたのは当のタンパク質化学であった。というのも，タンパク質科学にとっては，この出来事のお蔭で，臨床使用に必要とされる膨大な量のタンパク質が，研究目的のものとして保証されたからである。

　免疫という生理現象も以前から認識されており，血清から「抗体」が精製されるよりずっと前から「抗血清」が使用されていた。しかしこの場合，哲学者はこの話題に関してほとんど何もいわなかったし，化学的レベルでみた医学知識さえも，タンパク質科学の時代が到来するまでは未熟であった。実際，ティセリウスが1935年に血清のγグロブリン分画を単離するまでは，免疫に対する分子レベルでの理解は不可能であった，といっても間違いではない。このとき以来，医薬用途と化学用途との関係は共生しており，どちらか一方の進歩が他方の進歩を引き起こしている。ある意味では，利益も両者で分かち合っている。抗体の目覚ましい特異性と血液中のそれらを「養う」能力は，特定の疾患に対するいわば守護者のような働きであり，同時に，病気に無関係のタンパク質に対する特異的な反応活性をもつ分析試薬としても同様に「養う」ことができるということなのだ。

　さらに別の種類の例を，商業，ビール醸造，ワイン造りの分野にみてとることができる。ここでは，特に学問的関心は存在せず，医師の利他的動機さえもなかった。あるのはただ，アルコール飲料の使用や乱用に関する絶え間ない議論に明け暮れている人たちの哲学だけだった。しかし実のところ，興味深いことにタンパク質科学は当初純粋な商業目的をもった事柄によって支えられていたのである。その最も有名な例は，コペンハーゲンのカールスバーグ醸造所である。その所有者であるヤコブ・ヤコブセン（Jacob Jacobsen：1811-1887）は，彼のビジネスにとっての科学の潜在的価値を見出すことができる先進性の持ち主で，1876年に有名なカールスバーグ研究所を醸造所内に設立し，それが今日まで残っているのだ[12]。この例はまさに実益と学問の両立であり，本書では，先の章においてすでに何度もカールスバーグを引き合いに出し，タンパク質化学の理解に対するその直接的な貢献について言及してきた。それは特に第5章で多く登場している。もっと一般的な言葉で言えば，ビール醸造家なくして，どこで酵素学が栄えたであろうか？　ということである。

扱う範囲について

本章の冒頭で述べたことを繰り返すが，今日，当然のことのようにタンパク質がすべての生理機能を制御すると認識している。このすべてのミッションに必要なタンパク質分子の名人技は膨大なものである。1つ，またはいくつかのポリペプチド鎖に繋がれた，たった数百個のアミノ酸が，どうやって生理学者が記述してきた事実上無限ともいえる多様な作業を行うことができるのか？　個々の事象についてこの問いに答え，分子メカニズムを明らかにするために，どのくらいの時間を費やしたのか？　タンパク質の中心的役割が評価されなかったり，さらには激しく否定されてしまったりした時期はあったのだろうか？

こうした問いがこの第3部で論ずる範囲である。生理的機能には膨大な多様性があるため，我々は構造や機能に関して入手し得る豊富な文献のうちのほんのわずかなサンプル，全歴史遺産のうちのほんの一部の見せ場に限ってみていかなければならない。

酵素は，もちろんテーマの最高ランクに位置している。多数の特異的酵素による触媒反応があることを知り，続いてその解釈をしていった過程は，すなわち生化学の歴史そのものといえる[13]。ここでは，これらの強力な触媒の化学的性質を認識することに焦点を当てよう。触媒反応が酵素タンパク質によるものとして同定されるには，20世紀に入ってもなおしばらくの間，驚くほど強硬な反発があった。

抗体に関する章では，現在に至るまでの，環境中の外敵からの攻撃に対する種の保護に注目する。まだ化学的見地からの考え方なのだが，将来どんな敵に直面しても対抗できるように，システムを事前にプログラムするなんてことが，どうやってできるのだろうか？　あるいはもしかして，あらかじめプログラムなどされていないかもしれないけれども，タンパク質構造が適応性に富んでいるため，敵の攻撃に備える時点で，敵によって変化させられることが可能ということなのだろうか？

ロドプシンと関連タンパク質に関する短い章では，人間にとって最も重要な知覚である色覚を取り扱う。表現力豊かな詩人の出番は正にここであろう。

筋肉の収縮では，何世代にもわたり，動物たるものを明確に表す（植物とは異なる）特徴，すなわち自力で動き回れる能力として考えられてきたもの

に焦点を当てる。ここでは1本の鎖状に連なった数百個のアミノ酸が実際に動きを作り出している。1つのポリペプチド鎖が別のポリペプチド鎖を引っ張るという動作がいくつも重なり，それらが協調して腕や脚を引っ張るのだ。工業的に化学は力学に変換されてきたが，生命現象でも触媒として本質的には同様である。タンパク質は，（リービッヒらが考えたように）反応過程で変化する，というようなことはなく，何度も何度も再利用できるのだ。

　本書は，細胞膜タンパク質に関する章で結論を迎える。このトピックはとても現代的であり，詳細はまだ完全には解明されていないため，「歴史を語る」とはいえない。しかし，個々の細胞とその細胞膜は，あらゆる生命の究極の要素である。期待通り，細胞膜タンパク質は，細胞と外部環境との間の境界面で働いていて，食物，エネルギーおよび老廃物の往来を制御している。

　本書では，ここで取り上げた話題と同じくらい見送った話題がある。例えば，タンパク質構造と生理的機能の間の密接な関係に関するいくつかの話題は，明解な議論のために選んだ他の話題の内容と同じくらい密接な関連性がある。

アロステリック酵素：前述のように，酵素はテーマとして最高ランクに位置しており，ある1つの酵素触媒作用を理解すれば，事実上，生化学のすべてを理解するのと同義語といえる。アロステリック酵素は，1960年代に起こった，より高度な発展の一例を示すものである。それは第15章で説明しているような鍵と鍵穴という初期の単純な概念から，よりダイナミックなイメージ，すなわち触媒過程が変化することによって生理的要件を満たすように調節する，という概念へ時代を導いてくれたのだ。歴史的には，この話題は飽和度が増すにつれて酸素の結合親和性が増すという，酸素とヘモグロビンの協調関係（第13章参照）と密接に関連している。

　このアイデアを最も熱心に支持したのは，フランスの分子生物学者で，パリのパスツール研究所（Institut Pasteur）[14, 15]にいたジャック・モノーと彼の同僚たちであり，彼らは生化学の普遍的な原則の1つを発見したと考えていた。彼らは，アロステリックタンパク質のことを「進化の最も精巧な産物」と呼び，その研究テーマの追究の過程で，すでに確立されている（主にサブユニットに関する）タンパク質化学のいくつかにおいても，再考察した彼らのアイデアを提示した。現代からみると，アロステリックメカニズムの重要性

は否定しないものの，多くの場合，酵素の立体構造変化を伴わない単なる制御様式の1つに過ぎないと考えられている。

　それにもかかわらず，最初の大げさな興奮は，タンパク質科学にとっては総じて有益といえる役割を果たした。X線結晶学によって明らかにされた分子構造は，もはや不変であるとはみなされなくなり，相互作用の結果として生じ得る，コンフォメーションの変化に多くの注意が払われるようになった。リガンド誘発性構造変化の理論の，古典的な記述はワイマン（J. Wyman）[16]の理論であり，近代の歴史的（そして哲学的）説明としては，クリーガー（Creagar）とゴーディリエ（Gaudilliere）[17]によるものがある。

血液凝固：生理学的には，その目的は，傷を塞ぎ，流血を抑えることである。遺伝的欠損は，ある1つのタンパク質因子の欠損をもたらし，それは英国とロシアの王室の歴史に劇的な影響を与えている[18]。化学的には，この生理過程は全部で13または14種類の血漿タンパク質と，少なくとも1つの組織タンパク質，カルシウムイオン，膜表面，そして血小板からなる。1960年頃から，この系の成分は番号付きの因子として知られるようになった。第I因子はフィブリノゲンであり，第II因子はプロトロンビンであり，残りの大部分については数値自体が通常の専門用語として使用されている。第VIII因子が，上述の欠損因子であり，この欠損が古くからいう血友病をもたらしているのである。

　凝固機構のステップは，多数の連続したタンパク質分解反応によって生じるタンパク質のカスケードによって構成されており[19, 20]，第9章でインスリンとプロインスリンとの関係について示した前駆体の原理の最も精巧な例である[21]。

酸化還元：シトクロム：生理学的には，問題は酸素の還元からエネルギーが導かれる経路にあった。すなわち，O_2とCO_2との間の中間体はいったい何か？　化学的には，この探求はバイオエネルギー学の経路において逐次的な電子の停留場所であるシトクロムに至る[22]。シトクロムの作用原理は色覚にかかわる場合の原理とは異なり，結合した補欠分子族の特性を変調する機能を有することにある。すなわち，視覚においては吸収スペクトルを変調するのに対して，シトクロムの場合も吸収スペクトルに影響はするけれども，

より重要なことは酸化／還元電位を変調させることなのだ。付け加えておきたい大切なことは，この系の普遍性であり，好気的環境で生育するすべての生物に共通している点である。

結　語

　ヒトが果てしなく進化し続けることができるごとく，タンパク質の適応性には限界がない。タンパク質研究者の原動力の裏にあるものとして，しばしば福音主義者的情熱を社会学的に解釈しようとする人は，もうここから先に進む必要はない。タンパク質は，ヒトがそこに何を求めようとも，それに答えることができるのだから。

第15章
Are enxymes proteins?
酵素はタンパク質か?

> 解決すべき唯一の疑問は,酵母が糖をアルコールと CO_2 に分解する物質をもっているとする仮説が,大胆すぎるかどうかということだ。
>
> F・ホッペ=ザイラー (F.Hoppe-Seyler), 1881[1]

> 我々はまさに,眼前に膨大な件数の実証例を突き付けられた現時点において,すべての組織の代謝反応は酵素によって触媒されていると結論づける段階に到達したのだ。
>
> F・G・ホプキンズ (F. G. Hopkins), 1913[2]

　1901年,フランツ・ホフマイスターは,ほどなくタンパク質のペプチド結合構造を確立したが,将来細胞内のすべての重要な反応について,それぞれ特定の「発酵反応」が見出されるであろうと予言した[3]。この予言は,12年後にガウランド・ホプキンズによって,「すべての組織の代謝反応は,酵素によって触媒されている」[2]と,明確な言葉で言い直されている。フランスの博学者ルネ・レオミュール (Rene-Antoine de Réaumur) が,猛禽類の胃から抽出した胃液に,肉を溶解する力があることを初めて証明した1752年以来,長い年月を経てのことである[4]。

論争を巻き起こしたゆっくりとした酵素科学の誕生

　発酵の様式に関して,レオミュールとホプキンズの間で,19世紀を代表する大科学論争が展開された。それは,酵素学の本格的な始まりを意味し,今や科学の歴史を語る上で欠かすことのできない伝説的物語になっている。「細胞理論」を支持した人たちは,特にフランスのシャルル・カニャール・ラ・トゥール (Charles Cagniard-la Tour) や,ドイツのテオドール・シュワン (Theodor Schwann) とフリードリヒ・キュッツインク (Friedrich Kützing) らで,

そしてもう少し後には，普及に大いなる貢献をしたルイ・パストゥールがいた。彼らの主張は，砂糖をアルコールに変換するには，生きている酵母の存在を必要とするというものであった。一方，それに異を唱える側には，微生物の関与を一切否定するユストゥス・リービッヒ率いる「純粋化学」信奉者たちがいた。 ある意味，両者とも正しかったのだが，この混乱をまとめるには半世紀という時を要した。

　この間，いわゆる自称酵素学者たちの心をとらえたのは，砂糖がアルコールに変わるということだけではなかった。 動物・植物のさまざまな組織からの分泌物は，いくつかの化学反応の速度に影響することがわかっており，これがやがてポピュラーな研究分野となった。化学者のヤコブ・ベルセリウスさえも登場してきて，化学反応に影響を及ぼしながら，それ自体は反応前後で何も変化しないでいる物質の作用を，1836 年に「触媒」と名付けた[5]。19 世紀に同定された，さまざまなタイプの酵素すべてについて，ここで詳細な議論をするつもりはないが，歴史的ランドマークとなる発見は表 15.1 にまとめてある。この間の歴史を詳しく丁寧に紹介した解説書『発酵から酵素まで』が J・S・フルトン（J. S. Fruton）によって著わされている[6]。

　表 15.1 に記載されている物質は，触媒活性を有する抽出物であって，決して精製されたものではなく，その大部分は生きた細胞が分泌する加水分解作用物質であった。実際，当時のほとんどの生物学者は，微生物から分泌される物質によって触媒されるのは，加水分解反応のみだと考えていた。1895 年に発見されたラッカーゼが，酸化還元反応において初めて同定された酵素活性であった[13]。これらの触媒物質は，一般に「物質性発酵（unorganized ferments）」と呼ばれ，生物学者が，砂糖をアルコールに変換するために不可欠であるとする，生きた酵母細胞そのものを指す「生物性発酵（organized

表 15.1　19 世紀の酵素発見

年	発見者	酵素名	由　来
1833	ペイアン（Payen）と ペルソー（Persor）[7]	ジアスターゼ	麦芽抽出物
1836	シュワン[8]	ペプシン	胃液
1837	ヴェーラーとリービッヒ[9]	エムルシン	アーモンド抽出物
1846	ベルナール（Bernard）[10]	リパーゼ	膵液
1860	ベルテロ（Berthelot）[11]	インベルターゼ	酵母抽出物
1876	キューネ[12]	トリプシン	膵液
1895	バートランド（Bertrand）[13]	ラッカーゼ（オキシダーゼ）	ラテックス（うるし）

ferments)」とは区別していた。1876年に「酵素」という用語を提唱したウィリー・キューネ（Willy Kühne）は，その用語を，細胞外で機能することが示された発酵物質にのみ用いる呼称として明確に限定した[14]。事実，その時点では，多数の生物学者が細胞内酵素の存在を否定していた。注目すべき例外は，1881年にすべての細胞内化学反応は，細胞外分泌物に見出されるものと同様の酵素によって触媒されるとしたフェリクス・ホッペ＝ザイラー（Felix Hoppe-Seyler）である。ただ彼は，これらの反応は水和と脱水のプロセスのみからなるという一般的信念を引き続きもち続けていた[1]。

　細胞内酵素が存在するということは，1897年，エドワード・ブフナー（Eduard Buchner：1860-1917）が，弟のハンス（Hans Buchner：細菌学者）との仕事で，酵母細胞から抽出した「ジュース」にチマーゼ活性を発見したときに片が付いたといってもよい[15, 16]。ブフナー兄弟は，薬用価値が出るかもしれない抽出物を得るため，微生物細胞をもっと効率的に破壊できる方法を見つけ出そうとしていて，細胞から出てくる分解されやすい液体に保存剤としてショ糖を添加していた。彼らが，その液体の中にショ糖を分解する何かが存在しているということに気が付いたのは全くの偶然であった。今日我々は，それが発酵プロセスにかかわるいくつかの酵素の混合物であることを知っている。このことは，生きているそのままの酵母が必要なわけではない（細胞内容物のみが，その化学反応の触媒作用に必要であった）という確固たる証拠であった。そしてすぐに大半の生理化学者は動物（または植物）の体ではなく，試験管内の代謝過程の研究に没頭していった。ブフナーは1907年にその発見によってノーベル化学賞を受賞した[注1]。

　この時点で研究者にとってもう1つの厄介な問題が，可逆性の問題だった。もしこれらの物質が（言葉通りの意味で）触媒であった場合は，双方向の反応を促進すべきなのだ。このような可逆性についての最初の証明は，英国のアーサー・クロフト・ヒル（Arthur Croft Hill）が酵素マルターゼを用いて，2つのグルコース分子からマルトースを合成することによって，1898年になされた[17]。

注1）　驚くべきことに，この生気論者の意見に強烈な一撃を与えたブフナーの酵母ジュースの発見に対して，疑義を呈し，生きている酵母の中で起こっている発酵過程とは違うと1937年に至るまで主張したのは，生物学者ではなく，ほかならぬ，（生気論に）最も頑強に抵抗した化学者のリヒャルト・ヴィルシュテッター（Richard Wilstätter）その人であった。ヴィルシュテッターは本章の後半で，もっと白熱した議論の中心人物として登場する。

特異性

　生物の酵素の触媒作用が特定の基質をもっていることは，当初から明白だった。糖類を加水分解する酵素は，細胞に存在するアルブミン性の物質は分解しなかったし，肉を消化するものは脂肪に対して何の効果もなかった。しかし，基質に対する酵素のきめ細かな調整が明らかになったのは，まぎれもなく 1884 年にエミール・フィッシャーがグリコシド加水分解の画期的な研究を開始したときであった。

　この有名な有機化学者は，すでにすばらしい名声を博していたが，彼の関心は自然に炭素含有化合物の立体化学，糖そのもの，および酵素によるグリコシド結合の開裂へと向かった。その後の 14 年以上をかけて，彼の研究室は，酵素は糖の特異的立体異性体と一致するように仕立てられていることを明確に示した（図 15.1）。酵母由来のインベルターゼは，合成化合物 α-メチルグルコシドを認識し，開裂させることができたが，β 型の加水分解は触媒しなかった。逆に β 型だけを加水分解する結果が酵素エマルシンで得られ，両方の結果は，同じ立体化学を有する適切な天然産物の使用によって確認された。これらの研究から，酵素 – 基質相互作用に関するフィッシャーの有名な「鍵と鍵穴」モデルが出現した。彼のオリジナルの論文ではドイツ語で「Schloss und Schlüssel」という言葉が使われている。この言葉はもちろん，2 つの物質間のぴったりとした適合性を意味しているが，より近代的に

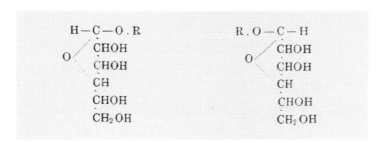

図 15.1　エミール・フィッシャーの 1894 年の論文に表された α- および β- メチルグルコシドの化学構造式
構造式の上端にある C 原子の立体配置だけが互いに異なるのだが，グリコシダーゼはそれらを的確に区別した。タンパク質を置いてほかに何がこの離れ業を成し遂げられるだろうか？
（出典：E・フィッシャー[18] より）

は，タンパク質構造とそれがもつ本来的な繊細さについて知識が深まったことから，酵素が基質に対して適合させようとする構造的順応性をもっていることが示唆され，それがフィッシャーの仕事の理論的帰結であることがわかる。

酵素はタンパク質？　それとも？

　1900 年代初頭まで，ほとんどの生理化学者は，酵素はタンパク質かタンパク質の誘導体であろうと考えていた。なぜならば，酵素は常に生きた細胞に含まれる，水溶性の「アルブミン様物質」の中に存在するように見えるからであった [19]。エミール・フィッシャー自身は，糖加水分解の研究を報告する際に，酵母によって分泌される酵素は「本質的にタンパク質である可能性が高い」と推定しており，タンパク質と同様に非対称に構築された分子であった。フィッシャーの大いなる野望は，ポリペプチド合成により最終的に彼の研究室で *de novo*（訳注：デノボ＝「初めから新しく」の意）で酵素を作り出せるようになるということであった（第 3 章参照）。

　しかしながら，コロイド化学の台頭（第 4 章で詳述）と無機物質による触媒作用の発見は，多くの研究者を戸迷わせた。酵素標品の純度を上げようと試みるとき，酵素活性がタンパク質とともに精製されてこないということは，普通に観察されたのである（例えば，酵素活性を窒素または硫黄含有量の分析によって測定する場合など）。タンパク質を塊として測定するように設計された化学的試験法と比べると，特異的な酵素活性測定は極めて高い感度であるという理解が足りなかった。ある科学者は，コロイド化学者の「吸着」の概念を採用して，タンパク質は単なる化合物の担体であり，実際に触媒活性を有する触媒化合物がタンパク質表面に吸着しているものであると主張した。この種の概念は，各種化学物質を吸着し，それらをきわめて近接させて最終的な反応に導くことができるという，金属表面についての知識から間接的に支持される。あるいは，サトウキビの糖の加水分解における触媒としての塩酸のような単純な物質の役割を指摘し，酵素がどのように作用するかの例として使用することができる：HCl は触媒としての基本的な定義に従っていて，反応速度を大幅に増加させるが，その過程で自分自身は消費されない。

　より身近な証拠として，ヘモグロビンはグアヤコン酸（ゴム樹脂の構成成分）

の酸化を触媒するのだが，鉄が存在しなければならないという点から，金属が真の触媒因子であることが示唆される[20]。この実験の直後に，オットー・ワールブルグ（Otto Warburg）は，酸化触媒作用のための，いわゆる「モデルシステム」と呼ばれるものをいくつか設定した。例えば，「炭のヘミン」——焼けたヘミンの灰に吸着した——鉄は，何種類かのアミノ酸の酸化に対する効果的触媒のモデルであるという具合である[21]。コロイド支持者にとって最大の実証は，アラビアゴムとギ酸マグネシウムの混合物から作製する人工的酵素が，ペルオキシダーゼ様の機能を果たしたことである。これは，間違いなくタンパク質を全く含まなかった[22]。

いずれにしても，この時期の注目すべき科学者たちが，しばしばタンパク質に酵素活性があるかどうかについて不安を感じていたという事実は疑う余地もない。というのも，酵素に関する両見解による議論は長いこと互角の勝負を繰り広げていたからだ。したがって，オットー・コーンハイム（タンパク質が高分子量であることを疑わなかった人物）は，酵素とタンパク質が同一かどうかは全く確信してはおらず，1912 年にジョンズ・ホプキンス大学で行った講演で次のように述べている。

> 我々には，すべての酵素が同じ類の化学物質に属すると考える理由は何もない。酵素が，一般にタンパク質および核酸に付随していることはすでに示されている。ブルッケ（Brücke）らは，何年も前に，タンパク質の痕跡もなく酵素を分離することに成功したというものの，酵素とタンパク質を分離することは難しく，生理学者たちは長い間，酵素はタンパク質様の物質であると見なしてきた。今日にあってもなお，我々は酵素の化学的特徴についてほとんど無知である[23]。

ほぼ同じ時期に，ベルリンのレオノール・ミカエリスは，インベルターゼ（β-D-フルクトフラノシダーゼまたはサッカラーゼ），トリプシン，およびペプシンがすべてタンパク質であることを確信していた。それは，血清アルブミンの等電点を測定したときと同じように自信をもってそれらの等電点が測定できたからである（第 5 章，67 頁参照）[24]。ミカエリスと彼のカナダ人共同研究者であるモード・メンテン（Maud Menten：1879-1960）は，さらに，できる限り単純化したモデルの上に，酵素活性の反応速度論を記述する数学的方程式を定式化した。彼らのモデルは，基質と酵素活性部位の間の可逆的会合に基

第 15 章　酵素はタンパク質か？　173

づいて，酵素－基質複合体が単分子へと解離して生成物を生み出すと同時に，酵素はもとの状態に戻るというものである [25]。この方程式は，その後何十年にもわたって酵素反応速度論の解析の標準的ツールとして，生化学者たちに使用されたのだった。やがて，結合部位での阻害剤の競合を理解するため，式は拡張されたが，もちろん酵素自身は変化しない。この式は，実験データを直線上にプロットして酵素反応の反応定数を求めるために，しばしば逆数形式に書き直されて使用された（この方程式を用いた反応速度と平衡についての研究では，もちろん結合部位の化学的性質を決めることはできない）。

カール・オッペンハイマー（Carl Oppenheimer）は，彼の酵素の教科書1913年版を大幅に増補しながら，どっち付かずの態度を決め込んでいた。一方で彼は，酵素は確かに「タンパク質様（Eiweissähnlich）」であると言い，両性電解質であり，拡散しにくいことが酵素のすべてに共通の特性であることを指摘している。しかし，物質それぞれの化学的性質を言えなければ，それは何の証明にもならない [26]。

酵素活性が（タンパク質に）吸着した小分子にあるという概念に，極めて熱心だったのは有機化学者で，中でも1915年に植物色素に関する研究でノーベル賞を受賞した，ドイツの化学者リヒャルト・ヴィルシュテッター（Richard Wilstätter；1872-1942）が最も有名である。ヴィルシュテッターの酵素への関心は，第一次世界大戦の終結の日，彼と彼の同僚が精製に関する意欲的なプログラムに着手した時以来のものだ。彼らは，より信頼性の高いアッセイ法を開発し，細胞抽出物の成分を分離するための新しい吸着技術を開発した。それらは，生化学分野にとっての大いなる貢献であり，多くの生化学者やその他の研究者がヴィルシュテッターの手法を採用するに至ったのである [27]。ところが，この精製法の改良は，酵素の化学的性質を定義する上では，事態をますます悪化させてしまった。というのも，特異的な触媒活性は一般的に非常に高いため，活性そのものは極微量の試料で測定できてしまって，タンパク質自体の性質を調べるための定量的な化学的解析をするには少なすぎるのだ。このころの究極的な精製法は，当時使われていたアッセイ方法ではタンパク質が全く検出できないレベルに達していたわけである。

このことが，かつてタンパク質が高分子量かどうかについて戦わされた議論（第4章参照）のときよりも，酵素がタンパク質であるかどうかという疑問に対して，コロイド化学に触発された考え方がより強い影響を及ぼしてきた

| 174 | 第3部　生理機能

理由である。分子量の場合，精製法に関するあらゆる改善は，タンパク質が本来巨大分子であることの信頼性をどんどん高めるものになった。一方，酵素触媒反応の場合，改善された精製法は機能的な構成成分としてのタンパク質を，完全な消失へと導いているかのように見えるのであった。このような状況下で，タンパク質に付随して見出される酵素というものは，タンパク質の表面に非特異的に吸着している単なる小分子量の有機または無機分子にすぎない，というコロイド化学者の仮説に対してどのようにしてあらがうことができただろうか？　ヴィルシュテッターの権威を笠に着た科学者たちが発したこの考え方への支援が，酵素の化学的本質の研究に対して強力かつネガティブな影響を与えていたのだ。

ジェームズ・B・サムナーとウレアーゼの結晶化

　酵素のタンパク質としての性質が実験的にはっきりと証明されたのは，やっと 1926 年を過ぎてからのことである。それは，ニューヨーク州イサカにあるコーネル大学のジェームズ・B・サムナー（James B. Sumner）によるタチナタマメ（jack bean）由来の酵素，ウレアーゼの初の結晶化であった。この出来事は，タンパク質の構造的基盤としてのペプチド結合の認識に匹敵する重大な成果として，タンパク質科学の歴史に刻まれている（このとき以降，異なるタンパク質の数は飛躍的な増加をたどる。なぜなら，あらゆる生化学的反応は特異的な酵素を必要としたからであり，その酵素はすべてそれぞれ異なるタンパク質でなければならなかったからである）。

　若きジェームズ・バチェラー・サムナー（James Batcheller Sumner：1887-1955：**図 15.2**）はハーバード大学出身の Ph.D. で，ちょうどヴィルシュテッターが酵素の分野に転向した頃，コーネル大学で最初のアカデミックポジションを得た。サムナーは，ノーベル賞に至る歴史的な仕事を成し遂げる前も後も，その生き方を見てわかるとおり，並の人間以上の強靭な意志と決断力に恵まれていた。彼は少年の頃，銃の誤射による事故で左腕の機能を失っている。それは，ただでさえ重大なハンディキャップであるが，サムナーにとってはさらに過酷であった。なぜなら，彼は左利きだったからだ。彼は化学研究をキャリアとして考えることはほとんど不可能であると忠告されたが，それが彼に偉大な活力を生み出し，他の人以上のことができることを実験台

第 15 章　酵素はタンパク質か？　│ **175** │

図 15.2　ジェームズ・B・サムナー（James B. Sumner）
酵素タンパク質の初の結晶化。　　　　　　（出典：© ノーベル財団）

で証明してみせたのだ。後に明らかになるように，それと同等な強い意志が，ヴィルシュテッターとその一派の凝り固まった信念を打破して，自分の研究結果を受け入れてもらうために必要だった[28]。

　コーネル大学でのサムナーの雇用契約には，医学と家政学の学生に対する2つの生化学の講義と実験コース，および2つの上級コースとセミナーの担当が含まれていた。それらすべてを，たった1人の大学院生アシスタントの助けを借りて行っていた。研究のための設備は貧弱であり，資金は不足していた。何年も後にノーベル賞受賞記念講演（1946年）で彼は以下のように述べている。

次に私は，1917年になぜ酵素を単離することを決断したかをお話ししたいと思います。当時，私には研究に割ける時間はほとんどなく，器具も研究資金や援助もほんのわずかでした。そのとき私は，何か本当に重要なことを達成したいと熱望していました。言い換えますと，私は「大穴」を狙おうと決めたのです。多くの人たちが，酵素を単離しようという私の目論見はばかげていると忠告してくれました。しかし，この忠告がこれこそ研究する価値があるに違いないと，なおさら強い確信を私に抱かせたのです[29]。

　サムナーは，酵素がタンパク質であることを確信していたし，博士課程の研究のときから酵素としてタチナタマメウレアーゼには慣れていたので，彼はまず，植物種子からすべての「グロブリン」を分離することから始めた。続いて，ウレアーゼ活性を目安として，分画を続けていった。そして9年の歳月をかけて，試料の中にタンパク質はあるが，そのほかの紛れ込む可能性のある炭水化物や脂肪などの化学物質は含まれていないという，ウレアーゼの精製と結晶化についての論文を1926年に完成した[30]。本質的に全く何の助けも借りず，1人で毎回ごく少量の結晶化ウレアーゼを調製するという状況で仕事を続け，結晶のさらなる特性を調べた18報の論文を作成するのにその後6年を要した。彼はこれらの結晶サンプルについて，不活性化の検討，等電点測定，抗体反応およびタンパク質加水分解酵素による消化の実験を行い，活性とタンパク質構造が同時に消失することを示した。にもかかわらず，この6年間にわたって，ヴィルシュテッターとその一派の「担体理論」は相変わらず保守的意見の中で優勢を保っていた。酵素がタンパク質だという考えに1920年代後半まで敵意をもち続けたという事実は，今日信じ難いことである[31]。

ジョン・H・ノースロップとペプシンの結晶化

　前途多難な環境下で，リスクの高いプロジェクトに1人立ち向かったジェームズ・サムナーとは違って，ジョン・ハワード・ノースロップ（John Howard Northrop：1891-1987：**図15.3**）は，ロックフェラー研究所（Rockefeller Institute）の卓越した研究者として，教鞭を取る手間も，予算繰りの面倒も

第15章　酵素はタンパク質か？　|　177　|

図 15.3　ジョン・H・ノースロップ（John H. Northrop）
サムナーのウレアーゼの 4 年後の 1930 年にペプシンを結晶化。
（出典：© ノーベル財団）

なく，援助や助言を求めることができるたくさんの科学者に囲まれてペプシンの精製と結晶化に着手した。彼はさまざまな酵素反応の速度論を研究しているジャック・レーブと共同研究していて，レーブのテーマである「寿命の理論（theories of the duration of life）」にも関与している[33]。1930 年，彼は 16 年後にノーベル賞（I・B・サムナー，ウェンデル・スタンリーとの共同受賞）を受賞するきっかけとなる独創的な数報の論文を公表した[34,35]。

　さらに，サムナーとは異なり，ノースロップはすでに部分的に精製された市販の粗精製ペプシンを用いて作業を開始することができた。彼はこれを大

量に購入することができ，最後には，何と2キロもの結晶を得た。その結果，ペプシンのタンパク質的性質を明確にした彼の最初の論文には，当時実施できる可能な限りの試験データが含まれていた。すなわち，溶解性試験，熱および酸による不活性化，拡散係数の測定（タンパク質の密度を球形粒子として置き換えると分子量37,000という値が得られる），抗体による活性阻害（論文中で研究所内の彼の同僚2人の助言と協力に感謝している）といったものである。

　ノースロップ自身の出版物には，彼の研究室でのペプシンの結晶化（そしてその後のトリプシンとキモトリプシンの精製）がなされるまで，タンパク質としての酵素という概念が広く受け入れられることはなかった，という記述が付け加えられている。ノースロップ自身は，1926年のサムナーの研究に確かに精通してはいたが，それに対する彼の評価は，せいぜい懐疑的なものであった。彼は，発見にあたって以下のように述べている。「これまで，いかなる酵素も純粋な状態で得られたという確固たる証拠はないと思われる。ただ，サムナーが述べたウレアーゼのみが唯一，かつて結晶として得られたものである」と。同様に1935年，ペプシンとトリプシンの化学的性質をまとめた際に，ノースロップは次のように述べている，「やがてサムナーは，豆からウレアーゼと思われる結晶化タンパク質の単離を報告（1926年）している」と[35]。ノースロップは，すべての酵素がタンパク質だというわけでもない，というメッセージをほかのところで発しているのである。

　ヴィルシュテッターとその一派は，サムナーとノースロップの両者に率直な不信感をもって迎えており，一歩譲って，酵素活性が吸着している「タンパク質担体」が何らかの形でそこに含まれる化学的過程に影響を与えているかもしれないとして，彼らの「コロイドドグマ」への執着は続くのであった。特に1933年には，サイエンス誌において活発な議論の応酬がなされた。ヴィルシュテッターに最も近い支持者の1人であるE・ヴァルトシュミット＝ライツ（E. Waldschmidt-Leitz）は，酵素の化学的性質に関する短い論文を次のような言葉で締めくくっている。

　これらの結晶性酵素調製物は，真の酵素成分とそれが特別な親和性をもつ結晶性タンパク質とでできた，吸着化合物とみなされるべきである。結晶性タンパク質-酵素化合物の所見は，酵素が単なるタンパク質であるという概念につながってしまいかねず，研究者が，酵素特異性という高度に特殊化した活性基の存在によっての

第15章　酵素はタンパク質か？　│ 179 │

み説明できるという事実を見失ってしまうことになる[36]。

これに対し2週間後，サムナーは上記の段落を引用してこう答えた。

　私はそういった危険性はほとんどないと思う。酵素は私が考えるように，場合によっては単なるタンパク質であり，また場合によっては，その性質を分子全体が担う付加タンパク質である。しかし，特定の活性基がタンパク質の本体部分にあるのか，（付加された）側鎖にあるのかにかかわらず，酵素がタンパク質であるということは，私が1926年に示したとおりである[37]。

エピローグ

　ジェームズ・サムナーはタチナタマメからタンパク質の精製をし続け，1937年には，そこからカタラーゼを精製し結晶化した。ジョン・ノースロップとモーゼス・クニッツ（Moses Kunitz）は，ペプシン，トリプシン，およびキモトリプシン[35]の酵素前駆体を単離し，ほかにも酵素反応速度論の分野で多くの貢献をした。リヒャルト・ヴィルシュテッターは，1930年代の終わりに，酵素のタンパク質としての性質が最終的にほぼ普遍的に受け入れられるようになったとき，再び次のキャリアへと転向したのだった。彼は，アルコール発酵におけるグリコーゲンの生化学的変換と多糖類の役割に関する研究に着手した。彼の伝記の執筆者の言葉によれば，「この仕事は，重大なインパクトは与えることはなかった」ということである[38]。

180 　第3部　生理機能

第 16 章
Antibodies

抗体

> 身体や細胞が，必要に応じて新しい原子の集団を生み出すことができるような，創造的活動とでも呼べるものができるとしたら，（時代遅れの）自然哲学の時代にはやった概念に回帰することになる。細胞の機能や，特に合成過程を我々が知る限りにおいては，抗体を作る過程は，正常細胞の機能の延長上にあるわけで，新しい原子団の創生を必要とすることを扱っていない。特異結合抗体のような原子団と生理学的に類似なものが，生命や細胞に前もって存在するに違いない。
>
> パウル・エールリッヒ（Paul Ehrlich），1897[1]

　免疫と呼ばれるものの知識は，ギリシャ時代あるいはそれ以前にまで遡る[2]。ある人は病で亡くなり，そのほかの人はその病を免れた。逃れた者はしばしばその後の感染に対する免疫ができた。1798年にエドワード・ジェンナー（Edward Jenner）が，関連性はあるが病原性の低い牛痘ウィルス由来の感染物の接種によって，天然痘に対する免疫ができあがるのを示したが，これは現在ワクチンと呼んでいるものである。医学史上最も有名な画期的出来事の1つであり，以来今日まで脈々と受け継がれている。

　免疫を担うタンパク質を同定し，特徴づけるだけで免疫が理解できるわけではない。発酵プロセスを理解する過程で，科学者の間で，生きた酵母細胞の存在が必要だとする意見と，純粋に試験管の化学のみで糖からアルコールへの変換を起こせるのだとする意見との対立が起こったが，これと似た議論が免疫についても起こっていた。つまり免疫の研究において，細胞に解答を求めようする者と，化学物質を調べればわかるとする者と意見が対立したのである。発酵については双方ともにある意味正しかった。生きている細胞は活性をもっているが，細胞自体を溶解させても，取り出した酵素は細胞外でも同様に触媒として働き，化学反応を起こすことができる。

免疫では問題はそう簡単ではない。分子の側面と細胞の側面の関係は酵素の場合よりも複雑なので，お互いのつながりが理解できるようになるまで，発酵の場合よりも長い時間がかかった。細胞の側面での研究はごたごたしていて長い間ほぼ棚上げ状態だったのだが，一方でイムノグロブリンタンパク質のような活性のある分子についての化学的な研究は急速に進んだ。

細胞性免疫と液性免疫

19世紀後半までには，エドワード・ジェンナー，ルイ・パスツール（1822-1895），ロベルト・コッホ（Robert Koch；1843-1910）たちの努力のおかげで，疾病の細菌説は広く受け入れられ，弱毒化または不活化した微生物をワクチンとして使う方法も広く使われるようになった。しかし，その微生物に対する免疫がどのように獲得されて，特定の病原体から人を守るのかというメカニズムについてはわかっておらず，そういう場合よくあることだが，たくさんの憶測だけが飛び交うばかりであった。例えば，すぐに廃れてしまったが，パスツールによって打ち出された学説は，通常の感染であってもワクチンであっても，感染は病原体が生き残るために必要なある未知の栄養素を消費してしまい，枯渇させてしまうというものであった。要は再感染したときには，病原体は文字通り「餓死する」というのである！

より生産的な進展が1888年にあった。パスツールの同僚であったエミール・ルー（Emil Roux）とアレクサンドル・エルサン（Alexandre Yersin）らはジフテリア菌の培養液の上澄みから，ジフテリアの症状をすべて再現することができる毒素を発見した[3]。これは面白いもくろみを生み出した——免疫の問題を毒素と抗毒素の反応によって解決できるかもしれない。エミール・フォン・ベーリング（Emil von Behring；1854-1917）と北里柴三郎は，抗毒素がないか調べた。そしてすぐにこのジフテリア毒素によって免疫された動物の血清中に，ある物質を発見した。その物質は毒素自体を壊し，なおかつ免疫されていない動物に注射しても，ジフテリアの感染から防御できることを見出した[4]。当時一般的だった荒っぽい化学的および可溶性試験によって，すぐに血清グロブリンタンパク質に含まれる物質を同定した。

フォン・ベーリングは軍所属の外科医で，敗血症の治療に興味があり，傷口に塗って，微生物の侵入による創傷悪化を防ぐことのできる殺菌剤に詳し

かった。彼は「体内で働く殺菌剤」を発見する研究を始めた（特に外用殺菌剤が体内でも効くことを願っていた）。しかし，何年間もの試行にかかわらず失敗に終わった。「微生物が殺菌剤によって殺されるか，もしくは各臓器で微生物の増殖を止める前に，微生物に感染した動物は殺菌剤そのものによって死んでしまう」という結論になった。フォン・ベーリングは続けてベルリン大学の衛生学研究所に入り，ロベルト・コッホの影響を受け，彼の「殺菌剤」の探索は，ワクチンを投与された動物の血清を使う，より安全な方法へ向かっていった。その間，彼は毒素を産生する微生物は少ないことがわかってくると，"抗毒素"という言葉を"抗体"という，より一般的な言葉に置き換えて，その原因となるものに"抗原"という言葉を考案した。

　フォン・ベーリングの仕事の多くはパウル・エールリッヒ（Paul Ehrlich；1854-1915；図16.1）から多くの支援を受けた。当時のコッホの衛生学教室における別の同僚である。エールリッヒは植物の毒素もまた抗体の産生を促し，また授乳期のマウスの研究で初めて受動免疫を発見した。すなわち，母体で作られた抗体は母体から子どもに渡り，子どもが作った抗体と同様に効果的である。フォン・ベーリングはその後，血清中の毒素と抗毒素を定量的に測定する手法の開発を行い，それによって1899年にフランクフルトアムマインにプロイセン王立実験治療研究所（Royal Prussian Institute for Experimental Therapy）を設立し，免疫療法の研究と訓練と同時に免疫治療剤による治療コントロール状況の把握を担った[5]。

　これらのことは分子機構についてのことであるが，先立つことほんの数年前にロシアの動物学者であるエリー・メチニコフ（Elie Metchnikoff／訳注：イリヤ・メチニコフ，Ilya Mechnikov；1845-1916；図16.2）が，食細胞が免疫による防御の最前線で働いていると提唱した[6]。この全く異なる概念は，ある種の白血球が微生物などの外来病原体を飲み込み（ファゴサイトーシス），破壊することができるという彼の観察に基づいたものであった。その後，ルドルフ・ウィルヒョウ〔Rudolf Virchow（フィルヒョウとも呼ばれる）〕の細胞病理学[8]によってこの学説は広く受け入れられ，また特にルイ・パスツールはこの仮説に感銘を受け，メチニコフを彼の研究所に招いている。彼はパスツール研究所で28年間かけてファゴサイトーシス仮説を守り証明した。メチニコフの支持者は，フォン・ベーリングの抗毒素や液性免疫について興味がなかったが，反対に液性免疫の推進者らは，白血球が好ましくない外来病原体を排除

図 16.1　パウル・エールリッヒ
エールリッヒとメチニコフは 1908 年ノーベル賞の同時受賞者である。
生体の侵入者に対する防御反応で対立する理論を提唱した。
(出典：© ノーベル財団)

する役割があるという考えに対して冷めた見方をしていた。当時としては，液性免疫側の議論はもっぱら臨床医からの支持を受けていた。彼らは感染源に集まってきた白血球は防御機構ではなく，むしろ炎症の原因であると信じていた。

　フォン・ベーリングは1901年に第1回ノーベル医学賞を受賞し，メチニコフとエールリッヒは1908年にともにノーベル委員会から授賞されたが，彼らの同時受賞はまさに細胞性免疫と液性免疫の議論が「どっちつかず」の

図 16.2　イリヤ・メチニコフ
もう一人の 1908 年ノーベル賞受賞者。　　　（出典：© ノーベル財団）

状態であることの象徴であった．しかし当時多くの研究者は血中を循環する抗体とそのタンパク質化学を調べていくほうを選択し，細胞性免疫への興味は以後 50 年近く黙してしまうこととなった．

免疫化学の誕生

　免疫化学という新しい分野が医学に応用されたことは，疑いもなくこの分野で研究する多くの者にとって，研究活動を大きく推進する原動力となった．ほかの種の血清をヒトに注入すると，血清病という副作用を引き起こしたり，

ひどければアナフィラキシーショックで死んでしまうことがわかった。ベーリングはこれを克服するため，精製すればするほどより無害になるという仮定のもとに，血中から抗体を精製する果敢に挑んだ。グロブリンとアルブミンの分画を分離し，高い抗体価が得られるまで，グロブリン分画のアンモニウム硫酸（硫安）沈殿を繰り返した。この準精製されたタンパク質は，はじめ「パラアルブミン」と呼ばれ，後に「偽グロブリン」と呼ばれた。

　一方，パウル・エールリッヒは彼の抗原抗体反応理論によって，科学界を湧かせていた。エミール・フィッシャーが酵素と基質の相互作用について用いたように，エールリッヒは抗原と抗体が「鍵と鍵穴」のような形で適合するに違いないと考えた。彼は卓越した先見の明で，抗体は違ったドメインをあわせもっていることを予見した。ある所は抗原に結合し，ある所は凝集・沈殿・また補体の固定による細胞の溶解など，二次的な生物学的効果を担っていると予見した。しかし，彼はより物議をかもす考えももっていた。本質的に共有結合が形成されることで抗原抗体反応は不可逆となるという仮説などである[9]。

　この考えは後年多くの議論を引き起こし，白熱したときに起こりがちな現実を超えたさまざまな幻想を生み出した。物理化学者であるスヴァンテ・アレニウス（Svante Arrhenius）は，電解質の電離理論の創始者であるが，弱い酸を弱い塩基によって中和する際の相互作用になぞらえようとしたし，一方でカール・ラントシュタイナー（Karl Landsteiner；1868-1943）とジュール・ボルデ（Jules Bordet；1870-1961）は熱烈なコロイド研究者だったが，結合特異性は「コロイド的」吸着プロセスによって説明できると考えていた[10, 11]。しかし，それは通常むしろ非特異的である。基本的に，高い化学的な特異性が抗原抗体相互作用に重要であると固執し続けたエールリッヒが正しいことがわかった。ただ，現在では抗体の抗原結合部位のアミノ酸側鎖の配列が重要であることがわかっており，彼が考えていた共有結合が抗原抗体間にでき上がるわけではない[注1]。

　20世紀初めの30年は，実験的な仕事は主に分子レベルのものに対して行われた。多くの努力が，抗原に特異的な抗体をどうやって作り出すかに費や

[注1]　エールリッヒは抗体の「選択的」形成の理論という免疫学の一大領域においても成功を収めたことがわかっている。これについては，本章のあとで述べる（訳注：バーネットによるクローン選択説につながる）。この理論の胚芽的アイデアは確かにジフテリア抗毒素アッセイの定量化についての1897年の論文の中にすでに肝要なパートとして見て取れる。

| 186 | 第3部　生理機能

された。血清から取られた抗体の部分精製や，その抗原と抗体の化学的な相互作用の研究である。この時期の多くの功績ある研究の1つに，カール・ラントシュタイナーのものがある。彼は300以上の論文を出し，いくつもの版のある名高い著書『The specificity of serological reactions』を出版した[12]。外来物でタンパク質と結合しているものは，すべて抗原となることを示したのは彼である。また赤血球膜上の抗原決定因子が複数あることも示した（今でいう血液型である）[13]。彼は自分由来のタンパク質であっても，分解されたものは抗原性をもつことを示した。しかし，この仕事の生理学的な重要性にもかかわらず，抗体という分子が確固たるものとして存在するということは，本当に純粋な試料が得られるまで確定できなかった。

　ここにきて，タンパク質の新しい分離方法が登場する。ウィルヘルム・ティセリウス（第7章参照）によって，電気泳動で血清タンパク質が分離され，主要な抗体の活性は泳動の遅いグロブリンのγ画分の中にあることが見出された。免疫学の領域での経験をもち米国からやってきた若手研究者E・カバット（E. Kabat）との研究では，さらに目覚ましい結果を出した[14]。彼らは，特異的な抗体を機能という観点から測定できるようにした。つまり，ある免疫血清の電気泳動のパターンと，抗原によって特異的に沈殿させて抗体を消したあとの免疫血清の電気泳動のパターンを比較したのである。

　γグロブリンの分子量はおおよそ15万であることが示され，また物理化学的な研究により分子的な対称性をもつことを指摘した。これは典型的な「球形」タンパク質とは明らかに異なっていた[15, 16]。

　さらに，抗原と抗体の反応によって沈殿が起こることから，抗体は少なくとも1分子当たり2つの抗原結合部位をもつはずであると，多くの研究者が確信をもった。I・A・パーヴェンチェフ（I. A. Parventjev）によって1936年に認可された米国特許では，ペプシンの限定分解によって抗体の抗原結合能を損うことなしにサイズを小さくできること（訳注：F(ab')$_2$というフラグメントができる）が示された。このことは，今日我々が「複数ドメインからなる構造」と呼ぶ専門用語の最初の例を示している。この分子構造の特徴は後に確認され，分子構造を決定する際の最初の段階での有用な手段となった。

第16章　抗体　│ 187 │

イムノグロブリンGの構造

　化学的な解析が加速的に進み，ティセリウスのγグロブリン画分の主成分はイムノグロブリン G（以下，IgG）と命名された。そのとき，ケンブリッジのロドニー・ポーター（Rodney Porter）は 1946 年にフレッド・サンガーの研究室の学生として，インスリンのアミノ酸配列を決定する重要なプロジェクトに取り組み始めたばかりであった。抗体の分子量を考えると，完全な配列を解析するのは恐ろしい仕事であるように思えた。しかし，タンパク質の限定分解によって，いったん小さく制限した領域に区切ることができれば，それぞれの部分長から情報を集めてくるのは可能に思えた。ほかにも，当時抗体分子が抗原と結合する領域の配列は当然多種多様であるということを，誰も予見できなかったという問題があった[注2]。

　12 年後，この果敢なプロジェクトの船出にあたり，ポーターと同僚たちは，抗体を抗原との結合能力を保持する部分（ドメイン）とそうでない部分にタンパク質分解で完璧に分けることに成功した。今日我々は，これをそれぞれ Fab（抗原結合）と Fc（補体相互作用）ドメインと呼んでいる（訳注：パパインによる分解）。1959 年，ジェラルド・エーデルマン（Gerald Edelman）は完全な IgG が 2 つの異なったペプチド鎖で成り立っているモデルを示し（それぞれ重鎖，軽鎖と呼ばれる），続いてポーターはジスルフィド結合でつながった 4 つの鎖からなるモデルへと展開した[21, 22]。完全な抗体分子は 2 つの Fab ドメインを含んでおり，それは 2 つの結合領域が抗体と抗原結合のときの沈殿に必要なことに対応している。流体解析によればタンパク質分解によって得られた Fab「フラグメント」は，IgG 分子全体とは異なり，小さくまとまった球形タンパク質として挙動した。Fab フラグメントは抗原抗体反応において分子 1 個につき 1 つの結合領域をもつので，会合の熱力学的な処理を単純にするのに適していた。

　IgG 分子全体の非対称の構造を説明するのに，抜けているドメインはどれだろう？　**図 16.3** は 1965 年に著者の研究室が発表した，現在我々にもなじみの深い Y 字型のモデルであり，IgG 全体と 2 つのドメインのあらゆる

[注2]　あまりにも明白なので，強調しなくてもよいかもしれないが，抗体の選択説を考えると，抗体の種類は身の毛もよだつほどの数になり，解析しようとするとそれらをミックスしたサンプルになる，ということはやはり思い起こしておいたほうがよいだろう。この当時，化学的にホモジーニアスな（単一の）抗体分子を得る唯一の試料が，多発性骨髄腫という 1 種類の抗体を産生する細胞が増殖する悪性腫瘍であった。

| 188 | 第 3 部　生理機能

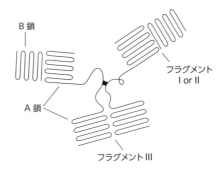

図 16.3 イムノグロブリンの形とドメイン構造
このモデルは著者自身の研究室の仕事による（1965年）[23]。〔訳注：現在の一般的名称は，'Fab' フラグメントが図のフラグメントⅠとⅡで，フラグメントⅢの代わりに 'Fc' ドメインが使われている。また，図中A鎖は重鎖 (heavy chain；H鎖)，B鎖は軽鎖 (light chain；L鎖) と呼ばれる〕

利用可能な実験データから導き出したものである。1967年にヴァレンタイン（Valentine）とグリーン（Green）らは電子顕微鏡を用いて，本質的に同じモデルを独立に鮮やかに示した。機能面と重要な関連があるのは，中心にあるヒンジ領域で，2つの結合領域の間の柔軟性を担っている[23, 24]。この時期における結合領域についての説明はヒューストン（Hustson）による総説に詳しく書かれている[25]。

X線回折による詳細な3次元構造が，1970年代前半から現れ始めた。最初の報告は多発性骨髄腫患者から得られたサンプルで，正常のIgGは多様性があって問題だが，多発性骨髄腫という悪性疾患では単一種類のIgGが多量に創られてしまう性質を利用し，患者から得られたFabフラグメントが調べられた[26]。これを皮切りに，抗体分子全体およびフラグメントの高解像度のX線構造解析は大きく前進し，また多数のアミノ酸配列が報告されることとなった[27, 28]。

これまでIgGの構造に限定してみてきた。IgGは，身体を循環する抗体の最も典型的なものではあるが，全体としては抗体には5種類のクラスがあり（**表16.1**），それぞれ発見の物語がある。それらすべて重鎖と軽鎖のペア（**図16.3** 訳注参照）で成り立っており，形態はすべて同じである。その中の1つのIgMは，通常のように2つの軽鎖と2つの重鎖からなる単量体が5つ星型に連なって5量体となったものだ。

第 16 章　抗体

表 16.1　抗体の 5 つのクラス

IgA	胃腸管や呼吸器管の粘膜下層からの分泌物から発見された。細菌やウィルスの初期防御に働く。
IgD	未成熟の B 細胞表面に存在する，詳細な機能は不明。
IgE	呼吸器・胃腸管の粘液，皮膚からの分泌液にある。アレルギー反応で上昇，寄生虫感染防御。
IgG	血液中，細胞外間隙に最も多く存在する形であり，二次免疫応答の代表として知られている。
IgM	血液，細胞外間隙に見出される。一次免疫応答に関与する。

抗体の多様性

　フォン・ベーリングとエールリッヒの時代から，体のどこかに，感染性の微生物や毒素やその他外来物に対して，抗体を「産生する」細胞が存在するに違いないということは明らかであった。問題は，どうしてそれほど多くの違う種類を創れるのか？　最も初期の仮説は，どうにかして抗原自体が別の分子に潜り込んで，同じ抗原への認識能を誘導するというものである。しかし，この仮説は注射された抗原よりもずっと多量の抗体が産生されることの説明がつかないし，抗原を新たに打たなくても，抗体は長いこと作られ続けるということも説明できない。ポール・エールリッヒにより 1897 年に提案された，よりもっともらしい説明は，抗体は細胞によって「抗原に晒される前から」作られているという説である。細胞の表面には抗体が生えており，循環しているうちに抗原と反応して，細胞から剥がれ落ちる。エールリッヒはさらに「特異的な」抗体は，細胞表面から抗原と反応して抜け落ちた抗体を補充することで産生され続けると考えた。これは 20 年以上にわたって広く受け入れられた作業仮説であったが，非常に多くの異なる種類の，必要と思われる抗体がどうして存在するのかを説明できなかった。

　しかし 1930 年までに，微生物学よりも化学が免疫学において主体的な役割を果たし始め，化学者は抗原が生まれたばかりのタンパク質分子へと情報を伝えているという古い考えに回帰し始めた。ブライナル（Breinl）とハウロヴィッツ（Haurowitz）は例えば，抗原は抗体合成のときのアミノ酸配列構成

のテンプレート（鋳型）として振る舞い，究極的に抗体の一次アミノ酸配列を決定していると提唱した[29]。このアイデアは，現在の一般的なタンパク質合成の考え方と完全に一致している。

　この種のテンプレート説は，究極的にはライナス・ポーリングの仕事として有名になった。彼は1936年，ニューヨークでカール・ラントシュタイナーと出会ってすぐ，なぜタンパク質分子にそのような特異的な多様性が誘導されるのかという問題について，興味をそそられた。ポーリングは，化学的に厳格にこの問題にアプローチし，抗原は物理的な鋳型を提供し，それを（折り畳まれていない）ポリペプチド鎖が正しい3次元構造を形作るように包み込むという論文を1940年に発表した。これは抗原が，タンパク質合成の最終段階（フォールディング）で，鋳型として働かねばならないことを意味しており，抗原が存在しなければ，抗体は細胞の中で事実上産生されないということを示していた。実験で見られる事象と矛盾していたが，ポーリングは意に介さなかったようだ。「抗体形成のインストラクション仮説」と呼ばれるようになって，化学の教育を受けたコミュニティではよく受け入れられたものの，生物学者は懐疑的で驚くほど歓迎されなかった。

　直接的に鋳型からできあがるモデルの欠点は，1941年にオーストラリアのウィルス学者F.マクファーレン・バーネット（F. Macfarlane Burnet）が指摘した。彼は，抗原がタンパク質合成にかかわる酵素を修飾するという変形インストラクション仮説を唱えた。この場合，抗原がなくなっても，同じ抗体を作り続けることができる[31]。数年後，核酸の遺伝的な意味が注目を浴び始めた頃，バーネットとフェナー（Fenner）は酵素を修飾するという説から，遺伝子に直接働きかけるという説に変えた[32]。これらの初期の仮説には「修正テンプレートモデル」というものがよく見られるが，抗原がいなくなっても特異的な抗体は長く産生され続けるということを認めたところは特筆すべきである。一方でポーリングのモデルでは抗体を作る場合は，常に抗原をテンプレートとして何度も何度も使用しないといけない。

　初めて抗体産生において現実的な生物学的選択説が提唱されたのは，1955年のニールス・イェルネ（Niels Jerne；1911-1994）であり，エールリッヒによる抗体の仮説に回帰し，抗体は細胞表面に，抗原が来るのを待つレセプターとして生え揃い，抗体産生の引き金をひき，続けてその細胞の増殖を起こすとした[33, 34]。このタンパク質の役割は，他のどのインストラクション仮説と

第16章　抗体　│191│

も印象が異なるものであった。途方もなく多様な構造で，特異性もさまざまなグロブリンが常に作り続けられており，抗原がどの抗体を増やすかを選ぶというものだ。数年のうちに，このアイデアは多くの研究者の想像を掻き立てた[35]。そして，クローン選択説が最も良く知られた生物学的事実を説明するとわかり，急速に受け入れられ開発されていった。

　しかしながら，古くからの誤謬を払拭するのは得てして難しい。そして予想通り，ポーリングの英雄崇拝者たちによって1960年代まで，クローン選択説は反論を受け続けた。テンプレート説が終焉を迎えたのは，完全に失活した抗体の機能がリフォールディングで再び蘇るのがはっきりと示されたときだ。つまり抗原認識はアミノ酸配列だけに依存するということを意味する[38]。他のタンパク質のようにアミノ酸配列が三次元構造を決定するということだ[39]。加えて抗体の場合は特別な機能がある。全体の配列を「定常」と「可変」の領域に分けることができる。「可変」領域のみが例外的な多様性をもち，多様な機能を説明することができる。

細胞免疫学

　1960年代から細胞免疫学は急速に発展し始め，研究されてきた。免疫反応過程は，すべてのものがほかのものに依存するネットワークとして認識されるようになり，ネットワークを構成する多数のT細胞，B細胞の役割が徐々に明らかになってきた。抗体が惹起する細胞の溶解や凝集，自己免疫，悪性新生物に起因する免疫機構の疾患のメカニズム，これらは今でもなお研究され続けている。魅力的で（論争があって）もっと紹介すべき内容ばかりであるが，詳細はこの本の範囲を超えている。タンパク質はこれらの過程において重要な要素であると言って良いし，免疫グロブリンが認知機能だけでなく他の特化した機能も同時にもち合わせており，構造と相互作用の関係についても知る必要があるということを指摘することで十分だ。近年の歴史的な要素がわかるレビューを参考文献に載せた[40-42]。

第 17 章
Colour vision

色覚

> 光を感じるということの特色は光の特別な性質からくるのではなく，活性化経路にかかわらずただ1つの感覚を出すという視神経の特別な活動にある。
> H・ヘルムホルツ（H. Helmholtz），1852[1]

> 我々の目の中にいくつかの異なる神経があり，その1つはある1種類の光によって，別の神経は異なる種類の光によって作用されている，というのが色を認識することを十分に説明する唯一の方法である。
> J・クラーク・マクスウェル（J. Clerk Maxwell），1861[2]

ヒトの感覚系の中で，色覚は最も賞賛されるものである。自然界と芸術界において，色の不思議さは文明人を魅了し続けている。タンパク質科学と全く関連のない知識人や偉人——例えば詩人，哲学者，物理学者や生物学者——たちが色覚に魅了され，それについて考えた。これほど彼らの注目を集めた分野は，動物生理学の中ではほかに見当たらない。他分野の有名人たちがこの問題にかかわり，最終的にはタンパク質の光化学によってのみ解決されたというのがこの章の主題である。最終的にわかったことは，光化学的には比較的シンプルなもの——溶液ではなく，タンパク質の構造による化学的環境が有機発色団のエネルギーレベルに与える，よく知られた効果の一例——であった。だだし最初の問題の定義から分子機構の解決まで100年以上もかかった。

最初の問題提起は驚くほど正しかった

まずはプリズムで色のスペクトルを創り上げた，アイザック・ニュートンから話を始めよう。彼は色の把握は通常は（必ずしもそうではないが）光の刺激のあとに，脳で構成されると考えていた。1704年に最初に出版された彼

| 193 |

の著作である『光学 (Opticks)』の中で，色覚について問いかけている。それは問いかけというよりは，むしろ修辞的な主張であった。目を閉じたまま眼球を指で押すことによって暗闇でも「見える」色は，光の刺激によって網膜が活性化された色と同じ動作によるものではないのか？[3] 誰もこの事実について，科学的根拠をもって議論しなかった。光の刺激と脳によってその後に起きる出来事を区別することの必要性は，19世紀のドイツでヨハネス・ミュラー（Johannes Müller）によって，神経生理学の中心的な理論になった。この章の最初に，色覚の見解を引用した，ヘルマン・ヘルムホルツは彼の弟子である[4, 5]。

　1802年，英国の優秀な物理学者で医師のトーマス・ヤング（Thomas Young；1773-1829）は，数多くの画家たちによる色の混合技術についての研究に没頭した。その当時，赤と黄色を混ぜると，脳が単色のオレンジとして知覚するということは一般的な知識としてあった。そしてそれがヤングの研究した現象であった。彼は，ニュートンが厚さに比例した異なる色を反射させるために用いた，非常に薄い透明のプレートを実験に使用した。その実験から彼は，すべての色を作り出すことができる3つの基本的な色があること，さらにその色は，目の別々の受容体に対応すること，そして視神経によって脳の視覚野に送られる信号に対応するに違いないと結論づけた。脳の中で起きていることに関する，なんて価値のある初期の洞察であろうか！　マクスウェルはこれを「どんな注意深い理論づけよりも優れた推論の結果得られた，大胆で証拠のない仮説の1つ」と賞した[7-9]。

色覚異常

　ヤングによる独創的な研究の数年前，原子説の父であるジョン・ドルトン（John Dalton；1766-1844）自身が視覚データベースの一員として加わった。なぜなら，彼は色覚異常であった。逸話によると，あるときドルトンはクエーカー教徒の集会に着るための控えめな濃い青（彼にはそう見えた）のストッキングを母に渡した。母は深紅のストッキングを見てとても動揺した！（訳注：クエーカー教徒にとって深紅は着ることが許されない色）　ドルトンは，初めこのことを母が老いているせいだと考えたが，まもなく自分の視覚に何らかの欠陥があるため，このような食い違いが起こったということを知らされるこ

| **194** | 第3部　生理機能

ととなった。彼は詳細な自己分析を進め，これを題材にした論文を 1794 年
Manchester Literary and Philosophical Society 誌に発表した[10]。これが色
覚異常の最初の報告である。この日より色覚異常が注目され，色覚異常はフ
ランス語でドルトニズム（*Daltonisme*）と呼ばれるようになった。

　ドルトンは最初の単純な分子モデルを創造した。彼はそれを「複合化原子
化合物（compound atoms）」と呼んだ。彼は数千の原子からなるタンパク
質分子のことや，たった 1 つのタンパク質を欠くことが彼の苦しみの原因で
あったなどと想像できただろうか？

　色覚異常の人たちは通常 3 つの受容体のうち 1 つを欠失し，色の重ね合わ
せの際に三重でなく二重で重ね合わせているため，生理的受容体を特徴付け
る構成色の混ざり方を解明するうえで，貴重な役割を果たした[11]。例えば，
偉大な物理学者であるジュームズ・クラーク・マクスウェル（James Cleark
Maxwell：**図 17.1**）が色覚に興味をもった際（おそらく意識的にニュートンの後を
追ったと思われるが），彼は色覚異常に苦しんでいる人々のデータを含め，ま
さにその論文のタイトルに載せた[9]。マクスウェルは色を混ぜることができ
るカラートップと呼ばれるより改良した道具と，結果を説明するために 3 つ
の原色を使った非常にわかりやすい作図方法を考案し，それが彼のデータを
強く支持する理論的基盤となった。

ヘルマン・ヘルムホルツ[12, 13]

　ヘルマン・ヘルムホルツ（Hermann Helmholz；1821-1894）は生理光学の権威
で，彼の業績は彼が生理学をやめベルリン大学の物理化学の教授になった後
もずっと最も信頼のおけるものと見なされた。それ以前の 20 年間彼は多数
の業績を残した。彼はまだ軍に勤務していた青年時代に，エネルギー保存の
法則を提唱した。彼は，神経インパルスの伝達スピードを最初に測定した人
物でもある。彼は検眼鏡（ophthalmoscope, 1850-1851）を光学研究の道具とし
て発明した。彼はつい最近まで光学における模範的な研究とされていた『ハ
ンドブック（*Handbuch*）』の著者でもある。この本は 1856 年から 1867 年の
間に 3 回に分けて出版された。マクスウェルは 1876 年に書かれた短い伝記

第 17 章　色覚 ｜ **195** ｜

図17.1 カラートップをもつジェームズ・クラーク・マクスウェル
1855年，ケンブリッジ大学にて
（出典：*The scientific letters and papers of James Clerk Maxwell*, Cambridge University Press[2])

の中でヘルムホルツのことを知識の巨人と呼んでいる[14)注1)]。

　ヘルムホルツは1852年に色覚に関する最初の研究をケーニヒスベルク大学の就任演説会（Habilitationsvortrag）で発表した[16)]。彼はヤングによる色覚の研究を（最新の技術で）再現したが，当初はヤングの結論を支持しなかった。彼は実験結果を説明するには，5つの原色が必要であると考えたのである。これはその後原色を規定するスペクトルバンド間の重なりのあいまいさによるアーチファクトであることがわかった[17)]。1858年には，ヘルムホル

注1）　1871年ケンブリッジにキャヴェンディッシュ研究所が設立されたとき，マクスウェルは最初の教授となり，輝かしい未来へと研究所をスタートさせることに成功した。本当は，ヘルムホルツはケンブリッジを第一選択と考えていたが，ちょうどベルリンでの職を受諾したあとで，その決断を変えることはできないと感じた。ヘルムホルツの妻はその決定を後悔しているといわれている。彼女はベルリンよりもケンブリッジで生活したかったらしい[15)]。

ツは３つが正しい原色数であることを確信し，ヤングの唱道者となった。そのことから，３原色の理論はヤング－ヘルムホルツ理論として知られるようになった[18]。

　我々は，ヘルムホルツが哲学者に敬意を払っていたこと，哲学者の研究を認めるべきだと考えていたことを述べた。しかし，色覚に対するゲーテの明確なアイデアに関しては，ヘルムホルツは批判的にならざるを得ないと感じていた。彼は，"Wir müssen die Hebel und Stricke kennen lernen"（ドイツ語で「我々は，てこやロープの使い方を学ぶ必要がある」），「たとえ詩人の自然への見方を覆すものとなっても，正しい物理的メカニズムの必要性を払拭することはできない」と言っている[19]。しかし，言っておかなければいけないが，ヘルムホルツ自身，「てこやロープ」がどんな「分子的」特徴をもつのかについて述べたことはない。時期があまりにも早すぎたのである。ヘルムホルツのような人物のおかげで，知覚生理学の知的レベルが，まだ幼児期にあった有機化学に比べて高すぎたのだ。

杆体細胞と錐体細胞とロドプシン

　網膜の杆体細胞（訳注：桿体細胞とも。解剖学的用語としては，「杆状体細胞」も用いられる）と錐体細胞（訳注：「錐状体細胞」同上）は我々がよく知る多数の教科書にある図で見るように，目を見張る解剖学的対象物である。杆体細胞と錐体細胞は1850年頃に知られるようになり，確定的な報告はドイツの解剖学者であるマックス・シュルツェ（Max Schultze；1825-1876）により1866年に出された驚くべき論文である[20]。彼は「顕微鏡技術の頂点を極めた」人物であると言われていた[21]。その論文では杆体細胞と錐体細胞そしてそれらの数本の視神経への連結，ヒトだけでなく哺乳類・鳥類・爬虫類・両生類などほかの動物の網膜についても，同様に詳細が描かれた100点ほどのスケッチが発表された。

　そのスケッチは生理学的研究から補足された。シュルツェは色覚が錐体細胞に局在していること，杆体細胞は，色は識別できないが暗闇で光を感じるためにデザインされたものであることをはっきりと同定した。シュルツェはヤング－ヘルムホルツ理論の光の３原色理論を知っていたし，それを支持していた。しかしどんな動物種からも，解剖学的に区別できる３つの錐体細

第 17 章　色覚　| 197 |

を見つけることはできなかった。

　視覚受容体に関する最初の化学的なブレイクスルーは，それから 10 年後にロドプシン（visual purple）の発見と単離によってなされた。それは外節杆状体（訳注：杆状体細胞の細胞突起部分）にある光感受性色素で，光によってその色を失い暗闇で回復する。第一の発見者はマックス・シュルツェの学生でフランツ・ボル（Franz Boll：1877）である。彼はカエルの網膜から赤い色素を見出し，それを *Sehrot*（visual red：視紅）と命名した [22]。1 年後，ウィルヘルム・キューネがこの色素が本当は紫色を呈していることを決定し，現在の呼び方であるロドプシン（*rhodopsin*：視紅）と命名した [23, 24]。キューネはタンパク質がこの色素の成分であるだろうと考えていたが，それ以上の追求はしなかった [注2]。

　その後，視覚の分子的な機構に対する興味が衰えた。おそらくその頃に酵素が発見され生化学者たちの注目を独占し始めたというのが理由である。理由はどうあれ，視紅（visual purple）が高分子量のタンパク質という公式な決定はそれからさらに 60 年（驚くべき長さの非生産的な間隔）かかってしまった。それはニューヨークのコロンビア大学のセリグ・ヘクト（Selig Hecht）が 1937 年から始めた仕事によってなされた。超遠心分離がその評価方法の 1 つとして使われ，その「色素」の複雑な吸収スペクトラム（これは多くの構成物からなっている可能性を示している）がタンパク質と全く同じところに一緒に沈降した [25]。同時期にジョージ・ワルド（George Wald）によってカロテノイド補欠分子族が色素であることが発見されており [26]，ヘクトは，これは発色団が強固にくっついた結合タンパク質であることを意味していると指摘した [27]。

発色団と光化学的機構

　ジョージ・ワルドによるロドプシンの化学的性質の解明は，視覚における多くの問題を明らかにした決定的な出来事であった。その研究は彼がチューリッヒで有機化学者のパウル・カラー（Paul Karrer）の博士研究員であった頃から始まり，その後ハーバード大学の教授になるまで続いた。彼はビタミ

[注2]　キューネによる他の物質に対する命名においても明らかに同じことが起きていた。「酵素」や「ミオシン」も彼によって名付けられているが，彼はそのタンパク質化学的な機能についてはほとんど貢献しなかった。

ン A と関連のあるカロテノイドが発色団であることを決定し，それをレチナールと名付けた[28]。それは5つの共役二重結合をもつ直線状の炭化水素であり，安定な状態では，そのすべてがトランス型の構造をとる。その活性型は，暗順応したロドプシンに結合することができる。活性型は本質的に不安定な 11- シス型のアイソマーであるが，タンパク質枠組みとの相互作用により安定した状態にある[29]。光が吸収されると，そのアイソマーは安定な全トランス型に変化し，タンパク質から解離する。それによってタンパク質構造の大きな動きが生じ，網膜の膜電位を変化させるプロセスを引き起こす。すべての神経プロセスで起こるのと同じように，膜電位の変化は神経伝達のシグナルを作り出し，この場合は視神経から脳へのシグナルを作り出す。これは神経生理学においてよく研究されたプロセスの1つである[30]。

　錐体細胞受容体が同定されて性質が明らかになるまで，さらに30年を要したが，一度ロドプシンの機能が明らかになれば，色を識別するメカニズムはほとんど明らかであった。予想通り，ヘルムホルツの一般知覚論に従えば，色の識別のメカニズムは，光化学の反応過程のまさに最初のイベントである，発色団による光の吸収によるものであると考えられる。ヘルムホルツの学説のジョージ・ワルドの言い換えでは，

　　視覚における光の作用は，発色団をシス型からトランス型に異性化することである。そのほかに起こる――化学的・生理学的そして全く心理学的な――現象は，光に対する反応に起因する「光とは関係ない」結果である[30]。

　この学説の通り，ロドプシンと同様のいくつかの錐体細胞受容体が発見された。それらは異なる極大吸収（赤，緑，青）領域をもっていた[31, 32]。その3つの作用スペクトル――それぞれの波長に対する関数としての応答性（吸収スペクトルと同じである）を図 17.2 に示す。実際3つの色素の発色団はロドプシンのそれと同じであることがわかった。すべて 11- シス型レチナールであったわけである。色の違いはタンパク質の違いに起因していた。それは置かれたまわりの分子環境による発色団の光学的特性に対する直接的効果の一例であり，タンパク質科学者は何年も前から知っていた。それはタンパク質が単にさまざまな機能のために利用している特性であるが[33]，この場合は基本的生理学的機能にかかわっている。タンパク質の多様性のミニチュア版

第 17 章　色覚 **| 199 |**

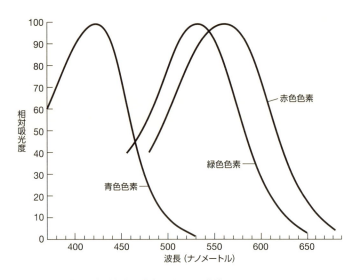

図17.2 個々の錐体細胞受容体の感度スペクトル曲線
このスペクトルが測定されたとき、個々のタンパク質はまだ単離されていなかった。解剖死体からの錐体細胞そのものが使用された。
(J. Natans, 1989[35]) のデータをもとに作成)

大勝利の1つである。

　何年もの後、それらのタンパク質（4つのオプシン）の分子的な特徴が最終的に報告された。そのうち3つの錐体細胞ポリペプチドは、ほぼ同じ長さなのだが、アミノ酸配列がそれぞれかなり異なり、またロドプシンとも異なる配列をもっていることがわかった[34, 35]。その配列は、それぞれの長い進化の過程を残している。例えば、赤と緑が分岐したのはつい最近のことである。アミノ酸側鎖の変異に起因する発色団の「チューニング」についての理論的な研究は現在も続いている[36]。

　最後に：同様のレチノール発色団は、全く異なる目的で他のタンパク質に使われている。バクテリオロドプシンは、死海などに生息する高度好塩菌の紫膜の主要な構成タンパク質である。その機能は光吸収によって膜を境にしたプロトン勾配を形成することである。つまりATPの合成を出発として、代謝エネルギー源として使用されているわけである。これは驚くべき自然の経済である。またタンパク質の多様な能力の一例でもある。

第18章
Muscle contraction[1]

筋収縮

> このように，筋肉の進展性における本質的な条件は，アクチンとミオシンが一緒に連結されてはならないことであると推測される。上述したアクチンとミオシンフィラメントの配置は，筋肉の引き伸ばしがフィラメントの伸長によってではなく，2つのフィラメントのセットが互いにスライドすることによって生じると仮定するとうまく説明できる。
>
> H・E・ハクスリー（H.E.Huxley），1953[2]

序

運動は，生物にとって基本的な特性である。細胞は外部刺激に応答して移動し，高等動物においては細胞の集団が同期して動くことが可能である。この興味深い機能は，タンパク質分子の移動により可能となる。このような動きには，筋肉の場合のように，観察される規模がタンパク質自身の大きさより何百万倍も大きい場合もある。我々が目にする，鳥や昆虫の腕，足，翼では小さなタンパク質分子の移動が集まって動きがつくられている。それらがどのように機能しているのかを明らかにするためには，新たな次元での考え方が必要であり，単一のタンパク質分子の結合または単一の酵素活性部位という観点からは解明することはできない。

運動がどのようなメカニズムでもたらされるのかという基本的な問いは，もちろんドルトンの原子説による現代的な原子や分子など思いもよらない何世紀も前から問題にされてきた。例えば，トーマス・ウィリス（Thomas Willis）とジョン・メーヨー（John Mayow）は，1600年代中頃にオックスフォード大学で筋肉の生理学の問題に関心をもっていたし，王立協会の創設メンバーの1人であるウイリアム・クルーン（William Croone）は，1660年に「局所的な動きの性質や特性」を報告し，「その現象の原因と理由」を説明するための寄付講演会（endowed lectureship。これは，Croonian Lectureshipと

して，今日まで続いている）を創設した[3]。動物の運動をもたらす筋繊維の同定も，非常に早い時期に行われている。1682年に，アントニ・ファン・レーウェンフック（Antony van Leeuwenhoek）は彼が新しく開発した顕微鏡で筋組織を見て，繊維だけではなくそれを構成する細い縦走繊維が含まれていることを記述した[4]。彼が観察したスケッチ（図18.1）では，小繊維の束が明瞭に記載されているだけではなく，「横紋筋」という名前の由来である小繊維を「束ねて」いるように見える繊維全体を取り巻いている横断線（もちろん結局は「束ねて」いるわけではないことがわかった）が描かれている。もう1人の歴史上の有名な人物，ジョルジュ・キュビエ（Georges Cuvier）は，1805年に筋肉繊維は神経線維と違い中空ではなく，「肉質の物質を創る必須分子」の直接的な会合によって形成されるとみなされると述べている[5]。

　筋収縮の研究の初期にはすでに，筋肉が収縮するときには機械的に働くことができることから，再生可能なエネルギー源をもたなければならないと認識されていた。このエネルギーはどこから来るのか？　どのようにして機械的な仕事に変換されるのか？　これらの疑問に対する初期の古典的なアプローチは，熱力学またはエネルギー論として知られる物理学の一部門の誕生時にまとめられた。この創造的天才は，若きヘルマン・ヘルムホルツであった。彼は，19世紀科学の偉人の1人であり，エネルギー保存の法則の最初の2人の提唱者のうちの1人でもある〔もう1人はユリウス・マイヤー（Julius Mayer）〕。それは1847年7月23日のドイツ物理学会の前に提出された「Über die Erhaltung der Kraft（エネルギーの保存について）」と題された論文中で述べられている。この論文の中で，筋肉の運動による仕事についての基本理念

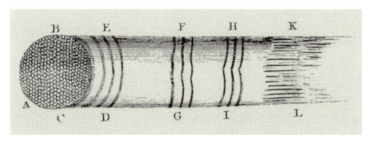

図18.1　1682年のファン・レーウェンフックによる横紋筋のスケッチ
彼の顕微鏡は270倍まで拡大能力があった
（出典：van Leeuwenhock's drawings, D.M.Needham, 1971[1] より転載）

が築かれた[6]。ヘルムホルツはこの論文で，筋肉による仕事で消費されたエネルギーが，摂取された食料の燃焼エネルギーを超えていないことを発見し報告した。もちろん，ヘルムホルツはいかに筋肉がその仕事を行っているかは問わず，また筋肉がタンパク質で構成されていることも知る必要はなかった。それどころか，彼がこの「生きた」エンジンが何でできているかさえ知らず，メカニズムも完全に未知であることによって，おそらく物理学における唯一最も重要な原理の一般性を証明することとなったに違いない。

ユストゥス・フォン・リービッヒはヘルムホルツのように「生気論」に対する宿敵の1人であるが，彼は物理ではなく化学が対象であった。（そしていつものように）筋肉の運動がどのようにして行われるか彼は理解したと考えた──筋肉に見られる「アルブミン様物質」が，細胞内で栄養源として使用され，運動をすることで燃え尽き，補充される[7]。これはばかげた考え方であり，リービッヒの生理学への侵出はめったに成功しなかった。しかし，筋肉の生理学の歴史の複雑さを示しているといえよう。ここには2面的な問題があり，それらは最初から考え方が異なるものである。1つは顕微鏡で見ることができる筋繊維内のどの分子が機械的な機能，すなわち運動を担っているのか？　もう1つは，いかにエネルギーがこれらの分子に供給されるのか。代謝の源は何か？　この章の目的は運動の問題に焦点を当てる。エネルギーの変換というもっと基本的な生化学分野の「バイオエナジェティクス（生体エネルギー学）」にはほとんど触れない。

筋肉タンパク質：無視された1世紀

酵素と視覚の章ですでに述べたウィリー・キューネ（Willy Kühne／訳注：ウィルヘルム・キューネ，とも）が筋肉の主要なタンパク質を最初（1859年）に単離し，「ミオシン」と名付けた。ミオシンは0℃で高塩濃度の溶液に不安定な状態で溶解し，加温により凝固した。しかし，キューネはこの「アルブミン様物質」が，筋収縮と弛緩を直接的に引き起こしているとは考えなかった。むしろ，彼は筋小胞体が運動の何らかの中枢であると考えていた[8,9]。

その後，数十年間は，筋肉タンパク質については，散発的な研究しか行われなかった。「アルブミン様物質」に関心をもつほとんどの化学者は，ヘモグロビンや他の水溶性タンパク質のほうが研究しやすいと判断したからである。

第18章　筋収縮　| 203 |

「ミオシン」については，興味をもつ人たちにより，多少キューネの方法による調整法で研究が行われていたが，これが単一の均質物質なのか，あるいはタンパク質の混合物であるのかという問題すら顧みられることはなかった。この状態は近代まで続いた——例えば，ハーバード大学のエドサールとフォンムラルト（訳注：Alexander Ludwig von Muralt；1903-1990）は，1930年に流動複屈折を利用して，筋肉タンパク質の精密な物理化学的研究を開始し，キューネの方法による溶液中のミオシン巨大分子の非対称性を示した。筋肉タンパク質の複屈折は，溶液の流れに沿った分子配向によって生成されることを利用したものである[10]。一方のエネルギー的問題においては，ATPの重要性が明らかになった後[注1)]，2人のロシア人研究者，エンゲルハート（Engelhardt）とリュビモバ（Lyubimova）が1939年に，ミオシン自体にATPase活性が存在するという重要な発見をしたが，この際もキューネの方法で得られるタンパク質が使われた[11]。

キューネ自身は我々がすでに述べたように，他の研究に関心を移していた。しかし1898年に，一瞬ミオシンについて立ち返って，キューネはロンドンの王立協会の権威あるCroonian Lectureで「生命運動の起源と原因」についての講演を行った。しかし彼の講演は，主に筋肉の神経支配に焦点が当てられ，40年前にミオシンを単離したことやタンパク質について言及することはなかった。

ハンガリーにおける戦時中の画期的な成果

ついに1942年，筋肉のタンパク質分野で大きな進展があった。精力的な（自信過剰でさえもある）研究所長，好奇心旺盛な若い研究者，そして戦争という状況（それは自信過剰であることに対する批判を避けるのに有効に働いた）が第二の筋肉タンパク質アクチンの同定と，そのミオシンとの相互作用の予備的実験結果を生み出した。その進展は，ハンガリーのセゲド（Szeged）大学で起こり，同大学の研究所長はアルベルト・セント＝ジェルジ（Albert Szent-Györgyi；1893-1986：**図18.2**），その責任著者はシュトラウブ（F.

注1) 生化学の全領域における最も重要な代謝中間物としてのATPの同定は，この本の扱う範囲ではない。しかし，筋肉の収縮について，純粋に機械的な側面を強調しているので，筋肉のエネルギー研究の分野が，この発見に重要な役割を果たしたことは述べておく必要がある。詳細に関しては，ATPの発見時に近い総説を参照されたい[12,13]。

| 204 | 第3部 生理機能

B. Straub：1914-）であった．この発見において，革新的な考え方が用いられたということではなく，ただ，ミオシンの単離方法について，好奇心旺盛な若者が勢いよく研究を行ったというものだ．最も重要な結果は，24時間の筋肉組織の抽出では20分間の抽出に比べ遥かに粘度の高いミオシン溶液が得られたことであり，長時間の抽出の間に第2のタンパク質が現れることが示唆された．この結果は，すぐに再確認された——シュトラウブは新しいタンパク質を「アクチン」と命名し，低粘度または高粘度の抽出物は，低粘度の形態がアクチンを含まないミオシンであり，高粘度のものは「アクトミオシン」と呼ばれることになる2つタンパク質の複合体であった[15,16]．

　この最初の発見は，すぐに次の結果を導いた．アクチンは2つの形態，比較的小さな球状のタンパク質（G-アクチン）とG-アクチンの広範な結びつきによってつくられる繊維状の形態（F-アクチン）として存在し，F-アクチンはミオシンと結合して粘性のアクトミオシンを形成することが解明された．この中で最も見ごたえがあるものは，アクトミオシンは，もしATP, K^+, およびMg^{2+}のすべてが存在するなら，長く細い糸状になって，実際に溶液中で収縮させることが可能であるという結果である．ミオシン単独では，他の条件が同じでもこのような反応は起こらなかった[15]．

図18.2　アルベルト・セント＝ジェルジの典型的な活気あふれるポーズ
1972年，筋収縮のメカニズムに関するコールドスプリングハーバーシンポジウムで，開会講演を行っている様子．

（原典：Cold Spring Harbor Laboratory Archives）

なぜ破壊的な戦争の真っただ中のハンガリーなのか？　この疑問に対する答えの一部は，ハンガリー（1918年に独立国となったばかりであった）は第二次世界大戦の当初からドイツの同盟に加わったこと，それによって最初の数年間は比較的平和な状態に置かれていたという状況が挙げられる。しかしながら，この業績に対する栄誉の大部分は，セゲド大学のグループのリーダーに与えられるべきである。アルベルト・セント＝ジェルジは，ハンガリーの研究界に新しい息吹を吹き込むためセゲド大学の教授に任命された。彼は，ケンブリッジに亡命した初期の間に行われた生物学的燃焼における仕事（ビタミンCの発見を含む）により，1937年にノーベル賞を受賞していた。彼は大胆に未知なるものへ飛びつく，あふれんばかりに精力的な人物で，生化学的経路から未経験の筋収縮分野への移行は，まさに彼の性格的なものであった。

セント＝ジェルジは，政治的活動家でもあり，ハンガリー政府のリベラル派のために秘密特使として行動していた。彼は，表向きは講義を目的としてイスタンブールを訪れた。しかし実際の目的は，イスタンブールで英国と米国の外交官と接触して，ドイツの支配からハンガリーを解放するために何ができるのかを打診するためであった。残念ながら彼がハンガリーへ帰還後，ドイツ軍は彼の行動を察知し，逮捕を命じた。セント＝ジェルジは，自分は殺されるにちがいないと考えた。彼の最大の関心事は，研究所にある筋肉に関するすべての新しい実験結果だった。それらの損失を見過ごすことは，彼にはできなかった。彼は発表のため，実験結果をスウェーデンの同僚（ヒューゴ・テオレル：Hugo Theorell）に送り，彼自身もブタペストにあるスウェーデン公使館に隠れた。スウェーデンもまた，彼にスウェーデンの市民権と偽名のパスポートを与えた。彼の隠れ家は間もなく発見された。彼は，ゲシュタポがスウェーデン公使館を襲撃する数時間前に，ソビエトとの国境近くの新しい避難所へ逃避した。まさにこのような経緯を経て，*Acta Physiologica Scandinavica*誌に上記の実験の論文が出版されたわけである。編集者は，スウェーデンの戦時中の中立性を守るために注意を払い，セント＝ジェルジがスウェーデンの市民権を得ていることを脚注に書き加えた。

客観的に見ると，セント＝ジェルジの資質やセゲド研究所の施設は，このような研究を行うのに十分なレベルに達してはいなかった。もしも，事実上ハンガリーを周りの世界から隔離した戦争がなかったならば，セゲド大学のグループの仕事は正当な科学的批判によって芽を摘まれたかもしれない。実

| 206 | 第3部　生理機能

際に戦後，激しい攻撃がケンブリッジ大学の生化学者のケネス・ベイリー（Kenneth Bailey）によって行われた。実験的手順が不確かなことが指摘され，結果がしばしば未解決で他の実験結果と競合し，解釈はともすると物理化学的理論に反していた。観察された ATP の劇的な効果に対する「収縮」という用語の使用でさえ，フィブリン凝塊の形成によく似た「凝縮」である可能性があるため，厳密さを欠くものであった[注2]。

しかし，この批判にさらされたときには，科学に対する貢献が理解できるまで十分に研究が進んでいた。ベイリーは以下のように結論している。この本の主要部分である最後の分析において，ミオシン－アクチン－ ATP の相互関係は，将来の筋肉の生化学や生物物理学の理解のための大きな可能性を有している。これは，控えめな表現ではないだろうか？[18]

戦後，ハンガリーは共産主義圏の一部となり，まもなく，スターリン政権の圧政に匹敵するような政府により支配された。科学者たちは祖国を去って行った。セント＝ジェルジと彼の多くの同僚（彼のいとこのアンドリュー・セント＝ジェルジ；Andrew Szent-Györgyi も含めて）は米国に避難した[19]。アルベルトは，筋肉に関する研究を辞め，彼の限られたバックグラウンドでは無理な純粋に理論的なプロジェクトに身を投じた。しかし，彼の友人たちは筋肉の仕事を続け，いとこのアンドリューは，1953 年にミオシンの化学における次の重要なステップに踏み出した——ミオシン分子を構造的，機能的ドメインに分割するタンパク質限定分解である。これは，以下に述べるように収縮機構の完全な理解への重要なステップであった。

我々はこのときを境に，近代（戦後）に入り，そこでタンパク質分子解析のあらゆる手法が投じられ，世界中の施設の整った研究所が研究に参加した。この時代に，筋組織からさらに多くのタンパク質が単離された——特に 1946 年にベイリーによりトロポミオシンが[20]，1963 年に江橋と児玉によるトロポニンが[21]，そして最近では巨大タンパク質のタイチン（訳注：コネクチン）が米国と日本で独立して発見された[22]。しかしアクチン－ミオシンの構造は，筋収縮機構の枠組みとして保たれている。他のタンパク質は少量であり，収縮や弛緩の基本的な構造を形成するというよりもその制御因子として働いている。

注2）　実際，観察されたものは生理学的な収縮とは関連が全くなく，その後「超沈殿」と呼ばれるようになる化学現象であった。

第 18 章　筋収縮 | 207 |

収縮機構のための予想モデル

　振り返ってみると，筋原繊維（**図18.1**）が歯車とてこによる収縮が起きる場として，唯一妥当な場所であることは明らかであった。例えば，ダーウィン理論の偉大な伝道者であるトーマス・ハクスリー（Thomas Huxley）は，1880年に書かれたザリガニの生物学に関する人気の高い小本の中で，筋原繊維のこの機能を当然のこととして扱っている[23]。また，ドイツの生理学者のT・W・エンゲルマン（T. W. Engelmann）は1890年代に，この機構にかなり確信をもっていた。「筋原繊維は収縮力が起こる場所である」と彼は述べている。そして彼はそれらが「アルブミン様物質」（すなわちタンパク質）であり，「筋原繊維同士が，全長にわたっていつも互いに平行に走っている」ことを理解していた[24]。しかし，その説に反対する研究者もいた——一部の人々はタンパク質を直接関与させず，食物を飲み込むアメーバのような細胞原形質全体の動きを考えていた。

　筋原繊維の関与を認めた研究者の間でも，どのように機能しているかについての説明はあまり注目に値しないものであった。コロイド化学は，四半世紀以上の間流行し，高分子構造からは程遠い典型的なコロイド的推測を生みだした。例えば，表面張力の変化であるとか，あるいは脱水または水分の吸収の結果，筋原繊維が収縮したり腫脹したりするとかの説明である。イオン荷電とそれらにpHが及ぼす影響が，すべてのタンパク質の化学において重要であると理解されるようになると，ウェーバー（H. H. Weber）とマイヤー（K. H. Meyer）はこれに忠実に，静電気力が筋原繊維の収縮と弛緩の原因である（イオン化された同じ種類の電荷は反発し，異なる種類の電荷は引き合う）という説を唱えたが，詳細が極めて曖昧で直接的な実験データは全くなかった[25, 26]。

　骨格筋への電子顕微鏡の応用が，この頃初めて報告された。筋原繊維と単離されたミオシンフィラメント（カエルとウサギ由来）の両方が調べられたが，関与するタンパク質の数え上げや同定はなかった。観察されたミオシンフィラメントを「ミオシン分子」とすると分子量が3,600万になってしまうことが注目された。しかし，果たしてこれが実際の機能的分子であるかという疑問は，それ以上追求されなかった[27]。

　アクチンの発見以前，もちろん現実的なモデルはなかった。しかしその後でさえ，新しい情報（そしてそれに伴う新しい仮説）が，信頼できる理論に花開

くまでには 10 年の時間がかかった。一方，単一の収縮要素の「アクトミオシン」は，推測的モデルとして魅力があった。アルベルト・セント＝ジェルジは 2 つの別のタンパク質が関与する，あまり可能性は高くない説を提唱した。他のほとんどのモデルでは機械的な部分は単一のタンパク質であった。筋肉や他の材料の先駆的な繊維の X 線回折研究で有名なウイリアム・アストベリーは実際に（1945 年の Croonian Lecture で）以下のように述べている。「ミオシンと呼ばれているものが純粋に単一のものであるかどうかは本質的に重要ではないと提唱したい」[28]。

　1951 年にポーリングとコリーの α ヘリックスと β シート構造が，タンパク質研究に加わった（第 11 章）。これは，推測的仮説を育むのに魅力的なものであった。元気のよいポーリングとコリーは，β シートから α ヘリックスへの遷移が収縮の基礎であるとの常識をはずれた予想を立てた（ここではミオシンに関してのみ扱われていて，アクチンについては言及していない）[29]。彼らは，後にこれを撤回するが，単一の繊維についてのみ考え続け，新しいモデルとして，ミオシンとアクチンを両方含む 7 本鎖がコイルしたロープを提案した[30]。同じ時期にアストベリーは，ついに扱っているタンパク質が 1 つなのか 2 つなのかが問題であると確信し，それに基づく本末転倒の新しい提案をした[31]。

　これらのほとんど，そして他のいくつかのモデルは 1952 年に出版されたウェーバーとポーツェル（H. Portzehl）によるていねいなレビューの中で議論されている。彼らの全体的な（そして悲観的な）結論は一語一語引用する価値がある。「筋原繊維の個々の精製タンパク質の研究も筋原繊維の微細構造の優れた研究も，収縮性の物質上で起こる構造上の変化の性質とメカニズムについて十分に確立された理論を導かなかった」[32]。

スライディングフィラメントモデル（フィラメント滑り説）

　たまたまではあるが，正しい解答であるスライディングフィラメントモデルの解明が，架空の想像に基づくものではなく，解像度の向上により実際の画像として，すぐそこまできていた。驚いたことに，ミオシン単独であろうがアクトミオシンであろうが，個々の分子が伸びたり縮んだりするサイクルは，全く見られなかったのである。顕微鏡で観察できる，筋繊維の長さは

変わらなかった。実際に観察されたのは，決まった長さの分子が，お互いに滑り合って行き違い，重なることであった。その重なり方が，収縮時は大きく，弛緩時は小さかったのである。これまでのすべての魅力的な予想は，ごみの山となった。科学の歴史では，特に優れた仮説が前兆となって，その結果，ある原理が実証されるという例がある。しかし，ここではそのようなことは起こらなかった。

　新たなモデルの確立は，両方とも英国に基盤を置き，独立して研究をしていた2つの研究の功績である[33]。ヒュー・ハクスリーとジーン・ハンソン（Jean Hanson）は米国（RCA電子顕微鏡会社のある所）で共同研究を行ったが，ハクスリーはケンブリッジのキャベンディッシュ研究所，ハンソンはロンドンのキングスカレッジからそれぞれ留学していた。アンドリュー・ハクスリー（Andrew Huxleyはトーマス・ハクスリーの孫だが，ヒュー・ハクスリーとは親族関係はない）と彼のドイツからの留学生ニーダーゲルク（R. Niedergerke）は，ケンブリッジ大学の生理学教室に所属していた。一方のチームは物理畑（生物学の経験のない）で，他方は生理学という背景の違いは，その結果の発表のスタイルの違いとして現れたが，結論は同じであった。

　そのモデルのつくり方は，下記のようにまとめられる。

1. まず，ミオシンとアクチンが収縮の主要なタンパク質であるという知識から始まる。最初の決定的な情報は，1953年に発見された2種類の筋繊維で，太いフィラメント（thick filament）および細いフィラメント（thin filament）と名付けられた。太いフィラメントは主にミオシンで，細いフィラメントは主にアクチンからなることが，化学的に示された。すなわち，アクチンとミオシンは別の物質である——安定な「アクトミオシン」分子は，収縮と弛緩において機能していない。

2. **図18.3**は，筋原繊維とこれらのフィラメントの関係を表している。収縮あるいは伸張での唯一の違いは，A帯の濃い部分（両方のフィラメントが重なる部分）の長さが増えると，その分，薄い部分（ミオシンのみからなる）が減少することである。このような重なり具合の違いだけで，サルコメア（訳注：筋原繊維の最小単位）の長さの短縮を説明することができる——アクチンとミオシンフィラメントの長さは，この機構の間に変化することはない。ヒュー・ハクスリーの言葉を直接引用すると以下のようになる。「筋

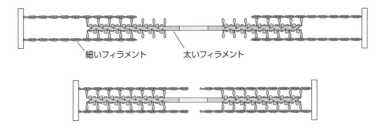

図 18.3　スライディングフィラメントモデル
1954 年，ハクスリーとハンソンにより提唱された説に基づく[34]。
〔図はL・ストライヤーの『生化学』(W. H. Freeman, San Francisco, 1975 年初版) より改変〕

肉の伸長は，繊維が伸びるためではなく，2つの繊維のセットが互いに滑って離れることによって起こる」[2]

3. 細いフィラメントと太いフィラメントの間の架橋は，X線回折の結果と，ほとんど同時に確認された電子顕微鏡の結果から推測された。架橋部分は，ミオシンに属する：この部分は再構成された太いフィラメント（ミオシンのみ）では認められたが，細いフィラメントでは認められなかった。

4. 架橋部分は非対称的である。架橋は，アクチンとミオシンの間で，1方向にだけ傾くことができる！　この機構の機能的デザインとして素晴らしい点は，筋繊維の構造が，協調して変化することである。ミオシン分子は，サルコメアの両側で反対方向を向いている。すなわち，アクチンを逆向きに引っ張るのである。その結果，図 18.3 のように，サルコメアの両端が，中心に向かって動くことになる——ここに協調した収縮機構を見ることができる。

5. 最初のモデルが出ると，すぐにそのほかのタンパク質（例えば，以前に言及したトロポミオシンとトロポニン）によるその制御機構が明らかになった。トロポミオシンは極めて薄く長い棒状の構造をしているのに対して，トロポニンは球状で3つの異なるサブユニットから構成されていた[36]。つい最近の 1996 年には，タイチンという巨大タンパク質の機能が解明された[37]。タイチンは，太いフィラメントの足場として，ミオシンを1列に保つ役割を果たしている。タイチンは，同時に弾性をもつタンパク質でもある。緊密な形と広がった形の間で，容易に形状を変化させることができる。広がった状態では筋繊維の進展能を制限している——どのような強い力で筋

肉を引っ張っても，その限界の長さがあることを示している[38]。

以上のモデルの詳細な解説は，今日ではすべての教科書や権威ある総説に述べられている。

頭部，尾部とヒンジ

収縮機構を形成するタンパク質の同定では，たとえ顕微鏡下でどのように働くかが示せても，タンパク質について解説する本書の内容としては十分ではない。機能と分子構造を結びつける直接的な連関について述べなくてはならない。このことに関しては，戦後のハンガリーから米国への移民の１人であるアンドリュー　セント＝ジェルジにより，ミオシン分子のプロテアーゼによる限定的分解法を用いて，解明が進められた。

この内容について述べる前に，ミオシン分子全体の詳細な構造の解明が，歴史的に見て重要である。精製されたミオシン分子には，すべてのタンパク質にとって普遍的な構造要素である，ポーリング－コリーの α ヘリックスは含まれない。ミオシンを含むケラチン関連のタンパク質の X 線構造は，α ヘリックス構造に関する基本的な性質を示したが，回折パターンにおいて，ケンブリッジ大学のマックス・ペルーツと共同研究者のフランシス・クリックが指摘したように，１つの像がうまく適合しなかった。クリックは，隣り合った α ヘリックス同士が，そのアミノ酸の側鎖の「突起」を畳み込むために，明らかに変形していると主張した。これはその後，「コイルドコイル」構造として認められることとなった。この構造により，特異な X 線回折像をうまく説明することができた。クリックは，特にトロポミオシンがその典型例だと述べている[40,41]。

これらの結果をもとに，ミオシン分子の限定的分解について考えてみることができる。実際は，ミオシン分子は２本のポリペプチドの２量体からなり，その長さの大部分（分子の大きさではごく一部）は，固く絡み合ったコイルドコイルの α ヘリックスからなっている。**図 18.4** に示すように，コイルドコイル構造は２つの部分に分かれていて，その間がヒンジ（hinge：蝶番）となっている。この極めて長い部分は，太いフィラメントのミオシン分子の長さを決めているが，その他の機能はもっていない。第３のドメイン（訳注：

| 212 | 第３部　生理機能

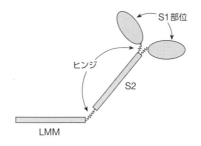

図18.4 ミオシン2量体のモデル図
このモデルはプロテアーゼ限定分解の産物から想定されるものである。ミオシンに共有結合でないが会合している「軽鎖」は省かれている。〔訳注：LMM（light meromyosin）；ライトメロミオシン〕
〔図はL・ストライヤーの『生化学』（W. H. Freeman, San Francisco, 1975年初版）より改変〕

図18.4でS1部位に相当する）は，繊維状ではなく球状で，ミオシン分子量の大部分を構成していて，ATPとアクチン結合部位を含む化学活性をもつ末端部分である。2つの頭部（図でS1，同上）は，分子内で互いに接することはなく，タンパク質分解でも別の産物として出てくる──ヘリックスの領域は，ヒンジの部分で切断されるが，2量体のコイルドコイルドメインはそのまま保たれている。

このモデルでは，ミオシンとアクチンの接合部位は，ミオシンの頭部と棒状のS2領域からなっている。収縮メカニズムで働く力は，この接合部位で発生する。てこの力は，S2領域の2つのヒンジ部分を使って頭部が傾くことにより発生する。てこという文字通りに，ミオシンフィラメントはアクチンフィラメントを重なり方が増える方向に引き寄せる。それに引き続いて起こるATPの結合が，アクチン−ミオシンの接合を引き離し，元の傾きのない分子の形に戻り，ATPの加水分解に伴い，離れた部分との接合が再び形成される（離れる距離は，50から100Åと報告されている）。エネルギー伝達の詳細──すなわち，どのようにしてATPの加水分解で発生したエネルギーが，動きに変換されているのかという点──については，現在もまだ議論されている。

クリックが予想したように，トロポミオシンも長くて細いコイルドコイルの2重ヘリックス構造を取っていることが明らかにされた[41]。トロポミオシンは，アクチンフィラメントに巻きついていて，静止状態の筋肉において

第18章 筋収縮 | 213

は，収縮時にミオシンが結合する部位を覆って，ミオシンの結合を阻害している。このように，筋収縮モデル全体は，驚くべき巧妙なエンジニアリングの創意工夫で構成されているのである。

1922年のノーベル賞

この章では，歴史上おそらく最も複雑な機能を果たすタンパク質の研究の進展について述べてきた。しかも，その仕組みは単に美しいだけではなく，動物の生理学において，最も古くかつ重要な問題に対する解答でもある。しかし，これらの業績に対してノーベル賞はいまだに授与されていない。アンドリュー・ハクスリーは，神経興奮伝達の機構における貢献で 1963 年にノーベル賞を共同受賞した。また，アルベルト・セント＝ジェルジは，1937 年にビタミン C に関する代謝の業績でノーベル賞を受賞した。しかし，ミオシンとアクチンおよびその作用機序に対しては，ノーベル賞が授与されていない。

この点に関して，ロンドン大学の A・V・ヒルとドイツのキール大学のオットー・マイヤーホフ（Otto Meyerhof）に対して 1922 年に筋肉の生理学の分野でノーベル賞か授与されたことは，歴史的にみて注目に値する。彼らの業績は，その後の筋肉の収縮機構の発展で，どのような位置にあるのであろうか？　この問いは，特にヒルに関連している。なぜならば，彼は筋収縮に関する本を書き，また筋収縮の機構を中心課題とする会議の議長も務めているからである。一方，マイヤーホフはより生化学の領域を指向している。ノーベル賞の公式文書によると，ヒルの受賞は「筋肉の熱産生と時間の関係についての，極めてエレガントな熱電的手法による解析」に対するものである——それは一連の複雑な測定であり，確かにエレガントであった。しかし今から省みて，これらの結果はどのタンパク質が運動の機能に働いているのかという点に関して全く寄与していない。

もちろん，筋肉の研究においてタンパク質を扱わなくとも，ヒルが生理学者として先導的役割を果たすことは可能であったであろう。ヒルは，筋収縮をエネルギー的側面から研究して，糖の酸化や他のエネルギー源がどのように筋肉の機能に使われているのか，代謝パースウェイについて研究をすることも可能であったであろう。これは，まさに共同受賞者のマイヤーホフの行っていたことであり，その研究は数年後に筋肉のエネルギーの源が ATP であるという発

214　第 3 部　生理機能

見の基盤をつくったのである。しかし，ヒルは筋肉のエネルギーの生化学に関しても，筋肉のタンパク質化学と同様に無関心であった。彼はこの問題を，その当時はまだ誤った方向に研究を行っていた生化学者に課題として預けただけであった（当時は，まだ有機リン酸の関与に関しては解明されていなかった）[42]。

ATP の発見がヒルに及ぼした影響は，1932 年の「筋肉生理学の革命」と題された論文において判断することができる。ヒルは明らかに打ちのめされていた。彼の熱産生に関する詳細な研究のすべては，一瞬にして価値のないものになってしまった。ヒルは，「エネルギーと化学変化が互いに関連しているという考え方が変わっただけだ」と自分を擁護している。しかし，もちろん実際にはそれ以上のことが起きていた。彼の筋肉のエネルギー論に関する概念が覆されたのである。物理学でも，熱量計でもなく，エネルギー代謝の本質は有機化学にあったのである。そしてその後タンパク質科学が，エネルギーを仕事に変換する仕組みを解明することとなった[43]。

興味深いことに，ヒルは自分のやり方を変えようとはしなかった。反対に，彼はすぐに自信を取り戻し，その後 40 年以上，分子からのアプローチを避けて同じやり方を貫き，多数の賞や名誉博士号を集め続けた。彼は 1961 年になっても，「筋肉刺激により遅れて生じる負の熱産生」といった論文を発表している。このときにはすでに，（機械的な運動につながらない）熱産生は，中心課題からかけ離れたものであると人々は認識していた。ヒルのあくまでも懐古的な態度は，1965 年の本によく現れている。その本では，引用文献が 130 ページを占めている。このような本を読むことは，悲しいことであり，彼が現実を受け止めようとしなかったことに対する説明にもならない[45]。

結　語

ここでは，動物の運動にかかわる横紋筋の歴史に限って述べた。しかし，血管や腸管などの収縮にかかわる平滑筋も，ほとんど同じ仕組みで機能している。事実，ほとんどすべての運動は，個々の細胞から細菌そして高等動物に到るまで，すべてアクチンやミオシン，あるいは類似のタンパク質が機能している。これは，現在も盛んに研究されている分野であり，単純な化学的タンパク質の発見から機能が発揮されるメカニズムの解明に至る過程を見て取ることは，すべての人にとって興味深いものである。

第 18 章　筋収縮　**215**

第19章
Cell membrances

細胞膜

> 今日までの十分な進歩によって，脊椎動物の血中に含まれる無機質は原子の海からのかけがえのない贈り物であるということが間違いないといえるようになった。
>
> A・B・マカラム（A. B. Macallum），1910[1]
>
> 土壌に含まれて海水に含まれていないように，カリウムは細胞内にあってその外にはないことはよく知られていることである。
>
> W・O・フェン（W. O. Fenn），1940[2]

　細胞膜に由来するタンパク質は1970年まで事実上知られていなかった。今日においては，それは生理学的な機能の研究における最前線，最先端のものとなっている。この主題の中心は「現在の」タンパク質科学の一部であり，いわば作られつつある歴史となる。ということは，この本の範疇ではないかもしれないが，その始まりと過去とのつながりにおいては関連がある。1970年より前は本当にどんな意味でも興味をもたれていなかったのであろうか？
　最新の教科書は現代の科学のガイダンスに沿っているに違いない。特定の参考文献を推薦することは適当ではない。我々はカール・ブランデン（Carl Branden）とジョン・トゥーズ（John Tooze）によるタンパク質構造の入門書を，始めるにふさわしい本として見出だした。その本には現代のスタイルで図版が描かれ，構造を識別できるように色分けされ，αヘリックスとβ構造の図示の方法など，タンパク質と細胞膜を生き生きと見せている[3]。ここでの短評が，読者にこのすべての現代性と過去との関連の理解に役立ってもらえればと願っている。

膜タンパク質の重要性

　1881 年，分泌酵素はすでによく知られていたが，細胞の中はまだ「プロトプラズム」と呼ばれる未知の物質であったとき，フェリクス・ホッペ＝ザイラー（Felix Hoppe-Seyler）はすべての細胞内化学反応は分泌酵素と同じタイプの酵素によって触媒されているであろうと予想した[4]。それに対して，ならば細胞は酵素入りの袋以外の何物でもないという冗談じみた反応があったといわれている。数年後この冗談は，比較的おだやかな方法ですりつぶした細胞から活性化した酵素の混合物が放出されているというブフナーによる発見でさらに確かなものとなった[5]。この「酵素の袋」という初期のいい方は作り話だろうが，多くの生化学者が何十年も細胞をそのように見ていたことは，疑いの余地がない。すべての知られている生体有機物が作られ，そして他のものへと変えられていく生化学反応が載っている代謝経路の全体図は，確かにすべて可溶性酵素による実験によって書かれたものであった。細胞膜は，浸透圧平衡を維持するため水は自由に通過させるが，基本的なバリアであり，内容物を細胞内に保つために必要であることを，生化学者たちはもちろん知っていた。しかし，研究していた代謝反応との関係としては，細胞膜は実験室で使われるフラスコのようなただの入れ物でしかなかった。

　生化学者のほとんどが，もしそれに挑戦してみたら，おそらく膜が完全に不活性であるという考えが，むしろ不都合だということに気づいたであろう。しかし当然のことながら，彼らは自分たちが要求されていることに気を取られすぎていたので，膜について心配するどころではなかった。そうでなければ，英国の生理学者であるアーネスト・オーバートン（Ernest Overton；1865-1933）による研究を見逃すことはなかったであろう。彼は 1899 年に，膜に存在する活性物質の生理学的な必要性を明快に説明した。しかし彼の研究は評価されずにいた。彼は「偉業が生前よりも死後，より明らかになった研究者の一人」といわれている[6]。

　オーバートンは，熟考の下に注意深く実行された実験を基にして，細胞膜は脂質によってできていること，またそのことによって，実質的に極性の水に溶ける分子を通さないようになっていることを理解していた。なぜならばそのような分子は，通過するために必要な条件である脂質に溶けないからである。構成物の発見だけで，無機イオンや代謝に関係する極性有機物を含む

水溶性細胞内構成物のほとんどを囲い込み，制限しているという，膜の最も重要な機能の簡便な説明をすることができた。

　しかしオーバートンは，実験科学者としての技術の上に付け加える，強い直感的能力を有していた。膜によって外部への流出が防止されている極性分子は，消費されたときに補充されなければならないため，どこかで外部から入っているに違いないと考えたのである。それは，膜脂質の範囲で考えられることではない。可溶性がないことは，方向性をともなわない受動的な性質であるからだ。流れの方向性よりもより重要なことは，内側への輸送はしばしば低濃度から高濃度へと「山を登る」作業が必要であるという事実である。しかしながら受動的な浸透は，もし何とかして誘導されたとしても，自発的には高濃度から低濃度へしか行くことができない。「山を登る」には代謝のエネルギーがいる。それゆえオーバートンは，膜は脂質に加え，膜を横断させるだけでなく，同時に容易に使用できるエネルギーを供給することができる，特別に設計されたエンジン機構を含んでいると結論づけた。

　タンパク質だけがそのような要求に応えることができることを，オーバートンは知る由もなかっただろうが，50年後には当たり前のことになった。しかし，そう簡単に当たり前になったのではない。1900年頃の論理的な実証主義者たちが，原子が物理的に存在するという考えを「いったい誰か見た者がいるのか？」という質問で拒否したのと同じ類の単純な理由で，電子顕微鏡を使った研究者による，膜内のタンパク質というアイデアに対する抵抗というのが実際にあった。電子顕微鏡を使った研究者たちは，当初タンパク質を「見る」ということに苦労した。なぜなら膜に強固につなぎとめられているタンパク質であっても，膜平面の中で移動してしまい，凍結割断法のような技術が開発されるまでつかまえにくい存在であった。

シトクロムb_5の化学的原理

　膜を通過するイオンの動きや，神経刺激伝導における膜を隔てた膜電位の形成など，生理的な機能における劇的な進歩は1960年頃から始まった。結果として，莫大な数の化学者や生化学者が膜の研究に参入したが，膜のすべてがどう働くのか本当に理解するためのドアを開いたと考えられる，単一の実験室や単一の発見を特定することは不可能である。タンパク質と膜の化

学的相互作用は疎水的性質の実用的知識がないと理解されなかったであろう。アーヴィング・ラングミュアが 1917 年の時点ですでにこの疎水性の原理を十分認識し，1940 年にはタンパク質科学者に認知されるよう努力したことは事実であるが，第 12 章で詳細に見てきた 1959 年のウォルター・カウズマンによる鋭い総説に至ってやっと，その原理は一般的な生化学的な考え方の中に浸透していった。このときに多くの人々が同時に膜に注目するようになったようである。膜の全体像としては，1972 年に S・J・シンガー（S. J. Singer）と G・L・ニコルソン（G. L. Nicolson）によって公表されたイメージが，疑いなく膜構造を広く知らしめることに貢献したが，彼らの研究はいくつかのオリジナルな洞察からの派生的なものであった。貴重であるとしたら，それが多くの人々が一種の枠組みとして働く何らかのモデルが必要になったときに，タイミングよく出たということである [7]。

　いかにして個々のタンパク質を一般的なスキームにあてはめるかに，最初に貢献したのはシトクロム b_5 であった。シトクロム b_5 は肝臓で解毒に関係する一連の酸化タンパク質群の構成物であり，例えば膜貫通イオンチャネルが数年後に起こしたような一種の熱狂を引き起こすようなものではなかった。またシトクロム b_5 は低分子量タンパク質（11,000）としてよく知られ，結晶化もすでにされていたが，以前にある種の加水分解によって単離されていて，そのときはより大きい何かの一部と考えられていた。コネチカット大学のスパッツ（Spatz）とストリットマター（Strittmatter）によって 1971 年に界面活性剤を使うことで，元の分子を加水分解されずに単離することが可能であることが示された。その分子は大部分が疎水性側鎖からなる 40 アミノ酸がさらに加わっていた [8]。その意味は明らかであった。自然の状態のシトクロム b_5 は，膜の内部の疎水性部位に固定されていることに間違いはなかった。そこから全体を取り出すには界面活性剤を使用して，ある意味，膜の環境を模したミセルを作り出す必要があったのである。親水性と疎水性タンパク質領域と膜内で対応する部位の分子模式図を **図 19.1** に示す。

　この頃に本書の著者である我々は，異なる性質の界面活性剤によるミセル化の原理と，ミセルと膜タンパク質の相互作用の原理を解明するという研究に入り込んでいった [9]。同様の知識は 2 人のフィンランドの研究者であるアリ・ヘレニウス（Ari Helenius）とカイ・シモンズ（Kai Simons）によっても独立にもたらされた [10]。

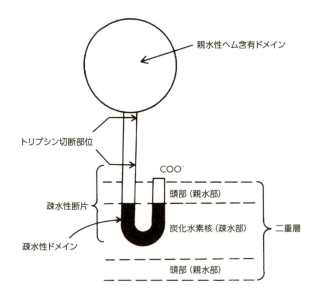

図 19.1 シトクロム b_5 のドメイン構造
タンパク質の各ドメインは脂質二重膜内の対応するドメインに合わせてある。
(出典：筆者らの研究室の資料[8]から)

シトクロム b_5 によって示された原理は，すぐに一般的なものであるとわかった。球状のタンパク質が折り畳まれるときに指標となる疎水性・親水性の2分法は，ここでもまた重要な相互作用力となっていた。膜由来のほとんどのタンパク質分子は，膜の疎水的脂質領域内に局在・固定されるためにデザインされた疎水性ドメインを含んでいることがわかった。疎水性部位は水性環境からはじかれてしまうためである。もちろん各領域の構成はシトクロム b_5 よりも複雑だと考えられる。親水性ドメインは膜の両端にあるので，疎水性ドメインは不連続なヘリックスの束として何本も膜を貫通し，膜の外でわずか数アミノ酸の親水性つなぎ部位によってまとまっている可能性がある。シトクロム b_5 の場合，タンパク質と膜の相互作用は非常に単純であった。タンパク質は完全に細胞内の水溶液中で機能し，その膜との相互作用は唯一タンパク質を固定するだけを目的として使われていた。

SDSゲル電気泳動

　実際的に膜タンパク質科学の発展に大きな影響を与えた出来事は，SDS（ドデシル硫酸ナトリウム）ゲル電気泳動の発明である。これは電子顕微鏡研究者が好んだ方法ではなく，化学者が十分理解できる方法で膜タンパク質を「可視化」させたものである。

　一般的には電気泳動法は，タンパク質またはポリペプチド鎖の混合物を分離し可視化する方法である。細胞を溶解して電気泳動法に供すると，すでに知られている可溶性組成のみが現れる。界面活性剤で膜を可溶化できることがわかると，膜も電気泳動法での解析対象となった。界面活性剤であるSDSは，可溶性タンパク質と膜タンパク質のどちらにも効果を示し，すべてを個々のポリペプチド鎖へと縮小させるため，とても使いやすかった[11-13]。実際には一晩で，まずゲルにシャープなバンドが現れることで，数百ものタンパク質が可視化され，ただちに個々に分離されて，できる限りの方法でさらなる解析がなされた。

　結果として，全く異なるゲルパターンが異なる細胞から得られた。異なる機能を発揮する膜には，異なるタンパク質が存在していたのだ！　**図 19.2**にヒト赤血球から得られたポリペプチド鎖の多様性を例として示す[14] [注1]。

生理的機能

　シトクロム b_5 の場合，膜との相互作用は最もシンプルであった。タンパク質は細胞内溶液中のみで機能し，膜との相互作用はタンパク質をその場所に固定するだけの役割を担っていた。もっと一般的ないい方をすると，生理機能としては，特に驚くこともなく，アーネスト・オーバートンが予想した通りである。彼の予想は単なる推測ではなかった。彼は細胞が生存するために必要な事項を述べたのであった。膜を介した分子輸送が最も重要な機能である。「山を下る」力で，しばしば信じられないほどのスピードで働く調節イオンチャネルがあり，例として神経伝達において膜を隔てた電位変化メカ

注1）第7章で，ウィルヘルム・ティセリウスを引用して，分離法として明らかに一般的なものがノーベル賞に値すべきものなのだろうかと問いかけた。ここでおそらく最も納得できる答えが得られた。適切に改良されたティセリウスの電気泳動法は，それ1つで生命活動の研究における，完全に新しい展望を切り開く信じられないほど強力なツールとなったのである。

第 19 章　細胞膜　│ 221 │

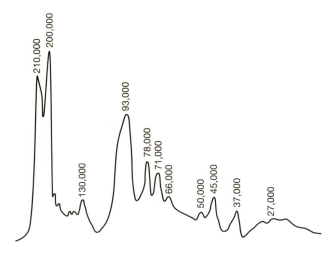

図19.2　ヒト赤血球から得られたポリペプチド鎖のSDSゲル電気泳動パターン
これはよりシャープなバンドが得られる条件の前に得られた初期の結果である。そのためバンドは広がっていて，よりより良い解像度を得るために光学スキャンされた。

(筆者らの研究室の資料[13])から)

ニズムとして利用されている。また輸送が「活性化される」(「山を登る」)エネルギー源と対になっているイオンポンプがある。それは比較的遅く，一般的には，ATP加水分解によるエネルギーを産生する化学反応に，制限された速さで動いている。他の膜タンパク質は外側と内側のイオン濃度の違いを用いてアミノ酸や他の必須有機物の輸送を行っている。植物や細菌では光エネルギーが使われたりもする。

　オーバートンが文字通り予言したものよりはるかに超えた機能は，膜貫通タンパク質を介するシグナル伝達である。それは外側のシグナル分子を特異的に認識，結合し，内側に新たな化学反応プロセスを引き起こす。シグナルの多くはホルモンもしくは神経伝達物質のカテゴリーに入るもので，それ自身は膜を通過できず，受容体タンパク質の構造変化を介して，効果を発揮する。ホルモンと神経伝達物質は一般的には低分子である，ごく少数はインスリンのようなタンパク質である。

　この章の最初で記したように，このような機能の探索は昨今のタンパク質研究の一部分である。これを中心とした会議や学会が行われ，新しい発見を即座に発表する新しい学会誌が現れ，インターネットがそれよりも早く研究

成果を出すために使われている。我々が参照したような，最新の教科書[2]がこの状況の主な情勢を伝えているが，現在のアップデート，先週の発見のニュースにアクセスすることは本当の趨勢を知るためには不可欠である。

思慮深い読者は，現代に通ずる過去の関係を理解してくれているものと思う。タンパク質が高分子であることが（何年も議論の的ではあるが），今日認識されている事柄すべての根底にある。そして疎水性の概念は，当初はつかみがたい概念であったものの，絶対確実な指標となり，膜構造のすべての側面における理解と，いかにタンパク質が膜にフィットするかにおいて基本的なものとなった。

優れたロボット：ナトリウム／カリウムポンプ

我々は，タンパク質はとにかく複雑で特別なタスクをこなすようにプログラムされた，いつ動いていつ止まるかあらかじめ指令されているロボットのようだと主張してきた。細胞膜は，しばしば例外的に重要なタスク，生存に絶対的に基本的なタスクをこなすという意味合いで，この概念に最も合致している。

例えばミトコンドリアの膜と多くの細菌の膜には，ATPを合成するタンパク質が含まれている。ATPは普遍的なエネルギーの運搬物質で，筋肉（第18章参照）や他の化学的運搬が求められる状況で使われる[15]注2)。ATP合成酵素は複雑な複数個のサブユニットから構成されるタンパク質で，第9章ですでにサブユニット構成について述べた。ポール・ボイヤー（Paul Boyer）はこれを「すばらしい分子機械」と呼んだ[16]。

植物は，地球上の生命にとって中心的に重要な機能をもつ，タンパク質複合体のよく知られたもう１つの例を提供する。それは，我々の究極のエネルギー源である太陽光を利用した光合成である。中心構成物はいくつかのポリペプチド鎖と多数の色素から構成される光合成反応中心である。付随して「集光性」複合体があり，それは反応中心を囲んで光子を捕獲する範囲を増やしている。予想通り，そこには光を吸収するための，タンパク質結合クロ

注2) ミトコンドリアはよく高等好気性生物の「発電所」と呼ばれる。バクテリアのような原始的単細胞が「感染」したことに起源すると考えられている。ほとんどの動物では，グルコースの酸化に由来するエネルギーの90%がミトコンドリアのATP合成を介している。

第19章　細胞膜　| 223 |

ロフィルが含まれている。光合成バクテリアの結果から得られた集合体の構造と数多くのサブユニットが構築される様子はブランデンとトゥーズによって記述された[17]。

　この章の最初で述べたように，膜機能の探索は，昨今のタンパク質研究の一部分である。光を集める複合体の構造研究は1991年より始まり，ボイヤーによる「すばらしい分子機械」の詳細な構造も，同様に1990年代から始まった。しかし動物の世界は，同様に生存のために重要なタンパク質機械をもっている。それは，歴史的ルーツがよく知られていて，実験方法と基本的な考え方は100年以上もさかのぼる。さらに上記2つの例よりも相当シンプルなタンパク質で，たった2種類のサブユニットからなり，そのほかヘムもクロロフィルも，あるいはほかの色素のような補欠分子族もない。それは動物細胞のナトリウム/カリウムポンプ（訳注：ナトリウムポンプともいわれる）である。自然の分子エンジニアリングがどれだけ繊細な緻密さであるかを示すために，ここで簡潔に記述するに値する。

　このポンプの役割を明確にするためには，海洋における生命の起源にまで戻る必要がある。誰しもが経験しているとおり，海水は一般的な塩（NaCl）が豊富な環境である。現在の文脈においては，正電荷のNa^+イオンが重要な存在である。海水は高濃度のNa^+イオンと，それに対し低濃度のカリウム（K^+）イオンが含まれている。ここで重要な点は，細胞内の状況は逆（高濃度K^+と低濃度Na^+）ということである[注3]。

　動物が進化する過程で，この海と細胞の違いは驚くべき方法によって保たれた。すべての動物は複雑な組織からなる。単なる細胞の塊ではなく，細胞外液を含んでいる。例えば血液では，働く細胞が血漿という液体に浸っている。この細胞外液は海水に近いイオン組成をもっている。長い間神経生理学者の実験動物として，好まれて使われたイカの細胞外液の組成は，海水とほとんど同じである。より高度な動物類（特に陸上動物）では，その実際の濃度は変わってはいるが，細胞内外の違いという意味では残っている。もし海水に直接接触していたとしても，細胞内は以前そうであったであろう環境とは

注3）ナトリウムとカリウムは海水，体液やそのほかの水溶液に存在し，ほとんどの場合正電荷イオンの形を取っている。そのためこの章では「ナトリウム」と「カリウム」というときにはNa^+とK^+という記述を使用する。ただし最終的には全体として中性であるということを，読者には心に留めておいてもらいたい。膜を介したNa^+とK^+の移動を完全に詳細に記述するには，補完する負電荷イオン（例えばCl^-）の動きにも注意を払わなくてはいけないだろう（ここではそうしていない）。

| 224 | 第3部　生理機能

異なる状況を保っている。

このまれな特性の維持状態の意味するところは，もちろんナトリウム／カリウムポンプが重要な（進化上有利な）役割を果たしているということに違いない。当初は水の流入による細胞破壊を防ぐための，細胞の安定性を担保するものであろうと考えられた。しかし結局は，これをしのぐ主要な要因はエネルギーにあった。通常は，ほとんどイオンを通すことがない膜を隔てたイオン濃度の差異は電位差と同義である。電位差はエネルギー源であり，膜にあるコンダクタンスチャネルが開けられたときに放出されるのを待っている（電気回路のショートに似た）力である。事実，濃度勾配差はすべての生物エネルギーにとって重要であり，この節で暗に述べているすべてのタンパク質の機能の一般的な特徴である。例えば最初の節で出てきた ATP 合成酵素は，ATP の化学的産生のために水素イオン濃度勾配をエネルギー中間体として使う。同様の原理によって，細胞内外のナトリウム濃度差をエネルギー源として使うことができる。例えばそのエネルギーは，グルコースやアミノ酸のような細胞に必須の重要栄養素を取り込む際の動力として使われる。このポンプの唯一かつ重要な機能はおそらく神経細胞膜の電位を「チャージ」する神経インパルス伝播にあるだろう。この過程全体の機構の知識は 1939 年から 1953 年の間にケンブリッジで行われたアラン・ホジキン（Alan Hodgkin）とアンドリュー・ハクスリー（Andrew Huxley）による，今となっては古典的な実験によってもたらされた[19]。

濃度勾配に反して Na^+ と K^+ を能動的に輸送させるためのエネルギー動力は（予想通り）ATP によって供給される。そして細胞内外の溶液組成の違いを保つことの絶対的な必要性は，その違いを保つために大人が安静状態で1日に消費する ATP は，すべての目的に必要な ATP 全量の3分の1に相当するという事実によって明らかである。

ポンプタンパク質は比較的単純なタンパク質である。補欠分子族もなく，2つのポリペプチド鎖（α と β）が各2つずつで構成され，全体の構成としては $\alpha_2\beta_2$ となる。このタンパク質はデンマークの生化学者であるイェンス・スコウ（Jens C. Skou）によって 1957 年に同定され[20]，Na^+/K^+-ATP アーゼとして知られるようになった。スコウは当初イオン輸送能については全く測定せず，単に ATP が消費される比率である，ATP 分解酵素活性を測定していた。スコウは自身の研究にはっきりとした細胞内外領域の存在がな

くなるように微細に研磨された神経細胞膜を使った。それにもかかわらず，ATP消費のためにはナトリウムとカリウムの両方が完全に必要であったという驚くべき結果をそれから得ることになった。タンパク質は，生理的な意味がない状態になっても，それを触媒している分子の動きがそのままである——イオンの結合と乖離がポンプの機能と強く連関している——ように意図的に設計されていた。

実際の生きた細胞での反応では，膜を介した2つの方向に移動するイオンの数は同じではないということがその後解明された。それぞれの反応サイクルにおいて2つのK^+イオンが細胞内に入り，3つのNa^+イオンが細胞外に排出される。これは電気的に中性でない反応であることに注意しなくてはいけない。1サイクルで1つの正電荷が細胞から失われる。このポンプサイクルは実質的には発電（起電）反応である[21]。

神経信号伝達について

神経インパルスの発生と伝達はNa^+/K^+ポンプ単独で可能な速度よりもずっと早く，イオンチャネルと呼ばれるタンパク質が使われる。イオンチャネルはポンプによって維持されたイオン濃度によって規定された方向（すなわちNa^+は内側へ，K^+は外側へ）へのNa^+/K^+両方の迅速な膜を隔てた流入を可能にするために一時的に（必要に応じて）開く。この2つのイオンの選択性はチャネルの大きさによって決定される。

ある種のイオンチャネルの必要性は，1902年にはすでにドイツの生理学者で，神経インパルスを神経細胞膜の外側と内側を行き来する移動浸透性として視覚化したJ・ベルンシュタイン（J. Bernstein）によって認識されていた[22]。アラン・ホジキン（Alan Hodgkin）とアンドリュー・ハクスリー（Andrew Huxley）による今では古典的な実験がケンブリッジで行われ，現在受け入れられているより詳細な結果をもたらした。一般的な読者でも理解しやすい優れた概要は1964年にホジキン自身によって出版されている[23]。より詳細についてはカフラー（Kuffler）とニコルス（Nichols）の有名な教科書から得られる[24]。

ホジキンとハクスリーの実験は現象論的で，軸索膜両端のイオン組成に負荷をかけ，その結果としての電気化学的な流れの測定を基本としていた。

その実験はそれに関連するタンパク質の知識が全くない状態で行われていた。1971 年になってやっと彼の著作改訂版の『神経インパルスの伝達 (*The conduction of the nervous impulse*)』でハクスリーは「現在我々は膜における運搬を担っているものについて何も分かっておらず，その存在を確かめる証拠も何もない」と述べた。そして見てきたように，やがて Na^+/K^+ ポンプが実際に知られるようになった。しかし，Na^+/K^+ ポンプタンパク質の 3 次元構造はいまだ決定されていない〔このタンパク質がどこにでもあり，自然界に豊富に存在しているにもかかわらず未だに 3 次元構造は決定されていない／訳注：2007 年よりデンマークのポウル・ニッセン（Poul Nissen）および日本の豊島近のグループにより構造解明が進んでいる〕。その他のゲートチャンネルの構造は現在知られるようになり文献[3]とその他の教科書に記述，議論されている。

第4部

タンパク質はどのように作られているか？

第20章
The link to genetics
遺伝学へのリンク

> タンパク質合成は生物学全体における中心的問題である。そしてあらゆる可能性において遺伝子の活動と密接に関連している。
>
> フランシス・クリック（Francis Crick），1958[1)]

はじめに

　この本の最終部では，いかに生物はタンパク質を合成するかという問いとともに，タンパク質科学が避けようもなく優越したアイデンティティを失って，遺伝学と細胞生物学に合流するという新しい展開について記述する。この話が始まるずっと前（第二次世界大戦の直後），遺伝物質がタンパク質と核酸

図20.1　現れ出たつながり
1962年のノーベル賞式典。　　　　　　　　（写真提供：Blid AB, ストックホルム）

からなる細胞核の中にあり，実際それがどんな化学物質であれ，遺伝単位が染色体の糸の上に並べられていることを遺伝学者は明らかにしていた [2-5]。

　1946 年までには完全に異なる種族の科学者が席巻し始めていた——自信家で（むしろ傲慢で）政府による支援を意図している人たちである。その頃までには節約志向型の政府でさえ科学研究の大きな実際上の可能性に確信をもつようになり，同年，米国国立科学財団（National Science Foundation）設立法案が合衆国議会に提出された。スウェーデンではアルネ・ティセリウス（Arne Tiselius）を議長として科学研究会議（National Research Council）が，それに続き英国でもマックス・ペルーツの主導で英国医学研究会議分子生物学研究所（Medical Research Council Unit for Molecular Biology）がそれぞれ設立された。政府レベルではしばしば医学の補助的なものとみなされていた生物学が，優先度の高い学問ととらえられ始め，一般有名雑誌が生物学の主要な論文を掲載しはじめた。人々の興味を引いた人工衛星スプートニクと原子爆弾が政府予算を削っていたが，生物学自体はそれほどでもなかった。

　特にタンパク質生合成は有能な人々を惹きつけ，彼らは国際学会を含む多くのシンポジウムをほぼ毎年開催し，何百人という参加者がつめかけた。その様はそれより数年前のフレッド・サンガー（Fred Sanger）によるインスリンのアミノ酸配列解読の成功のときと比べると，とてつもなく大きな変わりようであった。サンガーはこの仕事を，数人の実験補助員がいる小さな実験室で，10 年以上の歳月を費やして 1 人で完成させた。実際，アミノ酸配列解読という研究と競合するプロジェクトは世界中どこにもなかった——そんな狭い範囲の研究トピックのシンポジウムに参加者はいなかっただろう [6]。

　サンガーによるインスリンのアミノ酸配列解読をここで取り上げて比較するのは，今の主題に対して適当である。なぜなら，「アミノ酸配列」自体がどうタンパク質が合成されるかという問いの中心問題であるからである。フレッド・サンガーが研究を完成させた 1950 年頃までには，何千何万という異なるタンパク質が存在し，そのほとんどがインスリンに含まれる 21 や 30 アミノ酸残基のポリペプチド鎖よりもずっと長いということが知られるようになった。それらは（サンガーが慎重に言及したように）ほぼ間違いなく特異な組成と配列をもった唯一の化学物質とみなされた。この頃は，生物内における多数の有機物の合成および変換のステップに関する理解が頂点にあり，それぞれのステップがそれに適した異なる酵素によって制御されることがわ

第 20 章　遺伝学へのリンク　│ 231 │

かっていた。しかしながら，タンパク質の場合は1万種以上の合成物があって，それらは同じように全部ポリペプチドであるのに，明らかに他の有機物とは異なっていた。本当に一つひとつ別々の酵素でなくていいのだろうか？この問題は生化学者が得意であった代謝経路の複雑さの比ではない。

この問題は，現代のあらゆる生化学や，ある生物の教科書に書かれているが，分子生物学による大きな革新によって解決された。ここでは特にタンパク質科学に関係する部分のハイライトを記述するのみに留める。H・F・ジャドソンの本である『天地創造の8日目（The eighth day of creation）』には多くの関係者へのインタビューに基づいた，歴史的記録が書かれている[7]（しかしこれは遠い出来事の回顧に基づいた，意図しない誤解を招くおそれもあるオーラルヒストリーであるため，注意して取り扱わなくてはいけない）。多くの関係者の個人記録が存在するが，その中でジェームス・ワトソンとフランシス・クリックのものが最も有名である[8,9]。

1遺伝子1酵素

有名な原理である「1遺伝子1酵素」は，カリフォルニアにあるスタンフォード大学の遺伝学者ジョージ・ビードル（George Beadle）によって提唱され，タンパク質合成研究の当初より，遺伝学との強いつながりをつくった[10-12]。ある意味，遺伝学をより扱いやすいタンパク質科学に落とし込んだのである。逆にいうと，タンパク質合成がどう行われるかの問いに，種の形質転換のような遺伝学の手法をもち込んだのである。

ビードルの原理の実験的基礎は，放射線照射による遺伝子突然変異の研究である。この衝撃的な現象は米国テキサス大学のH・J・マラー（H. J. Muller）によって発見され，ある目的のもとに研究されて，1946年にはノーベル賞が授与されることとなった[13,14]。放射線照射はほとんど起きない偶然的な遺伝子変異の頻度を大幅に上げ，普通に起こるようにする——マラーはショウジョウバエを使って何百という遺伝子の変異をつくり，それが起こす生化学反応の変化を研究した。結果，1つの変異は，事実上常に1つの生化学反応の欠損によって生み出されるということを発見し，それは1つの酵素がなくなるという解釈と一致していた。変異の起こる確率は放射線照射量と比例し，放射線照射の推定影響量は推定される遺伝子の大きさ（染色体の大き

| 232 | 第4部 タンパク質はどのように作られているか？

さに対する）とほぼ一致していた。この発見は，ウイルスの研究でよく知られるようになったタバコモザイクウイルス（TMV）の研究からも物理的，化学的両面から間接的な支持を得た。TMVは核タンパク質であり，細胞に感染すると，ウイルスの唯一の構成タンパク質を産生するように細胞内の生化学的マシナリーを乗っ取って変えてしまうことから，おおよそ1遺伝子ほどの大きさと想像されていた。しばしば細胞核内にある一般的な遺伝子のあり得べきモデルとみなされていた[15, 16]。

「1遺伝子1酵素」は1つの遺伝子が1つのポリペプチドと対応することを必ずしも意味していないが，その概念はもっともらしかったし，生化学者にとって快適であった。遺伝子と特異なアミノ酸配列が1対1に対応するという関係性は一般的な想定であっただろう。

タンパク質合成を指図するほかに，遺伝子はまたもちろん自身のコピーを作成できなければいけない。一般には，この遺伝子複製のプロセスは「鋳型」機構によって行われていると予想されていた[12]。細胞分裂が起こるたびに有糸分裂時に染色体の同じコピーの作成が観察され，そしてその際は個々の遺伝子が全く同じコピーをつくり出していることは明らかであった——細胞分裂のたびに変異は遺伝し，各世代にまで続く。一体どうやって行われているのであろうか？　「鋳型」機構が最も可能性が高そうであった。例として著名な英国の生物学者であるJ・B・S・ホールデン（J. B. S. Haldene）の言葉を引用する。

　　遺伝子は，タンパク質分子の構成部品を組み立てて，最終的形態を決めている，いわばマスター分子またはマスター鋳型として働いていると，一般的に考えられている。

より詳しくは，「遺伝子は平たい層に広がってモデルとなって，その上に別の遺伝子がすでにある材料から作製されていく」というものである[18]。遺伝子自身がタンパク質だと考えられていたため，このような鋳型アイデアとタンパク質生合成のプロセスとの直接の関連性があった。ビードル自身も，複製はタンパク質生合成とよく似ているが，酵素の代わりに合成された遺伝子「タンパク質」の正確なコピーであるとまで言い切っていた。

鋳型タンパク質？
タンパク質自体が遺伝情報の運び手？

　タンパク質自体が遺伝子複製の鋳型であると全く普通に信じられていた。遺伝子はタンパク質と核酸を含む核タンパク質で，それを構成するタンパク質が構造を決定する情報をもつ場であろうとみなされていた。数えきれないほどの例が示され，専門家から初心者までこの考えに賛成していた——ワトソンとクリックによる 1953 年の DNA 二重らせんの報告の前夜までは。

　例えばホールデンはこの考えを支持していた。前節で引用した [18]「元からある材料」とはアミノ酸でできているであろうと考えられていた。これが遺伝学の本流——例えば前に出たビードルやマックス・デルブリュック（Max Delbruck）など——の考え方であった。この考えは遺伝学や生化学と無関係の人々に無批判的に受け入れられた。純粋な物理科学者（それ以前はコロイド化学者）であるテオドール・スヴェドベリなどは 1939 年の王立協会のタンパク質シンポジウムの概論教義においてこの考えを高らかに発表した。彼の考えは，ウイルスは組織内に広がり，「複製は自己触媒によるものであり，ウイルス分子それ自身が酵素のように振舞う一種の触媒反応によるもの」という基本に立っていた [19]。そして彼が個々の大きなタンパク質分子と例えた遺伝子は，同じように振る舞うだろうとも考えていた。

　ライナス・ポーリングは，タンパク質は遺伝の鍵であるとして信じ切っていた。1995 年に書かれた彼の伝記作者であるトーマス・ヘイガーの言葉によれば——ただそれはポーリングによる 1952 年の有名な DNA 構造モデルの間違いについての個人的な釈明であったが——[20]。

　　タンパク質は遺伝を説明できるさまざまな形と機能，サブユニットの変動性など完全に洗練されたものをもっていた。一方，DNA は染色体を畳んだり広げたりするだけの構造体のように思えた。ビードルも信じていたし，ポーリングもそう信じていた。そして 1952 年の初めは，遺伝学のほとんどの重要人物もそう信じていた [21]。

　そのときポーリングは，タンパク質構造と機能の偉大な冒険において成功の極みにあった。鎌状赤血球ヘモグロビンの一連の論文が 1949 年と 1950 年

に出され，αヘリックスとβシートの構造が1951年に出版された。ポーリングにとってDNAは単なる解かれていない構造の1つにすぎず，それがすべての遺伝の究極の基盤であるとは彼の目には見えていなかった[22]。

実は鋳型タンパク質というコンセプトを否定する確かな証拠は，1944年に発表されていた。ロックフェラー研究所の科学者であったO・T・アベリー（O. T. Avery）はその年2人の仲間と長年の研究結果による決定的な論文を発表した。彼は細菌（肺炎レンサ球菌）が別の型へと形質変換するために必要な要素はDNAに違いないということを証明した。厳格な分析でも，形質転換を引き起こすことができる精製核抽出物の中からタンパク質の痕跡は検出されなかったのである[20]。しかしながらカルフォルニア工科大のマックス・デルブリュック（Max Delbrück）率いる発言力のある著名な遺伝学者らには，この結果は受け入れられなかった。アベリーの仕事には明らかな間違いはなく，彼らは逆の先入観をもっていたために，単に受け入れたくなかったのである。彼らはこの結果が別の実験システムで再現できるまで，活性をもつDNA中のごく少量のタンパク質の存在の可能性を，完全に否定するができない，というくだらない言い訳をした。分析実験にはいつも方法の限界がつきまとうのである。

DNAの明確な役割を認めることが拒まれていた理由は，歴史家によって説明されている[24, 25]。1番の理由は，DNAは4種のヌクレオチドからなり，当初はその4つのヌクレオチドはほぼ等モル（同じ分子数）含まれていると考えられていたからである。「テトラヌクレオチド（4つのヌクレオチド）仮説」として知られるようになった論理的な結論〔正式にはロックフェラー研究所のフィーバス・レヴィーン（P. A. Levene）によるもの〕によると，DNAは4つのヌクレオチドが繰り返し繰り返し現れる単純なポリマーであるというものであった[25]。これは構造バックボーンとしての組成を示唆し，遺伝的特異性を表している可能性はないだろうと思われていた。遺伝子のタンパク質成分は，構造を決定する情報をもつ場としてより妥当であると考えられた。核酸と結合し核内にある「鋳型タンパク質」がアベリーの核抽出物に潜んでいるというのが大多数の妥当な意見であった[注1]。

注1) 無視されたが核酸が遺伝物質であるということを支持するほかの証拠が，紫外線による遺伝子変異誘導に関する作用スペクトルの決定にあった。これは常に核酸の吸収スペクトルと一致していて，典型的なタンパク質の吸収スペクトルとは異なっていた。しかしながらこの発見は，否定したいと考えている人々からは否定できる。複合体をつくっている分子では，光エネルギーは使われる前にその内部で（最初に吸収されたところから別の場所へ）移動する

第20章　遺伝学へのリンク　| 235 |

言うまでもなく，鋳型タンパク質メカニズムが実際どう働いているのかというアイデアには，明らかに説得力に欠けるものがあった。デルブリュックは，有機化学者としては十分に信用されていないが，影響力の大きい遺伝学者として，実際にどうやって正確なコピーができるかの化学モデルの構築を，フリーラジカルメカニズムを使って進めていた[26]。しかし当然のごとく誰も関心を寄せなかった。

ドイツの理論学者たちは量子力学的基礎理論で救済しようと試みた。彼らが提唱した量子力学的共鳴は，同一もしくはほぼ同一の構造に対して起こりやすい。しかしながら量子力学的共鳴はポーリング自身の専門であり，彼らの議論の欠陥を見出し，原則的に提案は即座に却下された[27]。

だがしかし，ポーリングは鋳型タンパク質の考えを捨てなかった。その代わりに「相補性 (complementarity)」という新しいキャッチフレーズを用い，何が起きているかを説明しようとした。それ以降，相補性は同一のコピーをつくる場として，エミール・フィッシャーの酵素の特異的な触媒作用のための鍵と鍵穴機構のアイデアを想起させる重要なコンセプトとみなされた。ポーリングはこのコンセプトは遺伝のテンプレートとしてだけでなく，感染の結果，特異的抗体が「新規に合成され」血中に出現するプロセスの一部であると主張した。抗体タンパク質に新しく合成されたポリペプチドは柔軟でのびやかな性質をもっていて，抗体タンパク質−抗原間の相補性によって免疫学的に抗原特異的な三次元構造を取るように，誘導されているようにみられた。しかしながら，ポーリングは実際の遺伝子やコピーとして新生された部分の，鍵または鍵穴にあたる構造を示すことはなかった。そのような詳細な証拠なしには，提唱された理論は空論でしかない。

物理学者の役割

分子生物学初期（それがそう呼ばれるようになったとき）の興味深い現象は，多くの物理学者としてトレーニングを受けた科学者が研究領域を変え，代わりに生物学者になったことである。この物理学者の生物学者のまっただ中への到来は，これまでの生物学者の推論方法をくつがえし，分子生物学の華々

ことができるという理由で。もちろんそんなことが起こっているという証拠は何もないのに，そう望んでいる人々にとってはごくわずかの可能性としてよくある逃げ口上となり得る。

| 236 | 第4部　タンパク質はどのように作られているか？

しい成果に欠かせない要素となったという推測がある。おそらくそれは言い過ぎであろう。実質的には影響は非常に小さかった。

　そのような主張に正当性が最も考えられるのは，マックス・デルブリュック（Max Delbruck；1906-1981）1人である。彼はゲッティンゲン大学で理論物理学の博士号を取り（1930年授与），理論物理学のアカデミックキャリアを何年も経たという意味合いから「真の」物理学者である。彼の初期の論文は当時「現代物理学」と呼ばれていたもの（量子物理学，核変換など）の中心に近く，彼の同僚や友だちはリーゼ・マイトナー（Lise Meitner），フリッツ・ロンドン（Fritz London），マックス・ボルンなどであった。彼は決して1つの領域の問題に集中しなかったが，特に高エネルギー放射線が引き起こす実際の遺伝子変異の遺伝学を通して，最終的には完全に生物学に転向した[28]。デルブリュックは，1937年に海外渡航フェローッシップでカルフォルニア工科大学を訪れることができたが，ドイツにおけるナチズムと戦争のため，その後，米国に留まることになった。

　彼の遺伝子変異の研究をもとに，デルブリュックは，遺伝子は細胞内で例外的な安定性を与えるような通常でない原子組成をもっていて，変異を起こすためには放射線照射が産生する高いエネルギーが要求されると考えた〔エルヴィン・シュレーディンガー（Erwin Schrödinger）は続いてこれを生命の論理そのものに拡大したが，ほかの誰かが影響されたという証拠はない〕。デルブリュックの分子生物学者としての評判は（以前の物理学者としての影響も最小限で）これとは関係なく，遺伝研究のためのシステムとしてバクテリオファージを選択したことと，「ファージグループ」として知られるようになった非公式な生物学者のグループをつくったことによって，確固たるものとなった。バクテリオファージは細菌を攻撃するウイルスで，遺伝メカニズムの研究のための比類なきシンプルなツールとなる。デルブリュックがリーダーシップをとって遺伝学でこのシステムの使用を進めたこと，およびそれが遺伝学に及ぼしたさまざまな貢献は，1969年のサルバドール・ルリア（Salvador Luria）とアルフレッド・ハーシー（Alfred Hershey）とのノーベル賞受賞につながった。しかしながら，デルブリュックの受賞はワトソンとクリックの受賞に比べてだいぶ遅かった。というのも，デルブリュックは分子生物学の本流のサクセスストーリーに実際には貢献（むしろ逆効果だったかもしれない）しなかったからである。デルブリュックは，タンパク質が遺伝情報の運び手であるという理論

にしがみつき[24]，DNA の重要性に気づかず，DNA がどう機能するかの究極の理解に貢献しなかった 1 人だった。

　しかし DNA ストーリーの解明における主要な考案者であるフランシス・クリックもまた物理学者でなかったのだろうか？　客観的な答えは，おそらくノーだろう。彼はデルブリュックのような意味での「真の」物理学者では決してなく，少なくともどんな意味でも彼のキャリアに物理学は関係していない。フランシス・クリックはもともと物理学を通して科学の道に入ったが，彼が受けた物理学の教育は彼自身の言葉で時代遅れであり，彼の卒業論文はとてもつまらないものであった。続いて彼は量子力学を独学したが，彼の研究には全く役に立たないと感じた。クリックは，物理学者とも生化学者とも異なる，真の孤高な分子生物学者の最初の 1 人であった[29]。

　分子生物学に関してその名がいつも挙がる最も著名な物理学者は，20 世紀初頭の理論物理学の偉大な革新における主要な登場人物である，エルヴィン・シュレーディンガー（Erwin Schrödinger）である。特に彼は「波動力学」の創始者である。「粒子」の代わりに「波動」で考えるなど，統計学的な枠組みをもっており，量子力学の中でも哲学的な観点から最も興味深い。この研究で 1993 年のノーベル物理学賞が授与された[30]。彼は戦争の間，新生アイルランド共和国の大統領の招待でダブリンに滞在し，1945 年に本として出版した『生命とは何か（What is life）』という興味深いタイトルの一連の講義を行った[31]。ワトソンとクリックは 2 人とも，シュレーディンガーのようなバックグラウンドと評判をもつ人が，そのような問いに対する本を企画したということ自体が彼らの興味を目覚めさせたと書いているが，彼らもほかの誰もその本には何も永続的価値を見出さなかった。本の中でシュレーディンガーは，デルブリュックの「遺伝子は通常でない原子組成のようだ」（上記参照）というコメントに注目し，それを物理学の法則は異なっていて，通常ではないに違いないという理論にエスカレートした。「生物の構造について我々が学んだことから，通常の物理法則では把握できない方法で働いているということを見つける準備が必要にちがいない」と。これは知的なたわごとで，20 世紀中盤としては全く不適切であった[注2]。

注2）　マックス・ペルーツは 1987 年に回顧総説を書くように依頼されたが，それはとても批判的なものとなった。彼自身の言葉によると，「私はシュレーディンガーの栄光をたたえる［という要求のもとに］目的で執筆を受け入れた。だが残念なことに，彼の本や関連文献を詳しく調べると，本の中で本当であることはオリジナルでなく，オリジナルであるとされているもののほとんどが書かれた当時でも本当でないと知られている，ということがわかった。」[32]

| 238 |　第 4 部　タンパク質はどのように作られているか？

他の正真正銘の物理学者であるジョージ・ガモフ（George Gamow；1904-1968）は，次の章でタンパク質生合成の遺伝的制御の問題に割って入ったことに関連して登場するが，それは偶然歴史的に重要にはなったが，深い考察に欠け，生物学の方向性にその後貢献するものではなかった。彼はロシアで生まれたが，ほとんど米国の教授として過ごした。彼は相対性理論や宇宙学に近い考えの物理学者として尊敬された。ただそれよりも増して，彼は複雑な物理学のコンセプトを一般に普及させる試みや（例えば論文のタイトルにもユーモアを織り交ぜたり，ときどき共同著者リストに架空の名前を載せたり），ユーモア溢れる人としてよく知られていた[33]。

DNAと二重らせん

　アベリーの実験の後，その遺伝形質変換実験でたんぱく質と DNA の相互混入はありえず，タンパク質ではなく DNA が遺伝情報の運び役であることをほとんどすべての人が確信するに至るまで約 10 年かかった。それが受け入れられた直接の原因はハーシーとチェイス（Chase）による 1952 年のいわゆるワーリングブレンダー "Waring Blender" 実験によってであった[34]。その実験はアベリーの実験とよく似ていたが，解析の正確性はそれほどでもなかった。事実たんぱく質の混入を除く方法は，アベリーの実験に比べて厳格でなく「ずぼら」とまでいわれた[35]。違うのは，細菌の代わりにウイルス——有名な「ファージグループ」が好んだバクテリオファージの感染システム——を遺伝形質変換システムに使ったことだった。

　エルヴィン・シャルガフ（Erwin Chargaff）による純粋分析化学での研究も，重要な貢献をもたらした。シャルガフらは DNA ではヌクレオチドの構成比が，通常，等モル（同じ分子数）でないこと，異なる種ではその比が異なっていることを示した。この研究は，それまでの DNA の，「情報をもつタンパク質をつなげる足場として機能する以外，何の役割もない４つのヌクレオチドの漫然とした繰り返し」というイメージを完全に打ち壊した[36][注3]。

　もちろん最も重要なこととして，ワトソンとクリックの二重らせんが間近

注3　シャルガフのデータは，塩基は等モル比ではないが，恒常的な規則性があることを示していた。アデニン（A）の量は常にチミン（T）の量と同じで，グアニン（G）の量は常にシトシン（C）の量と同じあった。DNA 構造が発表される前でも，いくばくかの想像力があれば DNA 構造の相補的水素結合の原理が推論できたかもしれない？

第 20 章　遺伝学へのリンク　│ 239 │

に迫っていたということである。1953年のワトソンとクリックによるDNA二重らせん構造の発表は，実際単に構造を調べたというだけでなく，DNAに本来備わっている遺伝物質が何度も複製されるメカニズムを示していた。つまり，その証拠が示すように，DNAの塩基の配列が遺伝子を規定していると仮定すると，アデニン(A)とチミン(T)，グアニン(G)とシトシン(C)が相補的にペアをつくるという構造そのものが，配列を保存できるということを保証していた。

これはいわゆる「分子生物学」と呼ばれるようになる決定的な報告であり，その明確な役割を，これまで書かれた学術論文の中で最も重要であることに間違いない，一文で述べている。大半の論文はこの3次元構造それ自体に重要性があり，X線データとの整合性に重きを置く。しかし，この論文の末尾にある歴史的一文が最も重要である。

　　我々が前提とした特異的な相補的ペア形成が，すなわち遺伝物質の複製機構を示唆しているということに気づかないわけにはいかない[37]。

タンパク質鋳型説は一晩で消え去った。DNA複製機構の啓示からどうタンパク質が合成されるかまではすぐにはわからなかったが，これに関する明確な思考を妨げた多くの空虚な話の消滅につながった。

第21章
After the double helix: the triplet code

二重らせんの後
——トリプレットコード

> たったの15年間で遺伝物質の化学的性質や,またその分子構造によって,どうやってタンパク質合成を司る細胞内装置によって暗号化されている指令が「読まれる」ようになるのかに関する理解が深まった。
>
> フランシス・クリック,1966[1)]

　DNAが遺伝情報の運び手であるに違いないという事実は,広く受け入れられ,DNAの二重らせん構造は,単に構造がわかったというだけでなく,遺伝物質が細胞分裂のたびに何度も何度もコピーされ,保存され続けるという機構を示した。しかしながらこの発見からは,いかにタンパク質がつくられるかまではわからなかった。もちろんタンパク質鋳型のコンセプトは消え去ったが,そのかわり一体どうなっているのだろうか? 1960年代半ばに,この問題がどのように解決されたのかに関する優れた総説は出たが,実際の研究論文のほうが著者の記憶にいまだ生々しく残っている。一般読者にわかりやすい3つの文献を挙げておく[1-3)]。

配列仮説

　DNAそのものが永続的な遺伝情報の運び手であるに違いないということと,古い「1遺伝子,1酵素」原理とをつなぎ合わせると,細胞内DNAのどの部分においても塩基配列は二重らせんの相補性によって受け継がれて,対応するポリペプチド鎖のアミノ酸配列を決定しているという,なんとも驚くべき結論が導かれた。これがクリックの「配列仮説」である。彼のオリジナルではなく,すでに「広く考えられている」仮説として,1958年に生物学者たちに向けた仮説論文という形で発表した[4)]。信じられないことに当時

は，合成経路となる DNA とタンパク質の間の直接的な化学的関係性が，全く予想できていなかった。

クリックでさえも，化学の言葉で考えていたのだろうか？　意識してかしてないかにかかわらず，彼は問題を定義するために使用された，伝統的な化学の言葉と明確に縁を切ったようである——関与するすべての原子の運命を算出する「均衡のとれた」（良心的な化学者なら当然考える）化学式なども，ともと興味がないと認めたのである。代わりに「情報の中身」が重要な点に変わった。新しい非化学的な言語が，そのアイデアを説明するために発明されなければならなかった——「言語」そのものに基づくメタファー，アルファベット文字で書かれたものが意味のある言葉になるように，書かれている分子情報を描き出す言語[注1] として。

遺伝暗号に関連する数秘術

初めから数秘術は重要なファクターであることは皆が考えていた。DNAの配列をつくるのにたった 4 つのヌクレオチドしかない。しかし当時タンパク質の構成物として 20 個（おそらくもしくはもう数個）の異なるアミノ酸が受け入れられていた。2 つのヌクレオチドを 1 つの「言葉」として，情報の一部としてみるとたった $4^2=16$ 通りしか生み出せない。これは 20 個の異なるアミノ酸個々を指定するには不十分である。一方，3 つのヌクレオチドでは $4^3=64$ 通りと必要以上となる。かなりの過剰である。そんなに無駄なことを本当にしているだろうか？

この数秘術の詳細な活用は，ジョージ・ワシントン大学の教授でロシア生まれの理論物理学者であるジョージ・ガモフ[5] によって最初にもたらされた。彼は宇宙の起源におけるビッグバン理論の最初の提唱者の 1 人だが，相対性理論のような複雑な物理学のコンセプトを一般化しようとした試みのほうがより知られている。彼はワトソンとクリックの二重らせんの興奮に魅入られてしまったようであり，1 年も経たずに未熟（混乱した？）だが，全体的な問題の重要な部分であった数秘術の記述が含まれた論文を出した[6]。

注1)　クリックはすべての遺伝過程におけるエネルギーの流れ，物質の流れ，情報の流れを区別していた。究極は化学プロセスである情報の流れを，独立して規定できる属性としてとらえるという考えはフランシス・クリックや他の先端的な分子生物学者たちの独創性を示している。

| 242 |　第 3 部　タンパク質はどのように作られているか？

ガモフの論文は実際のところ非常に伝統的で，仮定上の鋳型タンパク質ではなくDNAヘリックスそのものが鋳型であるという，直接鋳型機構の単純な延長に過ぎなかった。ガモフはアミノ酸と，DNA二重らせんの中で組織化されるときにできたヌクレオチドによってつくられた「穴」との間の，鍵と鍵穴の関係を提唱した。「周辺環境からきた単一のアミノ酸が穴にはまり……そして結合していって，対応するポリペプチド鎖となると推定できる」。彼はワトソンとクリックのDNA構造内の4つのヌクレオチドが実際20種類の異なる「穴」をつくることができることを示した。これは，純粋にメカニズムとは無関係の，思いがけない結果を証明した。物理化学的には，ガモフの提案は脆弱な基盤に立っていた。彼は，らせんの構造的穴の大きさや形の計測もせず，またアミノ酸側鎖の形との関係性を調べようともしなかったが，そもそも彼の体系には我々が明確に言及する必要のない，明らかなほかの欠点があった。それより重要な点は，ガモフの論文はクリックやほかの人を理論的な「コード」（暗号）という対応表（全く予想もつかないが，ヌクレオチド配列とそれに対応するアミノ酸側鎖の辞書といえるもの）をデザインすることに駆り立てたということである。クリックによれば，ガモフのアイデアは「不必要な化学的な詳細で散乱していなかったので」彼にとって好ましいものであったという。

　散乱した化学的な詳細がない状態でも，答えるべき魅惑的な問題がそこにたくさんあった。DNAレベルの情報単位が（これが「コドン」とのちに呼ばれるが），実際には3つのヌクレオチドの並びであると仮定すると，長いDNA配列のどこが特定のポリペプチド鎖の始まりと終わりとなるのか？コドンとコドンの間には句読点のようなものはあるのか？　もしくは逆に，連続する3つのヌクレオチドの並びはオーバーラップして，1つのヌクレオチドが1つ以上のコドンとなるのだろうか？　コードには重複があって，1つ以上のコドンが1つのある特定のアミノ酸をコードしているのだろうか？そうでなければ64種の可能性がある3つのヌクレオチドの並びという過剰な状況の役割はいったい何であるのか？[7]

　もちろんその間に，遺伝情報とタンパク質という究極の表現形態の間の関係性に関する実際の生化学的研究が激しく行われていた[8]。クリックは1958年の論文[4]で，配列仮説は別にして，情報は核酸から核酸へ，そして核酸からタンパク質へと受け渡し可能であるが，タンパク質からタンパク質へ，ま

第21章　二重らせんの後──トリプレットコード　**243**

たタンパク質から逆向きに核酸へというのは不可能であるという「セントラルドグマ」という考えを提唱した。このドグマでは最終過程は不可逆で，また鋳型タンパク質の可能性を完全に否定する影響力をもっていた。クリックは彼のドグマは一般的には受け入れられないだろうと認めていたが，多くの人に信じられ，将来のすべての生産的な研究にとっての潜在的な指標となったことには疑いがない。

いずれにせよそのときから先は，多数のイベントが今までにないスピードで繰り広げられた。40 年後の今日，それがすべての生化学の中心としてテキストにまとめられている[9]。詳細な説明が今日のどんな教科書でも書かれているので，我々はここではあらましを述べるにとどめる。そのとき起きた進展を，その研究のまさに中心にいた人々の言葉で知りたい読者には，この章の最初に挙げた有名な参照[1-3]に加え，1961 年，63 年，66 年の "the Proceedings of the *Cold Spring Harbor Symposia on Quantitative Bilology*" を強く推薦する[10-12] 注2)。

細胞内RNA

細胞内にある別のタイプの核酸ポリマーの存在はすでに知られていた。これは RNA と呼ばれ，4 種のヌクレオチドのポリマーである DNA に非常に似ているが，デオキシリボースの代わりにリボースが糖の構成物として使われている。4 つの RNA 塩基の 1 つであるウラシルは，DNA におけるチミンと比べメチル基が 1 つ欠けていて構造は異なるが，他の塩基は DNA のそれと同じである。それゆえ DNA の配列が 4 つのアルファベット（A, G, T, C）で表されるように RNA の配列も同様に（A, G, U, C）で表される。

ワトソンとクリックによる二重らせんの直後から，2 種類の RNA の存在が発見された。その 1 つであるリボソーム RNA は細胞質内でみつかり，全 RNA 中の大体 80% を占めていることがわかった。さらにタンパク質合成の場と考えられることがわかった。しかしタンパク質の暗号をもつ DNA が細胞核内にいるのに，これは一体どういうことか？　2 つ目の RNA は

注2)　ニューヨーク郊外のロングアイランドにあるコールドスプリングハーバー研究所は何年もの間，シンポジウムの会場としてだけでなく，分子生物学者たちの非公式なミーティングの場であった。マックス・デルブリュックたちは自身の研究所を離れ，夏の間頻繁にここで意見を交換した。米国の解説者たちはケンブリッジの MRC 研究所と同等にここを歴史的な聖域とみなしている。

アミノ酸に結合可能で，全 RNA 中の約 15% を占める小さな可溶性分子であった。この RNA からそれぞれのアミノ酸に対応するある種のメンバーが発見され，後にトランスファー RNA（tRNA）と名付けられた。これらのアミノ酸と tRNA の複合体が新たなポリペプチド鎖に取り込まれる活性化されたアミノ酸を供給すると予想された[13-16]。

　しかしながら，情報を核にある DNA から細胞質にあるリボソームに運ぶ，その他の何かが必要であった。現在これはメッセンジャー RNA（mRNA）と呼ばれ，1961 年にジャコブ（Jacob）とモノーによって提唱され，同じ年に実験的に確かめられた。これは 3 カ国による——ジャコブはパリのパスツール研究所から，シドニー・ブレナー（Sidney Brenner）はケンブリッジ大学の MRC 研究所から，そしてメセルソン（Meselson）はカリフォルニア工科大学から——という，まれな共同プロジェクトだった[17, 18]。

　そのときは，メッセンジャー RNA は核と実際のタンパク質産生の場とをつなぐ，みつかっていない要素で，いわば DNA 上の遺伝子配列にある情報のコピーである「転写産物」である。それはその後，細胞質内のリボソーム粒子と活性化された tRNA とアミノ酸複合体で「翻訳」される。

　この概要はもちろんこの極端に複雑なプロセスを十分に説明するものではない。各ステップではたくさんのタンパク質がかかわっているのである。例えば DNA を RNA に正確に転写するためのタンパク質，転写後に mRNA を加工する酵素，リボソーム RNA 上で実際のポリペプチド合成に機能する酵素など本当に際限なく存在する。これはこの本のタイトルの中に隠れているコンセプト——その体系の中でそれぞれが正確に規定された仕事をこなすロボットとしてのタンパク質——をよく表しているようである。

　おそらくその数年のうちで，最も驚くべき科学的努力の結果は，その装置全体が細胞から取り出され，細胞外で常に正しくメッセージに沿って指示された方法に従って働くことができるという発見[19]だろう。無細胞タンパク質合成がここに完成した。

暗号を実験で決定する

　タンパク質化学者にとってのまさに究極のゴールはコドンとアミノ酸との実際の 1 対 1 の対応である。これは案外早く達成された。1966 年のコール

ドスプリングハーバーのシンポジウムの序文[12]にはこう記されていた。

　　1961 年に遺伝子コードは 3 文字で表され，UUU（ウラシル 3 つ）はフェニル
アラニンをコードしていることがわかった。それから 5 年が経ち，暗号は事実上す
べて解かれた。

　シンポジウムの議事録は暗号解読が実際になされた瞬間であったことを余
さず記している。主要な参加者たちは全員そこにいて，彼らのスナップ写真
がたくさん撮られた。
　このブレイクスルーはメリーランド州ベセスダにある米国国立衛生研究所
のマーシャル・ニーレンバーグ（Marchall Nirenberg：図 21.1）と J・マッシー
（J. Matthai）によってなされた。彼らはクリック，ブレナー，モノーなどの
分子生物学者の中枢メンバーではなかった[注3]。
　ニーレンバーグとマッシーは，精製リボソーム無細胞システムと可溶性
RNA（と酵素・補因子など）ではアミノ酸と結合するためには不十分であり，
鋳型 RNA が絶対的に必要であることを発見した。さらに重要なこととし
て，天然の鋳型であるメッセンジャー RNA が必ずしも必要ではなく，合成
RNA でも *de novo*（新規の）タンパク質合成を開始することがわかった。こ
のことは，合成のホモポリマー（1 種のヌクレオチドのみを含む）を「メッセー
ジ」とする「タンパク質」はただ 1 種のアミノ酸をもつはずである。これが
この論文のいちばん重要な結果であった。ポリウリジル酸（poly-U）からポ
リフェニルアラニンが得られたのである。論文の校正中に加えられた注釈
で，同様に poly-C が特異的に L-プロリンの合成物を誘導することが示され
た。トリプレットコードの辞書の中の 2 つの符号がこれでわかった。UUU
は Phe で CCC が Pro に対応するわけである[20]。
　この最初の成功に続き，次は RNA の共重合体を鋳型にした実験が行われ
た。数種の異なるトリプレットがつくられ，1 回の実験で 1 つ以上の合成物
が得られるように，2 つか 3 つのヌクレオチドのランダムな混合物から共重
合体が合成された。共重合体の組成をもとにした統計分析からニーレンバー

注3）　1961 年の 5 月に polyU による実験は成功した。コールドスプリングハーバーのシンポジウムはそのすぐ後
の 1961 年の夏にあった。ニーレンバーグは参加を申し込んだが拒否されてしまった。これはいかに彼がよそ者であっ
たか，「クラブ」の外であったかを示している。

| 246 |　第 3 部　タンパク質はどのように作られているか？

図 21.1 マーシャル・ニーレンバーグ
(米国国立医学図書館, Bethesda, MD より提供)

グのグループは全部で 15 のアミノ酸に対応する RNA の符号をほぼ確実に同定した。そのほかの符号はニューヨークのオチョア (Ochoa) らとウィスコンシンの G・コラナ (G. Khorana) による同様の実験によって同定された。彼らはリボソームシステムを動かすための厳密に配列が決定された RNA 共重合体を合成することができた[20-23]。

最終的には P・レダー (P. Leder) とニーレンバーグによるトリプレット結合法によってこの問題すべてが速やかに解決された。彼らはリボソームへの tRNA (アミノ酸が結合した状態) の特異的な結合が, 伸長鎖への結合より先に起きること, また「タンパク質」やポリマー合成を待つよりも, その結合の測定のほうがより簡単であることを発見した。リボソームに取り込まれたどんなトリプレットのヌクレオチドも対応する tRNA に結合する。ダブレットのヌクレオチドでは決してそれは起きない。これが, この段階

第 21 章 二重らせんの後——トリプレットコード | 247 |

表21.1 RNAコード*（コドン表）

1番目	2番目				3番目
	U	C	A	G	
U	Phe	Ser	Tyr	Cys	U
	Phe	Ser	Tyr	Cys	C
	Leu	Ser	終止	終止	A
	Leu	Ser	終止	Trp	G
C	Leu	Pro	His	Arg	U
	Leu	Pro	His	Arg	C
	Leu	Pro	Gln	Arg	A
	Leu	Pro	Gln	Arg	G
A	Ile	Thr	Asn	Ser	U
	Ile	Thr	Asn	Ser	C
	Ile	Thr	Lys	Arg	A
	Met	Thr	Lys	Arg	G
G	Val	Ala	Asp	Gly	U
	Val	Ala	Asp	Gly	C
	Val	Ala	Glu	Gly	A
	Val	Ala	Glu	Gly	G

*DNAの場合はウラシル（U）がチミン（T）となる

で必要とするならば，究極のトリプレット仮説の証明だったし，もちろん同時に対応するアミノ酸とコドン（RNAでの）のペアを「辞書」に加える必要もあった[24,25]。

　関連研究の結果も合わせると，この暗号はすべての生物において共通し，"3"というガモフが計算した最小の数は64種のコドンの可能性をもち，すべてが何らかに使用されるための適正な数であることがわかった。この暗号は重複がある。いくつかのコドンは同じアミノ酸をコードしている。64の可能性のうち61が，実際に伸長するポリペプチド鎖にアミノ酸を導入するというタンパク質合成に使われる。そして辞書の中では「ナンセンス」である残りの3つは，最終的にはほかの61種と同様に重要なものであるとみなされた。その3つはポリペプチド鎖の終了——個々のポリペプチドの合成を終わらせる場所——の合図に必要であった。

第22章
The new alchemy
新しい錬金術

> 物理的な寿命を延ばすこと——究極のゴールとして不老不死——が錬金術の初期の目的だった。
>
> O・B・ジョンソン（O. B. Johnson），1928[1)]

　この本の序章で，未来については語ろうとしないと宣言しており，その意図は変わっていない。しかし，この新しい千年紀において，タンパク質科学の未来は我々の前に続いている。新聞や著名な雑誌は，さらなる高みへともち上げているし，控えめな言動がふさわしい多くの科学者自身が，いってみればあおっている。過大な期待を抱かせる見通しが語られている。それは，中世の錬金術師たちが，永遠の至福への道を目指していた頃をほうふつとさせる。彼らは無機物レベルでは，主要金属から金がつくれないかと探しまわり，生物レベルでは秘薬を，根本的には不老不死の薬をつくろうとした。何世紀も経った今，物理学者はある種の原子変換を試み（鉛を金に変えるわけではないが），また不老不死の薬ができるかもしれないという信念が広がっている。

　この新しい錬金術のルーツは，50年以上過去に遡る。そして現在へのリンクを記述することは，適当なことだと考える。たとえ（水晶占い師であろうが，実験台に張り付いている人たちであろうが）やることはすべて先人たちの肩の上に立っているという古い格言を繰り返すだけだったとしても[注1)]。

進化：タンパク質と種

　新しい錬金術の中心は遺伝子コードである。それはポリペプチド鎖のアミノ酸もしくは核DNA内でアミノ酸を指定するトリプレットコドンを，我々

注1)　例えば以下を参照のこと。グレイツァー（W. Gratzer；2000）. *The undergrowth of science*, Oxford University Press; 特に "Some mirages of biology", pp. 29-64.

が考えて，実験に移すことができる。いわばタンパク質科学と遺伝学が合流したわけである。そして遺伝学は，個々の生涯における短期間の出来事（遺伝子発現）と世代間にわたる長期間の変化を含む。言い換えると，それは進化である。この短い章ではまず進化について扱う。

1949 年から 1955 年の間に行われた，サンガーによる複数の種のインスリンのアミノ酸配列の決定（第 8 章参照）から，我々はタンパク質配列の変化は進化的変化を生み出すための重要な化学原理であり，ほとんどのタンパク質科学者は，これが唯一の合理的な仮説とするには早すぎるにしても，おそらくはこの原理を受け入れることができた。しかしながら確固とした遺伝子コードの知識は基本的コンセプトの枠組みに劇的な影響を与えた。変異の意味がはっきりしたわけである。例えば，GAA という塩基配列が GUA に変わることはポリペプチド鎖中のバリンがグルタミン酸に置き換わるということであり，GAA という塩基配列が AAA に変わることはそれがリジンに置き換わるということを意味している。そして基本的な翻訳過程（RNA とリボソームと酵素を含む）は，すべてのアミノ酸とすべての生物種で同じである。

フランシス・クリックは 1958 年に，アミノ酸配列は遺伝的・進化的な目的を探索するために利用されるだろうと予想を立てた。彼自身の言葉[2]では，

> 遠からず「タンパク質分類学」と呼ばれるであろう学問 —— 生物のタンパク質のアミノ酸配列，その生物種間の比較の学問 —— が始まることに生物学者は気付くべきである。

しかしそのためには，そしてどのようにしてタンパク質が 1 つのものから別のものに進化するか，例えば塩基配列のほんの少しの変化から新しい機能が生まれるか，を予想するには，塩基配列・アミノ酸配列の両方から読み解くことが必要であった。現在では，すべての生物を包括する分子分類学——独立した種に属するタンパク質の科（family）・属（genus）——を想定することができる。サイラス・チョシア（Cyrus Chothia；ケンブリッジ大学）は多くの DNA 配列データを調査し，ファミリー——相同性が高い限られた数のグループ——にクラスタリングできること示した。彼は，存在するタンパク質構造ファミリー（共通祖先）の数はおそらく 1,000 以下であるという頼もしい推定をした[3]。この本の序文で述べた，新たな「構造ゲノミクスイニシアチ

| 250 | 第 3 部　タンパク質はどのように作られているか？

ブ」ではその数は 10,000 であるとした。

　また，タンパク質を使って種の進化を予測するという異なる見方もある。形態的特徴を基本とした伝統的な進化系統樹は，関連する種のタンパク質のアミノ酸配列を基本とした分子バージョンによって拡大できる。この目的のための初期のアミノ酸配列決定は 1960 年代にさかのぼる。最初はシトクロム c タンパク質が使用された。シトクロム c は 1 本の短いポリペプチド鎖で，原始的な単細胞生物から人類に至るすべての生物に欠かせないという利点がある[4]。この試みからは華々しい成功は得られなかった。どう 3 次元構造と配列が関連するか，どう機能が構造と関連するかというしっかりした知識なしでは，「中立」な変異と機能的に有益な変異を見分けることは難しい。しかしながらタンパク質一次構造における変化を読み解く能力は，後に配列データが X 線構造解析によって得られた構造の変化によって補足され，そういった研究が比例して増加したことにより，さらに発達した[5,6]。

　現在は，遺伝子とタンパク質の情報を行ったりきたりすることが可能となり，その比較はより一層実際的になった。分子的系統樹と形態的系統樹の正確な関連性が確立され，特異的にゲノムを変化させる技術が[注2]進化による違いの理解における，重要な進歩の道を開いた。実際的な応用の可能性は多岐にわたり，農業，畜産や疾患などのさまざまな分野をカバーしている。

　もちろん一般的には，ヒトの遺伝病への応用が最も注目される分野である。アルツハイマー病やほかの恐ろしい病気の原因遺伝子が同定されたというトップニュースが出るなど，「不老不死の薬」がいわば作業中であるといえる。

遺伝子と疾患

　単一部位の変異と疾患に関連する歴史的に最も有名な例は，その時代よりさらに前，遺伝暗号とその意味が理解されるずっと前の 1949 年にさかのぼる。まだタンパク質のアミノ酸組成が不変であるかどうかを議論していた時代，インスリンのアミノ酸配列がまさに解読されようとしていた時代である。

注2）　一般的な技術用語ではこのような変化を，部位特異的遺伝子変異（site-directed mutagenesis）という。

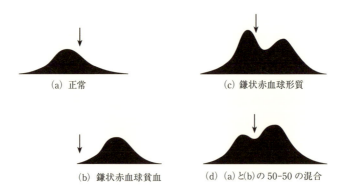

図 22.1　1949 年に電気泳動によって明らかになった鎌状赤血球ヘモグロビンの分子上の欠陥
正電荷を帯びたタンパク質イオンは左側に，負電荷を帯びると右側に移動するような条件を用いた。矢印は元々の境界線を示す
(ポーリングらの論文[7] より)

その関連の証明は，鎌状赤血球症の原因となるヒトの分子的な欠損を同定したハーベイ・イタノ（Hervey Itano）と共同研究者であるライナス・ポーリングと他の同僚たちによってなされた[7]。

　この疾患における赤血球は，低酸素下で形が通常の両凹の円盤形から鎌状のような三日月型に変わりそして硬さが増す。この状態は壊れやすく，破壊されると貧血をきたす。この症状は酸素吸入や（生体外の実験では）一酸化炭素によって改善する。これは酸素または一酸化炭素が結合した結果，可逆的変化を起こす唯一の細胞内物質である，ヘモグロビンそのものがこの疾患の原因であるということを明らかに意味している。このことは電気泳動を用いて確かめられた――旧式のティセリウス型の界面電気泳動装置である（この現在よく使われている電気泳動法は，この先10年でなくなってしまうだろう）。

　pH との相関を測定しながら，ヘモグロビンの電気泳動の移動度を見ると，正常と鎌状赤血球由来のヘモグロビンでは異なることがわかった。その効果は特に pH6.9 において顕著であった。pH6.9 はヘモグロビンの等電点に近く，通常のヘモグロビンはマイナスチャージを帯び，鎌状化変異はプラスチャージを帯びる。そして電気泳動では逆の方向に移動する。定量的には，実験結果を説明するために必要な電荷量は「大体1分子当たり3つ」と見積もられた[8]。

　この相違のより正確な決定は，フレッド・サンガーが始めたアミノ酸配

列の完全決定方法を踏襲した，ケンブリッジ大学のバーノン・イングラム（Vernon Ingram）によって得られた。完全に加水分解された産物のペーパークロマトグラフィーが最初のステップであり，何十ものスポットが紙の上に得られるが，その中でたった１つのスポットだけが変化していることが示された。そのスポットに関するペプチドの分析から，２つのヘモグロビンの間でたった１つのアミノ酸が異なることが示された。グルタミン酸残基がバリンに置換されていたのである [9,10]。

ヘモグロビンはαとβ鎖の２つずつからなる４量体であるが，この研究が行われた時点では個々の鎖のアミノ酸配列は同定されていなかった。どちらの鎖に変異が起きているかは不明であった。それにもかかわらず，グルタミン酸の置換が唯一起きていることだという十分な示唆があった。ポリペプチド鎖の組成から，変異は各分子あたり２つ起きていると考えられ，イタノたちが見積もったのに近い全分子で２つの電荷量であった。鎌状変化と細胞の不安定性の直接原因は，ヘモグロビンの細胞内沈殿である。わかりやすいことに，２つのグルタミン酸が２つともバリンに置き換わると，電荷分布は「異常に容易な結晶化に向かいやすい」方向に変化する [11]。

結論として，鎌状赤血球貧血が，おそらく単一点突然変異による，たった１つのアミノ酸の置換によって引き起こされることは，もちろんセンセーショナルなことであった。これはすべての生物においても，単一点突然変異が疾患の原因であると同定され，変異の化学的性質が症状の根拠ある説明をもたらしたという初めての事例であった。１つのアミノ酸側鎖の１個の静電荷変化だけがすべてだったわけである。以降，それ以外の異常ヘモグロビンが電気泳動法やほかの手法で発見され，ややわかりにくい名前（ヘモグロビンC，D，Eなど）が付けられ，その多くは別の点突然変異の候補となりうる対立遺伝子による産物であると証明された。また胎児のヘモグロビンは「通常」は大人の型と異なるということがみつかったが，胎児の場合は多数のアミノ酸の変異が起きることが見出された（イタノによる総説 [12], [注3] に 1957 年の初頭に知られていたすべての変異が記されている）。

注3)　新たな錬金術師たちは，この初期の，驚くべき正確に病気の遺伝子を特定した実例に気づいていたのだろうか？　もちろん何人かはそんなに意味のないものと考えているだろう。特定はした，しかしするべき道は指し示していない，と。本当に錬金術に専念している人は単にそれを理解するだけでなく，世界を変えたいのだ。

第 22 章　新しい錬金術　| 253 |

勇敢な新世界

　今日間違ったタンパク質配列に（つまり間違った DNA 配列に）起因し，ゆえに遺伝子操作を受けることができるかもしれないヒト疾患の長大なカタログが存在する。ただ本項の楽観的な見出しにかかわらず，おそらくそういった進歩はなかなかないだろう。ヒトの生理機能は，単細胞微生物や分子生物学者が非常に多くの実験的経験をもつ環境よりもはるかに複雑なのである。

　しかし遺伝子操作だけが唯一進むべき道ではない。欠陥のある遺伝子を変える代わりに（例えばつくられるべきインスリンがつくられないなどの場合に），外部から失われたタンパク質を供給することができる。インスリンの場合は何十年も前からすでに実施されていて，別の動物からタンパク質が抽出され，外部からのホルモンも同様に人体内で機能することが知られている。しかし，現在はよりよい方法がある。遺伝子改変した微生物（遺伝子改変の前にはインスリンは不必要で，インスリン産生に関する遺伝子を全くもたない）を用いてヒト型インスリンを作ることができるのである。主要なバイオテクノロジー産業が，このような主として医薬として使われる特定のタンパク質の産生に伴い成長していった。

　病気を超えてその先の領域，正常の細胞発生・分化と細胞の老化と死についても同様なことがいえる。最近の主要な進歩により，関係する多数のタンパク質が同定された。外部からの介入によってそれらをコントロールすることは可能になるだろうか？　そのような可能性を追求する研究は，神経や筋肉といった特定の細胞に分化させるという目的で，培養中の未分化細胞を処理するという方法ですでに進行中である。

　結合サイトを改良した酵素といった，特に有益な性質をもつ全く新規のタンパク質，お好みのタンパク質をデザインするということも考えられる。そしてそういったタンパク質は細胞外で合成できる。ここに個々のタンパク質の全ポリペプチド鎖配列は知らぬ間に裏方に回ってしまっている。その代わり必要な活性部位を含む部分配列が注目されている。コンピュータプログラムが実際のタンパク質と全く関連がなく，活性部位を含む可能性が最も高い部分配列を取り出してくれる。つまり全体としてのタンパク質は，ただの活性部位の足場に過ぎなくなってきた[13-15]。

最後の言葉

　20世紀中頃にタンパク質科学に入り，この本で記述されたたくさんのド
ラマティックな出来事（進歩・後退そして論争）を目の当たりにした，もしく
は当事者となった我々のような人間にとって，分子遺伝学の世界は単に「勇
敢な」新世界というだけでなく「奇妙な」新世界——時には一振りの妖術
——のように見えるだろう。しかし，我々は確かなデータを捻り出すため
の根気のいる（ほとんど単調な）重労働を経験している——信頼できる分子量，
アミノ酸配列，最初の三次元構造，生理的機能の分子機構などについて，初
期の分子疾患としての正常と鎌状ヘモグロビンの違いの解明でさえ，このよ
うな努力の末に見えてくるということを忘れてはならない。

　この間接的な手段を用いた目も眩むようなペースですべてが進む，新しい
錬金術を信じることができるだろうか？　アミノ酸配列が遺伝子配列から即
座に決定され，三次元構造が類推法によって得られる。コンピュータでデー
タベースをスキャンし，構造が知られている似たようなタンパク質の配列，
もしくは部分配列を探し出し，そして，アブラカダブラとやると，欲しい結
果が吐き出されてくる。一瞬，タンパク質それ自体はこのコンピュータによ
る遺伝子から構造への跳躍に全くかかわっていないように思えるが，最近の
動向としては，振り子はまた反対方向に振れて，タンパク質科学が生理的な
過程を理解するための中心的な場であるという認識（特にバイオテクノロジー産
業で）に戻っている。構造と機能の関連が明らかになる過程では，時に我々
を不安定にするかもしれないが，そこにはまだタンパク質がかかわっている。
なぜ不溶物が細胞内で形成されるかを理解するためには今も，グルタミン酸
がバリンに変わることが鎌状ヘモグロビンの変異の原因であることを知る必
要があるのだ。

　とはいっても，実際のところ遺伝子コードとそれを初めのデータとして使
用することは，タンパク質科学時代の終焉と新しい何かの始まりのサインで
ある。たった今，この急成長している分野に入った優秀な新しい大学院生た
ちの手によって描かれる未来の歴史は，我々が書き終えたところから引き継
がれることであろう。

第22章　新しい錬金術　| **255** |

注（ノート）と参考文献

第1章

1. Söderbaum, H.G.(ed.)(1916). Jac. *Berzelius Letters. Uppsala.* 第5巻はG. J. ミュルデルとの往復書簡に充てられている。

2. 英語訳：'The name protein which I propose to you for the organic oxide of fibrin and of albumin, I wanted to derive it from $\pi\rho\omega\tau\varepsilon\iota\zeta$, because it seems to be the original or principal substance of animal nutrition.'

3. Smeaton, W.A.(1962). *Foucroy, chemist and revolutionary, 1755-1809.* Heffer, Cambridge. フルクロアはアントワーヌ・ラボアジェ（Antoine Lavoisier）と一緒にラボアジェが定義した「元素」の解析手法の確立を行った。ジョン・ドルトンが1808年に始まる「*New system of chemical philosophy*」を発行したのちは、「元素（elements）」と「原子（atoms）」が同義語となった。

4. Holmes, F. L. (1963). Elementary analysis and the origins of physiological chemistry. *Isis* **54**, 50-81.

5. Holmes, F. L.(1964). Introduction to reprint of J. Liebig (1842). *Animal chemistry or organic chemistry in its application to physiology and pathology* (trans. W. Gregory), Cambridge. Reprinted in 1964 by Johnson Reprint Corp., New York, pp. 7-116.

6. Fruton, J. S.(1972). *Molecules and life,* Wiley-Interscience, New York, 1972, pp. 87-179. An updated version was published by Yale University Press in 1999, with the title, *Proteins, enzymes, genes.*

7. Coley, N. G.(1996). Studies in the history of animal chemistry and its relation to physiology. *Ambix* **43**, 164-187.

8. Benfy, O.T. (1992). *From vital force to structural formulas.* Beckman Center for the History of Chemistry, Philadelphia. これは、テクニカルな難しい部分を回避した、短い要約である。ケクレや他の原著論文が載せられている。

9. Vickery, H. B. (1950). The origin of the word 'protein'. *Yale Journal of Biology and Medicine* **22**, 387-393.

10. Jorpes, J. E. (1970). *Jac. Berzelius, his life and work* (trans. B. Steele). Almqvist & Wiksell, Stockholm.

11. ヴェーラーとの間で交わされた手紙は参考文献1（注1）より前に発行されている。Wallach, O. (ed.)(1901). *Briefwechsel zwischen J. Berzelius und F. Wöhler,* 2 vols, Engelmann, Wiesbaden.

12. 小包郵便は後世になってから利用されるようになった。1836年のミュルデルからベルセリウスへの手紙のなかに，ドックにいって，ストックホルムに向けて，アムステルダムからまさに出航しようとする船の船長に，彼に何かの本を送るよう頼んだことが書かれている。かかる日数は20日だった！〔通常手紙は郵便配達人（courier）によって運ばれていた〕

13. Mulder, G. J.(1837). Untersuchung mehrerer animalischer Stoffe, wie Fibrin, Eiweiss, Gallerte u. dgl. *Annalen der Pharmacie* **24**, 256-265.
14. Mulder, G. J.(1838). Zusammensetzung von Fibrin, Albumin, Leimzucker, Leucin u.s.w. *Annalen der Pharmacie* **28**, 73-82.
15. Brock,W. H.(1997). *Justus von Liebig: The chemical gatekeeper*. Cambridge University Press, Cambridge.
16. Liebig, J.(1839). *Instructions for the analysis of organic bodies*. Griffin & Tegg, Glasgow and London. 他のリービッヒの著書と同様，ドイツ語と英語訳が同時に発表されている(以下参考文献として英語訳を挙げた)。
17. Liebig, J. (1840). *Organic chemistry in its applications to agriculture and physiology* (trans. L. Playfair). Taylor & Walton, London.
18. Liebig, J. (1842). *Animal chemistry or organic chemistry in its application to physiology and pathology* (trans. W. Gregory), pp. 7-116. Cambridge. Reprinted in 1964 by the Johnson Reprint Corp., New York.
19. Glas, E. (1975). The protein theory of G. J. Mulder (1802-1880). *Janus* **62**, 289-308.
20. この雑誌は1840年に*Annalen der Chemie und Pharmacie*(化学薬学年報)と改名された。
21. Anon (1839). Das enträthselte Geheimmniss der geistigen Gährung. *Annalen der Pharmacie* **29**, 100-104. 英語訳と注は de Mayo, P., Stoesl, A., and Usselman, M.C.(1990) The Liebig-Wöhler satire on fermentation. *Journal of Chemical Education* **67**, 552-553 を参照。
22. Snelders, H.A.M.(ed.)(1986). The letters of Gerrit Jan Mulder to Justus von Liebig(1836-1846), *Janus Supplements* **IX** として発行された。
23. Snelders, ref. 22, p. 70.
24. Glas, E. (1976). The Liebig-Mulder controversy. On the methodology of physiological chemistry. *Janus* **63**, 27-46.
25. Liebig, J. (1841). Ueber die stickstoffhaltigen Nahrungsmittel des Pflanzenreichs. *Annalen der Chemie und Pharmacie* **39**, 129-160.
26. Ref. 18, p. 42
27. Laskowski, N. (1846). Ueber die Proteintheorie. *Annalen der Chemie und Pharmacie* **58**, 129-166.
28. Fleitmann, T. (1847). Ueber die Existenz eines schwefelfreien Proteins.(硫黄を含まないタンパク質の存在の一例)*Annalen der Chemie und Pharmacie* **61**, 121-126, Fleitmann はその著書の中で硫黄を含むタンパク質を「ミュルデルのタンパク質(Mulersche Protein)」と呼び，硫黄が単なる夾雑物ではなく，純粋に「結合(Verbindung)」しているものであることを長い紙面を割いて証明している。
29. もちろん今日私たちは，硫黄は2種類のアミノ酸に含まれる元素であって，除くことができないことを知っている。
30. Dumas, J. B. and Cahours, A. (1842). Sur les matières azotées neutres de l'organ-

isation: *Annales de Chimie et Physique* **6**, 385-448.

31. Liebig, J. (1847). Ueber die Bestandteile der Flüssigkeiten des Fleisches. *Annalen der Chemie und Pharmacie* **62**, 257-369. ミュルデルへの批判は 268 〜 270 頁にある。

32. Mann, G. (1906). *Chemistry of the proteids*. Macmillan, London.

33. Dyke, G. V. (1993). *John Lawes of Rothamsted*. Hoos Press, Harpenden.

34. 原子価と原子間結合の概念が確立されるまで，異なる原子量が存在することはそれほど深刻な問題とはならなかった。有名なカールスルーエ会議で，無機化学や有機化学の間で異なっていた原子量を統一することが決められたが，それは 1860 年のことであった。Partington, J.R. (1961-1964). *History of chemistry*, vol.4, pp. 166, 488, Macmillan, London. 参照。

第 2 章

1. Osborne, T. B. (1892). Crystallized vegetable proteids. *American Chemical Journal* **14**, 662-689.

2. Haüy, R.-J. (1801). *Traité de minéralogie. Louis Libraire*, Paris. 第 2 版は 1822 年に出版され，同年 Traité de crystallographie も出版された。

3. Kühne, W. (1859). Untersuchungen über Bewegungen und Veränderungen der contractilen Substanzen. *Archiv für Anatomie und Physiologie* **748-835** ; Kühne, W. (1864). *Untersuchungen über das Protoplasma und die Contractilität*. W. Engelmann, Leipzig.

4. 第 5 章，注 18 参照。

5. Hünefeld, F. L. (1840). *Der Chemismus in der thierischen Organisation*, pp. 158-163. Brockhaus, Leipzig.

6. Preyer, W.T. (1871). Die Blutkrystalle. Mauke's Verlag, Jena. プライヤーはマンチェスターで生まれ，16 歳のときにドイツに移住した。彼の最も重要な仕事は，発達心理学に関する本といわれている。*Die Seele des Kindes* (Leipzig, 1882) は特に影響を与え，8 版まで改訂されている。

7. Reichert, E. T. and Brown, A. P. (1909). *The differentiation and specificity of corresponding proteins and other vital substances in relation to biological classification and organic evolution. The crystallography of hemoglobin*. Washington, Carnegie Institution.

8. Kossel, A. (1901). Ueber den gegenwärtigen Stand der Euweusschemue. *Brichte der dutschen chemischen Gesellschaft* **34**, 3214-3245. コッセルはタンパク質の歴史の中で主要人物である。彼はいつも明確にそして強く自分の意見を述べる人物であった。彼の頭の中では，タンパク質が巨大分子であることは疑いなく，一連の分解により小さな断片になることが明確に述べられている。同様に，彼は結晶が他の分子を吸収できることから，単に結晶化したという事実からその物質が純粋であるとみなすことはできないと主張している。

9. Vaubel, W. (1899). Ueber die Molekulargrösse der Eiweisskörper. *Journal für prak-*

tische Chemie **60**, 55-71.

10. Osborne, T. B.(1892). Crystallized vegetable proteids. *American Chemical Journal* **14**, 662-689.

11. Pirie, N.W.(1979). Purification and crystallization of proteins. *Annals of the New York Academy of Sciences* **325**, 21-32. ピリーは農学生化学者。

12. Edsall, J. T.(1972). Blood and hemoglobin: the evolution of knowledge of functional adaptation in a biochemical system. *Journal of the History of Biology* **5**, 205-257.

13. Teichmann, L. (1853). Ueber die Krystallisation der organischen Bestandtheile des Bluts. *Zeitschrift für rationelle Medicin* **NF3**, 375-388. 「ヘミン」という言葉を紹介した。

14. Hoppe-Seyler, F. (1864). Ueber die optischen und chemischen Eigenschaften des Blutfarbstoffs. *Virchows Archiv für Pathologie, Anatomie und Physiologie* **29**, 233-235, 597-600.

15. Hoppe, F. (1862). Ueber das Verhalten des Blutfarbstoffs im Spectrum des Sonnenlichtes. *Archiv für pathologische und anatoische Physiology* **23**, 446-499. ホッペはこの論文が出版された後に，ホッペ＝ザイラーという姓に変えた。Cf. Edsall, ref. 12, p.209.

16. Stokes, G. G. (1864). On the reduction and oxidation of the colouring matter of blood. *Proceedings of the Royal Society* **13**, 355-364.

17. Pauling, L. and Coryell, C. D. (1936). The magnetic properties and structure of hemoglobin, oxyhemoglobin and carbonmonoxyhemoglobin. *Proceedings of the National Academy of Sciences of the USA* **22**, 210-216.

18. Gamgee, A. (1898). Haemoglobin: its compounds and the principal products of its decomposition. In Schäfer, E. A. (ed.), *Textbook of physiology*, vol. 1, pp. 185-260. Y. J. Pentland, Edinburgh and London.

19. Barcroft, J. (1914) *The respiratory function of the blood*. Cambridge University Press, Cambridge.

20. 総論は参考文献1を参照のこと。詳しい調整法は別の論文に掲載されている。Osborne, T.B. (1892). *American Chemical Journal* **14**, 212-224, 629-661.

21. Hofmeister, F. (1890-1892). Über die Darstellung von kristallisierten Eieralbumin und die Kristallisierbarkeit kolloider Stoffe. *Zeitschrift für physiologische Chemie* **14**, 165-172; Ueber die Zummansetzung des kristallisierten Eieralbumins. Ibid **16**, 187-191.

22. Hopkins, F. G. and Pinkus, S. N. (1898). Observations on the crystallization of animal proteids. *Journal of Physiology* **23**, 130-136.

23. Hopkins, F. G. (1900). On the separation of a pure albumin from egg-white. *Journal of Physiology* **25**, 306-330.

第3章

1. Hofmeister, F.（1902）. Ueber Bau und Gruppierung der Eiweisskörper. *Ergebnisse der Physiologie* 1, 759-802. 引用した部分はこの長い詳細な論文の 792 ページに現れる。原文の英語翻訳は，Teich, M. with Needham, D.M.（1992）. *A documentary history of biochemistry 1770-1940*. Leicester University Press, Leicester. 原文中イタリック部分は著者による。

2. Fischer, E.（1906）. Untersuchungen über Aminosäuren, Polypeptide und Proteine. *Berichter der deutschen chemichen Gesellschaft* 39. 530-610. 次の文献も参照のこと。Fischer, E.（1922）. In M. Bergmann（ed.）*Gesammelte Werke*. Springer, Berlin. Reprinted in 1987.

3. Cohn, E. J.（1925）.The physical chemistry of the proteins. *Physiological Reviews* 5, 349-437.

4. Vickery, H. B. and Schmidt, C. L. A.（1931）. The history of the discovery of the amino acids. *Chemical Reviews* 9, 169-318.

5. Vickery, H.B.（1972）. The history of the discovery of the amino acids. II. 1931 年より続く，天然タンパク質の成分であるアミノ酸に関する総説。*Advances in Protein Chemistry* 26, 81-171. この総説は，DNA の 3 つの塩基の配列にコードされたアミノ酸からタンパク質が生合成されるメカニズムが発見されたあとで書かれている。ヨードを含むアミノ酸など今日我々が翻訳後修飾と呼んでいるアミノ酸も含まれている。

6. Hlasiwetz, H. and Habermann, J.（1871-1873）. Ueber die Proteinstoffe. *Annalen der Chemie* 159, 304-333 ; 169, 150-166. これらの論文はあまり著名ではないチェコの科学者によって書かれたが，いくつかの観点からタンパク質化学に影響を与えた「古典」としてとらえられている。第 4 章の 53 ページを参照のこと。

7. アスパラギンは，タンパク質由来であると推測されるずっと前の 1806 年から化学物質として同定されていた。アスパラギンはアスパラの茎から抽出される。化合物リストに早くから載っているのは，混合物からも（一水和物として）すぐに結晶化されるし，純粋な物質として得やすいからであった。

8. Benfey, O. T.（1992）. *From vital force to structural formulas*. Beckman Center for the History of Chemistry, Philadelphia.

9. Koerting, W.（1968）. Die Deutsche Universität in Prag. Die letzten hundert Jahre ihrer medizinischen Fakultät. Munich.

10. Bochalli, R.（1948）. Die Gesellschaft deutscher Naturforscher und Ärzte als Spiegelbild der Naturwissenschafter und der Medizin. *Naturwissenschaftliche Rundchau（Stuttgart）* 1, 275-278. Querner, H. and Schipperges, H.（eds）（1972）. *Wege der Naturforschung, 1822-1972*, Springer, Berlin. Querner, H.（ed.）（1972）. *Schriftenreihe zu Geschichte der Versammlung deutscher Naturforscher und Ärzte*. Gerstenberg, Hildesheim.

11. 最初のミーティングは 1822 年ライブツィヒで行われた。それから毎年行われたが，

数回見送られている。例えば，1848 年はドイツ革命の年であり，開催されていない。ベルツェリウスは 1828 年に，リービッヒは 1825 年，ヘルムホルツは 1857 年に総会講演（プリナリーレクチャー）を行っている。ミュルデルもケクレも総会講演者のリストにはない。

12. Fruton, J. S.(1985). Contrasts in scientific style. Emil Fischer and Franz Hofmeister: their research groups and their theory of protein structure. *Proceedings of the American Philosophical Society* **129**, 313-370; Fruton, J. S. (1990). *Contrasts in scientific style: research groups in the chemical and biochemical sciences*. American Philosophical Society, Philadelphia.

13. Vickery, H. B. and Osborne, T. B. (1928). A review of hypotheses of the structure of proteins. *Physiological Reviews* **8**, 393-446.

14. Hoesch, K. (1921). *Emil Fischer, sein Leben und sein Werk*. Verlag Chemie, Berlin.

15. Forster, M. O.(1920). Emil Fischer memorial lecture. *Journal of the Chemical Society* **117**, 1157-1201.

16. Ostwald, W. (1927). Lebeslinien. Klasing, Berlin. 文献 12 にフルトンにより引用されている。

17. 20 年後，フィッシャーの指導者（メンター）であるアドルフ・フォン・バイヤーは，有機化学はやりつくしてしまったと述べている。しかし，19 世紀にすでにやることがなくなったとは思えない。

18. このような職を転々とするやり方は，当時のドイツのアカデミアでは典型的であった。さまざまな機会が増えて繁栄している証でもあった。

19. Fischer, E. (1894). Einfluss der Konfiguration auf die Wirkung der Enzyme. I. *Berichte der deutschen chemischen Gesellschaft* **27**, 2985-2993.

20. この手紙はフルトンによって前掲文献 12 に引用されている。

21. Fischer, E. and Fourneau, E. (1901). Über einige Derivate des Glykocolls. *Berichte der deutschen chemischen Gesellschaft* **34**, 2868-2877.

22. Forster's memorial lecture, 前掲文献 15, 1184 ページ。

23. Fischer, E. (1902). Über die Hydrolyse der Proteinstoffe. *Chemiker Zeitung* **26**, 939-940.

24. Pohl, J.and Spiro, K. (1923), Franz Hofmeister, sein Leben und Wirken. *Ergenisse der Physiologie* **22**, 1-50. もうひとつ良く書かれた追悼文がある。Neuberg, C.(1923). *Biochemische Zeitschrift* **134**, 1-2. 短いが情報が多い。

25. 死の数週間前に発行された，Biochemische Zeitschrift (1922)の 127 巻は，偶然ホフマイスターにとって 'Festband'（訳注：「記念の巻」という意と思われる）になった。

26. Hofmeister, F. (1889). Über die Darstellung von kristallisierten Eieralbumin und die Kristallisierbarkeit kolloider Stoffe. *Zeitschrift für physiologische Chemie* **14**, 165-172.

第 3 章 | 261

27. Hofmeister, F.（1901）. *Die chemische Organisation der Zelle*. Vieweg, Braunschweig.

28. Hofmeister, F.（1902）. Ueber den Bau des Eiweissmoleküls. *Naturwissenschaftliche Rundschau（Braunschweig）* **17**, 529-533, 545-549. これは抄録版である。

29. Hofmeister, F.（1902）. Ueber Bau und Gruppierung der Eiweisskörper. *Ergebnisse der Physiologie* **1**, 759-802.

30. Fischer, E.（1906）. 文献2を参照のこと。

31. Fischer, E.（1907）. Synthetical chemistry in its relation to biology（Faraday lecture）. *Journal of the Chemical Society* **91**, 1749-1765. フィッシャーは当初、1895年にファラディーレクチャーに招かれていたが、健康状態がすぐれず、断っていた。1895年はまだアミノ酸やペプチドに関する研究を始める前だったので、もし講演をやったとしても面白くなかっただろう。

32. Hofmeister, F.（1908）. Einiges über die Bedeutung und den Abbau der Eiweisskörper. *Archiv für experimentelle Pathologie und Pharmacologie*（1908 Supplement）, 273-281.

33. Kossel, A.（1901）. Ueber den gegenwärtigen Stand der Eiweisschemie. *Berichte der deutschen chemischen Gesellschaft* **34**, 3214-3245.

34. Kossel, A.（1912）. Lectures on the Herter Foundation. *Johns Hopkins Hospital Bulletin* **23**, 65-76. この論文は特異的なアミノ酸配列の概念に近いことを議論している。

35. Vickery, H. B. and Osborne, T. B.（1928）. 前掲文献13参照.

36. 例えば、Plimmer, R.H.A.（1908）. *The chemical constitution of the proteins*. Longmans, London を参照されたい。これは「生物学における有機化学の大先生」としてエミール・フィッシャーに捧げられている。

37. Abderhalden, E.（1924）. Diketopiperazines. *Naturwissenschaften* **12**, 716.

38. Abderhalden, E. and Komm, E.（1924）. Über die Anhydridstruktur der Proteine. *Zeitschrift füür physiologische Chemie* **139**, 181-204.

39. Wrinch, D. M.（1937）On the pattern of proteins. *Proceedings of the Royal Society* **A160**, 59-86; Wrinch D. M.（1937）. The cyclol hypothesis and the 'globular' proteins. *Proceedings of the Royal Society* **A161**, 505-524.

第4章

1. この章は以前出版した論文に基づいている。Tanford, C and Reynolds, J.（1999）. Protein chemists bypass the colloid/macromolecule debate. *Ambix* **46**, 33-51.

2. Zinoffsky, O.（1885）. Ueber die Grösse des Hämoglobinmolecuüls. *Zeitschrift für physiologische Chemie* **10**, 16-34.

3. Flory, P. J.（1953）. *Principles of polymer chemistry*, pp.3-28. Cornell University Press, Ithaca.

4. Morawetz, H.（1985）. *Polymers: The origins and growth of a science*. Wiley, New York.

5. Morris, P. J. T.（1986）. *Polymer pioneers*. Center for History of Chemistry, Philadel-

phia.

6. Olby, R. (1970). The macromolecular concept. *Journal of Chemical Education* **47**, 168-174.

7. Furukawa, Y. (1998). *Inventing polymer science*. University of Pennsylvania Press, Philadelphia.

8. Staudinger, H. (1961). *Arbeitserrinerungen*. Hüthig, Heidelberg. 英語訳は，*From organic chemistry to macromolecules*. Wiley, New York, 1970.

9. Florkin, M. and Stoz, E.H. (eds) (1972). *Comprehensive biochemistry*, vol. 32, pp.279-284. Elsevier, Amsterdam. フローキンとストッツの評価もかなり変化して，この長い論文の後続編の中ではタンパク質化学者が多くの賞賛を浴びるようになる。Laszlo, P. (1986). 高分子の記述は，vol.34A, pp.12-22 にある。

10. 1925 年のチューリッヒ科学会での講演会でいらいらした口調で発せられた。前掲文献 4，Morawetz, 86 ページ参照．.

11. 第 1 章の図 1.2 に複写した表中に明瞭に示されている。

12. Thudichum, J. L. W. (1872). *A manual of chemical physiology*. Longmans, London.

13. Hüfner, G. (1894). Neue Versuche zur Bestimmung der Sauerstoffcapacität des Blutfarbstoffs. *Archiv für Physiologie*, 130-176.

14. Kossel, A. and Kutscher, F. (1900). Beiträge zur Kenntniss der Eiweisskörper. *Zeitschrift für physiologische Chemie* **31**, 165-214.

15. Hofmeister, F. (1902). Ueber Bau und Gruppierung der Eiweisskörper. *Ergebnisse der Physiologie* **1**, 759-802.

16. Hlasiwetz, H. and Habermann, J. (1871-1873). Ueber die Proteinstoffe. *Annalen der Chemie* **159**, 304-333; 169, 150-166.

17. Kossel, A. (1901). Ueber den gegenwärtigen Stand der Eiweisschemie. *Berichte der deutschen chemischen Gesellschaft* **34**, 3214-3245.

18. Barth, L. (1876). Nekrologie auf Heinrich Hlasiwetz. *Berichte der deutschen chemischen Gesellschaft* **9**, 1961-1992. 同様に McConnell, V.F. (1953). Hlasiwetz and Barth-pioneers in the structural aspects of plant products. *Journal of Chemical Education* **30**, 380-385. を参照。ラーシヴェッツ (Hlasiwetz) の同僚であったヨゼフ・ハーバーマン (Josef Haberman；1841-1914) はブルノ大学で教職についていた。

19. Servos, J. W. (1990). *Physical chemistry from Ostwald to Pauling*. Princeton University Press; Laidler, K. J. (1993). *The world of physical chemistry*. Oxford University Press, New York.

20. Sabanjeff, A. (1891). Kryoskopische Untersuchung der Kolloide. Bestimmung des Molekulargewichtes von Kolloiden nach Raoult's Methode. *Chemisches Centralblatt* **62**, part 1, 10-12. (この前に出たロシアの論文の要約)

21. Kauffman, G. B. (1972). トーマス・グレアムの伝記は *Dictionary of scientific biography*, vol. 5 にある。

第 4 章 | 263 |

22. Graham, T. (1861). Liquid diffusion applied to analysis. *Philosophical Transactions of the Royal Society* **151**, 183-224. グレアムはユニバーシティカレッジ（ロンドン）の教職を 1854 年に辞し，造幣局の局長職に就いた。アイザック・ニュートンが初代局長であるこの職の最後の人となった。彼の 1861 年の論文はこの晩年の職に就いているときに書かれている。

23. Kekulé, A. (1878). Inaugural lecture given at the University of Bonn. *Nature* **18**, 210.

24. Ostwald, W. (1884-1885). *Lehrbuch der allgemeinen Chemie*, vol. 1, p. 527. W. Engelmann, Leipzig.

25. van Bemmelen, J.M. (1888). Sur la mature des colloides et leur teneur *Recueil des Tavaux Chunuques de Pays-Bas*, 37-68. 英語訳は，Hatschek, E.(ed.)(1925). *The foundations of colloid chemistry*. Ernest Benn, London.

26. Picton, H. and Linder, S.F. (1892).Solution and pseudo-solution. Part I. *Journal of the Chemical Society* **61**, 148-172. 同時に，1897 年に発行された *Journal of the chemical Society* **71**, 568-573 にある第Ⅲ部も参照。

27. ピクトンもリンダーもこの論文の後は研究を続けられていない，しかし，実験ツールとして電気泳動の基礎を築いたとして，ずっと高い評価を得ている。第一次世界大戦後ピクトンは平和活動家として活躍し，ドイツとの友好関係を熱心に促進した。1923 年に彼はイェナで開催された第 2 回 Kolloidgesellschaft 会議に招待され，自分自身を「過去の亡霊」と表現する感動的な講演を行った。第 2 回 Kolloidgesellschaft 会議録(1923)*Kolloid Zeitschrift* **33**, 257-261. と Hatschek, E. (ed.) (1926). Klassische Arbeiten über kolloide Lösungen, *Ostwald's Klassiker der Exkten wissenschaften*, vol. 217. を参照。

28. Servos, J. W. (1990). 前掲文献 19, 第 3 章；Hager, T. (1995). *Force of nature: the life of Linus Pauling*, pp. 77-84. Simon & Schuster, New York.

29. Noyes, A. A. (1905). The preparation and properties of colloidal mixtures. *Journal of the American Chemical Society* **27**, 85-104.

30. Lumière, A. (1921). *Role des colloides chez les êtres vivants, essai de biocolloidologie*. Masson et Cie, Paris.

31. Letter from Jacques Loeb to L. Michaelis, Jan 27, 1921, in Werner. P. (1996). *Otto Warburg's Beitrag zur Atmungstheorie*. Basiliken-Presse, Marburg.

32. Servos, J. W. (1990). *Physical chemistry from Ostwald to Pauling*, ref. 19, pp. 299-324.

33. Laidler, K. J. (1993). The world of physical chemistry, ref. 19, pp. 48-52, 292-293.

34. Pauly, P. (1987). *Controlling life: Jacques Loeb and the engineering ideal in biology*. Oxford University Press, Oxford.

35. 創刊は 1906 年 *Zeitschrift für Chemie und Industie der Kolloide*。オストヴァルトは 1907 にエディターになった。

36. Ostwald,Wo. (1907). Zur Systematik der Kolloide. *Zeitschrift für Chemie und Industrie*

der Kolloide（*Kolloid Z.*）**1**, 291-300, 331-341. ヴォルフガング・オストヴァルトは 'Wo' というイニシャルを使っている．'W' を彼の父ヴィルヘルム（Wilhelm）に充てているからである。

37. Ostwald, G.（1953）. *Wilhelm Ostwald, mein Vater*. Berliner Union, Stuttgart.

38. Needham, J. and Baldwin, E.（eds）（1949）. *Hopkins and biochemistry*, p.179. Heffer, Cambridge.

39. Hausmann, W.（1900）. Ueber die Vertheilung des Stickstoffs von Eiweissmolekul. *Zeitschrift für physiologische Chemie* **29**, 136-145.

40. Jones, M. E.（1953）. Albrecht Kossel, a biographical sketch. *Yale Journal of Biology and Medicine* **26**, 80-97. コッセルは 1910 年タンパク質と「核酸物質」でノーベル賞を受賞した。

41. Kossel, A. and Kutscher, F.（1900）. Beiträge zur Kenntniss der Eiweisskörper. *Zeitschrift füür physiologische Chemie* **31**, 165-214.

42. Kossel, A.（1912）. Lectures on the Herter Foundation. *Johns Hopkins Hospital Bulletin* **23**, 65-76. 最初の実質的なアミノ酸配列の決定は，1953 年サンガーのインスリンの仕事までまたなければならない。

43. Vickery, H. B.（1931）. Biographical memoir of T. B. Osborne. *Biographical Memoirs of the National Academy of Sciences* **14**, 261-303.

44. Osborne, T. B.（1902）. Sulphur in protein bodies. *Journal of the American Chemical Society* **24**, 140-167.

45. Osborne, T. B. and Harris, I. F.（1903）. Nitrogen in protein bodies. *Journal of the American Chemical Society* **25**, 323-353.

46. Osborne, T. B.（1909）. *The vegetable proteins*. Longmans, London.

47. Holter, H. and Møller, M.（eds）（1976）. *The Carlsberg Laboratories 1876/1976*. Rhodos, Copenhagen.

48. Sørensen, S. P. L.（1909）. Enzyme studies II. Measurement and significance of hydrogen ion concentration in enzyme processes. *Comptes rendus des traveaux du Laboratoire Carlsberg* **8**, 1-168（フランス語）; *Biochemische Zeitschrift* **21**, 131-304（ドイツ語）。

49. Güntelberg, A.V. and Linderstrøm-Lang, K.（1949）. Osmotic pressure of plakalbumin and ovalbumin solutions. *Comptes rendus des traveaux du Laboratoire Carlsberg, Sér. chim.* **27**, 1-25.

50. Sørensen, S. P. L., Høyrup, M. and others（1915-1917）. Studies on proteins. *Comptes rendus des traveaux du Laboratoire Carlsberg* **12**, 1-372. このシリーズにおける重要な論文は，Sørensen, S. P. L. and Høyrup, M. On the state of equilibrium beteen crystallised egg albumin and surrounding mother liquor, and on the application of Gibbs' phase rule to such systems, ibid. **12**, 213-261 と Sørensen, S. P. L. On the osmotic pressure of egg albumin solutions, ibid. **12**, 262-371 である。

第 4 章 | 265 |

51. Barcroft, J. and Hill, A.V.(1910). The nature of oxyhaemoglobin, with a note on its molecular weight. *Journal of Physiology* **39**, 411-428.

52. ウィリアム・ハーディー（William Hardy；1864-1934）はタンパク質の電気的性質に関する価値ある貢献をいくつもしている。

53. Abderhalden E. (1922). Ueber die Beziehung der Kolloidchemie zur Physiologie. *Kolloid Zeitschrift* **31**, 276-279. 本論文は Kolloid-Gesellschaft の最初のミーティングで発表された。

54. Abderhalden, E. and Komm, E. (1924). Über die Anhydridstruktur der Proteine. *Zeitschrift für physiologische Chemie* **139**, 181-204.

55. アブデルハルデンの他の逸脱行為については，Deichmann, U. and Müller-Hill, B. (1998). The fraud of Abderhalden's enzymes. *Nature* **393**, 109-111. を参照のこと。

56. Fischer, E.(1913). Synthese von Depsiden, Flechtenstoffen und Gerbstoffen. *Berichte der deutschen chemischen Gesellschaft* **46**, 3253-3289. 本論文は 1913 年 9 月にウィーンで行われた講演である。

57. 他の晩年に逆戻りしてしまう不思議な例はＳ・Ｐ・Ｌ・セーレンセンで，（なんと）1930 年に，1915 年に行っていた自身のコロイド説への批判をみずから放棄したように見える。エドサールは実験的誤りによるものではないかとしているが，セーレンセンがこのテーマに関する自身の確固とした以前の実験をどうして無視することを選んだのか，だれも説明できない。Sørensen,S.P.L. (1930). The constitution of soluble proteins as reversibly dissociable component systems. *Comptes rendus des traveaux du Laboratoire Carlsberg* **18**, no. 5, 1-124; Cohn, E. J. and Edsall, J. T. (1943). *Proteins, amino acids and peptides as ions and dipolar ions*, pp. 576-585. Reinhold, New York を参照のこと。

58. Cohnheim O. (1900). *Chemie der Eiweisskoerper.* Vieweg, Braunschweg.（第 2 版は 1904 年に発行された）;Mann, G. (1906). *Chemistry of the proteids. Macmillan*, London.

59. Plimmer, R. H. A. (1908). *The chemical constitution of the proteins. Longmans*, London. Schryver, S.B. (1909). *The general characters of the proteins. Longmans*, London. 両著者ともユニヴァーシティ・カレッジ・ロンドンの教授である。

60. Robertson, T. B. (1912). *Die physikalische Chemie der Proteine.* Steinkopff, Dresden. Robertson, T. B. (1918). *The physical chemistry of the proteins.* Longmans, New York. この本は米国の初版の 6 年前にドイツ語版が出版されている。

61. Abderhalden, E. (1906). *Lehrbuch der physiologischen Chemie in dreissig Vorlesungen.* Urban & Schwarzenberger, Berlin; Abderhalden, E. (1908). *Text-book of physiological chemistry in thirty lectures.* Wiley, New York.

62. Pauli, W. (1902). *Der kolloidale Zustand und die Vorgänge in der lebendigen Substanz,* Vieweg, Braunschweig; Pauli, W. (1922). Colloid chemistry of proteins. J. & A. Churchill, London.

63. Svedberg, T. (1909). *Herstellung kolloider Lösungen.* Steinkopff, Dresden; Svedberg, T.

(1921). *The formation of colloids*. J. & A. Churchill, London.

64. Einstein, A. (1907), Theoretical observations on the Brownian motion. *Zeitschrift für Elektrochemie* **13**, 41-42. この論文は，この話題についてのアインシュタインの有名な本に収録されている。：Einestein, A. (1926). *Investigations on the theory of the Brownian movement. Methuen, London.*（ペーパーバック版が Dover, New York, から 1956 年に出版されている）。

65. 読者の記憶をよびさますために説明すると，いわゆる「ブラウン運動」はスコットランドの植物学者ロバート・ブラウン（Robert Brown）によって 1828 年初めて報告された，水中に懸濁した花粉から流出した微粒子が，自然に細かい不規則な動きをするというものである。アインシュタインが，この現象を，液体の独立した媒質粒子が花粉微粒子にランダムに衝突することによって引き起こされると，定量的統計的に説明したことにより，独立した‘粒子（分子）’の存在を人々がしっかりと確信することとなった。アインシュタインはブラウン運動を直接に浸透圧や核酸の現象にあてはめた。これは彼の，熱や物質の分子運動論の理論的コアとなり，さらに続いて，超遠心や粘性など，多くのタンパク質分子の性質を調べる手法の理論に応用された。

66. スヴェドベリは，コロイド学派に対して，彼の高分子の概念への転向に関する詳細に説明する論文をコロイド科学者たちの雑誌 *Kolloid Zeitschrift* に発表した。Svedberg, T, T. (1930). Ultrazentrifugale Dispersitätsbestimungen an Eiweisslösungen. *Kolloid Zeitschrift* **51**, 10-24.

67. Svedberg, T. and Fåhraeus, R. (1926). A new method for the determination of the molecular weight of proteins. *Journal of the American Chemical Society* **48**, 430-438.

68. Svedberg, T. (1929). Mass and size of protein molecules. *Nature* **123**, 871; Svedberg, T. and Pedersen, K.O. (1940). The ultracentrifuge. Clarendon, Oxford.

69. Söderbaum, H.G. (1966). Presentation speech for award to T. Svedberg. In *Nobel lectures—Chemistry*. Elsevier, Amsterdam. 受賞および受賞講演は 1926 年。

70. *Mitteilungen der Gesellschaft deutscher Naturforscher und Ärzte* **3**, no. 12 (1926)のプログラムを参照のこと。

71. 学会で発表された論文が発表されている。Waldschmide-Leitz, E. (1926). Zur Struktur der Proteine. *Berichte der deutschen chemischen Gesellschaft* **59**, 3000-3007; Bergmann, M. (1926). Allgemeine Stukturchemie der komplexen Kohlenhydrate and der Proteine. *Berichte der deutschen chemischen Gesellschaft* **59**, 2973-2981. バーグマンが彼自身の仕事として挙げているのは，タンパク質ではなく，多糖類のイヌリンである。

72. Waldschmidt-Leitz, E. (1933). The chemical nature of enzymes. *Science* **78**, 189-190.

73. Staudinger, H. (1926). Die Chemie der hochmolekularen organischen Stoffe im Sinne der Kekuléschen Strukturlehre. *Berichte der deutschen chemischen Gesellschaft*

59, 3019-3043.

74. Svedberg,T.(1966). In *Nobel lectures—chemistry*. Elsevier, Amsterdam. 授 賞 は 1926年。同年の物理学賞はコロイド系の科学者，ジャン・ペラン（Jean Perrin）であった。

75. Staudinger,H（1966）. In *Nobel lectures—chemistry*. Elsevier, Amsterdam. シュタウディンガーのノーベル化学賞はやや遅れて1953年に与えられた。

第5章

1. Cohn, E. J. and Prentiss, A. M. (1927). Studies in the physical chemistry of the proteins. VI. The activity coefficients of the ions in certain oxyhemoglobin solutions. *Journal of General Physiology* **8**, 619-639.

2. 例 え ば，Laidler, K.J. (1995). *The world of physical chemistry* (revised edition), pp. 207-227. Oxford University Press, New York. を参照。

3. Ostwald, W. (1887). *Lehrbuch der Allgemeinen Chemie*, vol. 2, pp. 821-829. W. Engelmann, Leipzig.

4. Loeb, J. (1898). The biological problems of today: physiology. *Science* **7**, 154-156.

5. Loeb, J. (1922). *Proteins and the theory of colloidal behavior*. McGraw-Hill, New York. (2 edn, 1924).

6. Bredig, G. (1894). Über die Affinitätsgrissen der Basen. *Zeitschrift für physikalische Chemie* **13**, 289-326; 特に323ページの脚注。ブレディッヒはその後ヴァルター・ネルンスト（Walther Nernst）と研究仲間になり，彼自身の低温熱力学の研究やその他の研究で有名になった。伝記は，W.Kuhn(1962). Nachruf auf G. Bredig. *Chemische Berichte* **95**, xlvii-lvii を参照のこと。

7. Winkelblech, K. (1901). Über amphotere Elektrolyte und innere Salze. *Zeitschrift für physikalische Chemie* **36**, 546-595.

8. Küster, F. W. (1897). Kritische Studien zur volumetrischen Bestimmung von karbonathaltigen Alkalilaugen und von Alkalicarbonaten, sowie über das Verhalten von Phenolphtalein und Methylorange als Indikatoren. *Zeitschrift für inorganische Chemie* **13**, 127-150.

9. Edsall, J. T. (1936/37). Raman spectra of amino acids and related compounds. *Journal of Chemical Physics* **4**, 1-8 ; 5, 225-237, 508-517.

10. この混乱についての内部情報は1899年にゲッチンゲンで行われたドイツ電気化学会の抄録にある。そこで，ブレディッヒの短い講演に対するオストヴァルト，キュスター等々の人たちの熱い議論が掲載されている。Über amphotere Electrolyte und innere Salze. *Zeitschrift für Elektrochemie* **6**, 33-37.

11. Adams, E.Q. (1916). Relations between the constants of dibasic acids and of amphoteric electrolytes. *Journal of the American Chemical Society* **38**, 1503-1510. アダムス (1888-1971)は1914年にカリフォルニア大学の偉大な物理化学者G・N・ルイスの

下で博士号(Ph.D.)を取得した。この頃，ルイスは化学結合や分光法の研究をしており，アダムスも分子の電荷が分光スペクトルに大きな影響を及ぼすことから，酸と塩基の研究に従事していた。

12. Bjerrum, N. (1923). Die Konstitution der Ampholyte, besonders der Amino-säuren, und ihre Dissociationkonstanten. *Zeitschrift für physikalische Chemie* **104**, 147-173.

13. Picton, H. and Linder, S.E. (1892). Solution and pseudo-solution. Part I. *Journal of the Chemical Society* **61**, 148-172. 同様に，1897年，*Journal of the Chemical Society* **71**, 568-573 に発表された Part III も参照のこと。

14. 後に，この研究の重要性が減少することはなく，本書の歴史のなかでも極めて重要な位置を占めるが，驚くことに，ピクトンもリンダーもこの論文発表後に研究を続けられていない。264頁（第4章，注27）参照。

15. Hardy, W. B. (1899). On the coagulation of proteid by electricity. *Journal of Physiology* **24**, 288-304.

16. Pauli, W. (1906). Untersuchungen über physikalische Zustandsänderungen der Kolloide. Die elektrische Ladung von Eiweiss. *Beiträge zur chemischen Physiologie und Pathologie* **7**, 531-547. この仕事は同じ題で Pauli, W と Handovsky, H. (1908). 同 **11**, 415-448 に続く。パウリ(Pauli)は，パウリの排他原理で有名な物理学者の父である。

17. Michaelis, L. (1909). Die elektrische Ladung des Serumalbumins und der Fer-mente. *Biochemische Zeitschrift* **19**, 181-185; Michaelis, L. and Davidsohn, H. (1911). Der isoelektrische Punkt des genuinen und des denaturierten Serumalbumins. *Biochemische Zeitschrift* **33**, 456-473.

18. 動物の化学(生体分子を扱う化学：現在の生化学)は「Tierchemie ist Schmierche-mie(動物の化学はずさんな化学だ：リービッヒの言葉(訳者注)」[19] という宣言によって軽んじられてきた。しかし，ここに引用したタンパク質に関する p H 値の正確性のレベルが高いことによって，徐々にずさんな化学というイメージがなくなっていった。

19. Hopkins, F.G. による英国科学振興協会での講演(1913)。Needham J. and Baldwin, E. 編(1949). *Hopkins and biochemistry*(ホプキンスと生化学)，p137。Heffer, Cambridge.

20. Bugarszky, S. and Liebermann, L. (1898). Ueber das Bindungsvermögen eiweis-sartiger Körper füür Salzsäure, Natriumhydroxyd und Kochsalz. *Pflüger's Archiv* **72**, 51-74.

21. Nernst, W. (1889). Die elektromotorische Wirksamkeit der Ionen. Zeitschrift für *physikalische Chemie* **4**, 129-181; (1894). Zur Dissociation des Wassers. Zeitschrift für *physikalische Chemie* **14**, 155-156.

22. Osborne, T. B. (1902). The basic character of the protein molecule and the reac-tion of edestin with definite quantities of acids and alkalies. *Journal of the American*

Chemical Society **24**, 39-78.

23. Sørensen, S. P. L., Høyrup, M., and others (1915-1917). Studies on proteins. *Comptes rendus des traveaux du Laboratoire Carlsberg* **12**, 1-372.

24. Linderstrøm-Lang, K. (1924). On the ionisation of proteins. *Comptes rendus des traveaux du Laboratoire Carlsberg* **15**, no. 7, 1-29.

25. Cohn, E. J. (1925). The physical chemistry of proteins. *Annual Review of Physiology* **5**, 350-437.

26. Loeb, J. (1922). *Proteins and the theory of colloidal behavior.* McGraw-Hill, New York, 1922; 2nd edn, 1924.

27. Michaelis, L. (1922). *Die Wasserstoffionenkonzentration,* 2nd edn. Springer, Berlin.

28. Michaelis, L. (1926). *Hydrogen ion concentration,* Vol. 1. Principles of the theory. Williams & Wilkins, Baltimore.

29. Abderhalden, E. and Komm, E. (1924). Über die Anhydridstruktur der Proteine. *Zeitschrift für physiologische Chemie* **139**, 181-204. 第 3 章 46 ページも参照のこと。

30. Weber, H. H. (1930). Die Bjerrumsche Zwitterionentheorie und die Hydration der Eiweisskörper. *Biochemische Zeitchrift* **218**, 1-35.

31. Holter, H. (1976). カイ・リンダストレーム・ラング (Kai Linderstrom-Lang) の伝記。Holter, H. and Moller, K.M. 編 (1976). *The Carsberg Laboratory* pp.88-117, Rhodos, Copenhagen. *Advances in Protein Chemistry* **14**, xiii-xxiii に 1959 年に J・T・エドサールによって書かれた追悼文がある。

32. 当時卵白アルブミンの分子量は 34,000 と考えられていた。後に訂正された 45,000（第 4 章，参考文献 [49]）という値を用いれば半径は 24Å になっただろう。

33. Sutherland, W. (1905). A dynamical dynamical theory of diffusion for non-electrolytes and the molecular mass of albumin. *Philosophical Magazine* Ser. **6**, **9**, 781-785. サザーランドの天才ぶりを示すものとして，この論文の前に彼は当時の定説をくつがえして「強電解質溶液はすべての濃度においてイオンに電離している」と提唱している（Leidler 文献 2，216 ページ参照）。デバイの 20 年前にデバイ＝ヒュッケルの理論の概念を打ち出しているということだ。論文の題名からすると，サザーランドはタンパク質もまた電解質であるということに気がついてなかったようだ。

34. Sackur, O. (1902). Das elektrische Leitvermögen und die innere Reibung von Lösungen des Caseins. *Zeitschrift für physikalische Chemie* **41**, 672-680.

35. Chick, H. H. and Lubrzynska, E. (1914). The viscosity of some protein solutions. *Biochemical Journal* **8**, 59-69 ; Chick, H. The viscosity of protein solutions. II. Pseudo-globulin and euglobulin（horse）. *Biochemical Journal* **8**, 261-280.（Chick チックと共著者による他の論文 *Biochemical Journal* **7**（1913）や E. Hatschek の 1910 から 1913 年にかけて書かれた様々な論文を参照のこと）。

36. Einstein, A.(1906). Eine neue Bestimmung der Moleküldimensionen. *Annalen der Physik* **19**, 289-306. 方程式は極めて単純である。相対的粘度＝ $\eta / \eta_0 = 1 + 2.5 \, \phi$,

ϕは体積分率。この論文はアインシュタインの奇跡の期間(1905-1906)に発表された。この期間にアインシュタインはベルンの連邦特許局に勤めながら，相対性理論や光電効果の理論を生み出し，ブラウン運動の論文を発表した。最初の論文は1906年に発表されたが，定数に間違いがあった(当初は2.5となっていたが1が正しい)ため，1911年の *Annalen der Phisik* **34**, 591-592で訂正された。

37. Arrhenius, S. (1917). The viscosity of solutions. *Biochemical Journal* **11**, 112-133. アレニウスは主要な科学的革命を起こした科学者とは思えないふるまいをすることがある。この論文では，アインシュタインの方呈式に対して軽蔑的な態度をとっている。

38. Svedberg, T. and Sjögren, B. (1929). The molecular weight of Bence-Jones protein. *Journal of the American Chemical Society* **51**, 3594-3605.

39. フィルポット(Philpot, J.)とエリクソン－クエンセル(Eriksson-Quensel, I-B)はたぶん球状タンパク質を定義し，(ペプシン，ベンス－ジョーンズタンパク質，卵白アルブミンなど)いくつかのタンパク質を分類した最初の研究者である[40]。しかし，彼らは「球状」という言葉をつかっていない。W・T・アストベリーが使用したのが始まりだが，その分類基準をフィルポットとクエンセルの仕事から引用している[41]。

40. Philpot, J. St L. and Eriksson-Quensel, I-B. (1933). An ultracentrifugal study of crystalline pepsin. *Nature* **132**, 932-933.

41. Astbury, W. T. and Lomax, R. (1934 and 1936). X-ray photographs of crystalline pepsin. *Nature* **133**, 795; **137**, 803.

42. Linderstrøm-Lang, K. (1924). 参考文献24.

43. リンダストレーム・ラングの1924年の論文は電荷の同定や場所についてあいまいな表現を含んでいる。それはおそらく著者が若くて経験が浅かったためであり，デバイ－ヒュッケル理論をタンパク質の敵的曲線の解析モデルとして使用したひらめきに対する評価を損なうものではない。一連の論文が発表されたのちにPh.D(博士)学位があたえられるのがその当時の慣例であり，リンダストレーム・ラングの場合は4年後の1928年であった(Holter, 文献30, 97ページ参照)。

44. Cohn, E.J. and Edsall,J.T. (1943). *Proteins, amino acids and peptides as ions and dipolar ions.* Reinhold, New York.(「双極性(dipolar)」というより「多極性(multipolar)」といったほうがより正確であろう)。

45. Cohn, E. J. (1925). 参考文献25.

46. Cohn, E. J. and Prentiss, A. M. (1927). 参考文献1.

47. Cohn, E. J. (1932), Die Löslichkeitsverhältnisse von Aminosäuren und Eisweisskörpern: *Naturwissenschaften* **20**, 663-672.

48. Kirkwood, J. G. (1934). Theory of solutions of molecules containing widely separated charges with special application to zwitterions. *Journal of Chemical Physics* **2**, 351-361.

49. Tanford, C. and Kirkwood. J. G. (1957). Theory of protein titration curves. *Journal of the American Chemical Society* **79**, 5333-5339, 5340-5347.

50. Cohn, E. J. (1938). Number and distribution of the electrically charged groups of proteins. *Cold Spring Harbor Symposia on Quantitative Biology* **6**, 8-20.

第6章

1. Polanyi,M.(1921)。講演の要約：Die chemische Konstitution der Zellulose. *Naturwissenschaften* **9**, 288. この年に予備的な研究が行われたのは，このほか，何らかの繊維状の形態をとっている血清アルブミンとヘモグロビンである。絹のフィブロインの研究は遅れること2年である。

2. Steinhardt, J., Fugitt, C. H., and Harris, M. (1940). Combination of wool protein with acid and base. *Journal of Research of the National Bureau of Standards* **24**, 335-367; **25**, 519-544.

3. 例えば，1911年版 *Encyeclopaedia Britanica* の fibres の項参照。

4. Morris, P. J. T. (1986). *Polymer pioneers.* Center for History of Chemistry, Philadelphia.

5. Furakawa, Y. (1998). *Inventing polymer science.* Chemical Heritage Foundation, Philadelphia.

6. Morawetz, H. (1985). *Polymers.* John Wiley, New York.

7. ヘルツォーク(Herzog；1878-1935)は，実際，生化学者として研究を始めたが，共通の興味をもつコミュニティーを築くのに便利であったにちがいない。*Neue Deutsche Biographie* **8**, 740-741, Munich 1953 に伝記がある。

8. Bragg, W. H. and Bragg. W. L. (1913). The reflection of X-rays by crystals. *Proceedings of the Royal Society* **A 88**, 428-438.

9. 初期の歴史は，そのころ活躍した人たちの伝記や個人的回顧録などから知ることができる。Ewald, P.P. 編(1 (1962) *Fifty years of x-ray diffraction.* International Union of Crystallography, Utrecht. この本の第5章(57-80頁)にブラッグ方程式の誕生に関する詳しい歴史が書かれている。

10. Herzog, R. O. and Jancke, W. (1920). Über den physikalischen Aufbau einiger hochmolekularer organischen Verbindungen. *Berichte der deutschen chemischen Gesellschaft* **53**, 2162-2164.

11. Herzog, R. O., Jancke, W., and Polanyi, M. (1920). Röntgenspektrographische Beobachtungen an Zellulose. *Zeitschrift für Physik* **3**, 196-198, 343-348.

12. ポランニーは魅力的な落ち着きどころのない科学者である。彼は線維結晶構造解析（ドイツで）から始め，化学反応速度論(主にマンチェスターにて)に行き，そして最後は社会学の教授にまでなった。彼のX線回折の3年間の個人的回想禄は Ewald（文献9）の 629-636頁，一般的伝記については Wigner, E. と Hodgkin, D.M.C.(1977) *Biographical Memoirs of Fellows of the Royal Society* **23**, 413-448 を参照のこと。

13. Polanyi, M. (1921). 参考文献 1.

14. Brill, R.(1923).Über Seidenfibroin *Annalen der Chemie* **434**, 204-216. ブリルは絹フィブロインはもっぱらアラニンとグリシンだけからなる結晶性タンパク質と他のアミノ酸を含む不定形のタンパク質の混ざったものであると提唱した。

15. Sponsler, O.L. and Dore, W.H.(1926).The structure of Ramie cellulose as derived from x-ray data. *Colloid Symposium Monograph* **4**, 174-202. スポンスラー(Sponsler)とドーア(Dore)は植物学者であったが、2次結合について明確な理解を持っていた。たぶん彼らは水素結合のようなコンセプトを初めてもたらしたG・N・ルイスの影響下にあるカリフォルニア大学にいたからであろう。セルロース繊維にみられる長い距離にわたる秩序を生み出し維持しうるのは共有結合だけであると彼らは指摘した。繊維形成において、小結晶化単位のコロイド状集合を主張していたドイツのポリマー科学者たちは、その集合に必要な結合がどんなものであるかという問題について触れた者はいなかった。

16. Meyer, K. H. and Mark, H. (1930). *Der Aufbau der hochpolymeren organischen Naturstoffe*. Akademische Verlagsgesellschaft, Leipzig.

17. For an excellent scientific biography, see Bernal, J. D., Astbury, W. T. (1963). *Biographical Memoirs of Fellows of the Royal Society* **9**, 1-35.

18. Meyer,K.H. and Mark, H.(1928).Über den Aufbau des Seiden-Fibroins. *Berichte der deutschen chemischen Gesellschaft* **61**, 1932-1936. 天然シルク(絹)は実際上弾性がないことに注意。絹の構造をβケラチンに応用するにはX線回折のかなり信頼性の高い定量分析が必要であった。

19. Astbury, W. T. and Woods, H. J. (1930). The x-ray interpretation of the structure and elastic properties of hair keratin. *Nature* **126**, 913-914.

20. Astbury, W. T. and Street, A. (1930). X-ray studies of the structure of hair, wool, and related fibres (part I). *Philosophical Transactions of the Royal Society* **230**, 75-101.

21. Astbury, W. T. and Woods, H. J. (1933). X-ray studies of the structure of hair, wool and related fibres (part II). *Philosophical Transactions of the Royal Society* **232**, 333-394.

22. Watson. J. D. (1968). *The double helix. Atheneum*, New York.

23. Neurath, H. (1940). Intramolecular folding of polypeptide chains in relation to protein structure. *Journal of Physical Chemistry* **44**, 296-305.

24. Astbury, W. T. and Marwick, T. C. (1932). X-ray interpretation of the molecular structure of feather keratin. *Nature* **130**, 309-310.

25. 概観するには、Astbury, W.T.(1936)の X-ray studies of protein structure. *Nature* **137**, 803-805. がよい。ミオシンはこの頃筋肉に弾性を持たせる一塊のタンパク質と思われていた。

26. Bernal, J.D. and Crowfoot, D.(1934). X-ray photographs of crystalline pepsin. *Nature* **133**, 794-795. アストベリー自身も試みたがペプシンの解像度の高いX線回折像

を得ることができなかった。バナールとクローフットはこれを試料の取り扱い上の不注意であると記述している。

27. Astbury, W. T. (1934). X-ray studies of protein structure. Cold Spring Harbor Symposia on Quantitative Biology 2, 15-23. Astbury, W. T. (1937). Relation between 'fibrous' and 'globular' proteins. *Nature* **140**, 968-969. も参照のこと。

第7章

1. Tiselius, A.(1952). A・J・PマーティンとR・L・Mシングへのノーベル賞授与講演。

2. Proteid nomenclature, report of committee (1907). *Journal of Physiology* **35**, xvii-xx.

3. Recommendations of the committee on protein nomenclature (1908). American *Journal of Physiology* **21**, xxvii-xxx.

4. 1871年にはすでに高分子量の直接説明として，第一次加水分解産物，第二次加水分解産物を使用していた。第4章45頁(参考文献16と注17を参照)。

5. A・J・Pマーティン回顧録，Ettre,L.S. ,Zlatkis, A.編(1979). *75 years of chromatography—a historical dialogue*, pp. 285-296. Elsevier, Amsterdam. より科学的な記述としては，Martin A.J.P. and Synge, R.L.M. (1941). Separation of the higher mono-amino-acids by counter-current liquid extraction: The amino-acid composition of wool. *Biochemical Journal* **35**, 91-121. を参照のこと。

6. ペダーセン(Pedersen,K.O)による伝記(1976). *Dictionary of Scientific Biogrphy* **13**, 418-422. 自伝的説明もある。Tiselius, A. (1968) Reflections from both sides of the counter. *Annual Review of Biochemistry* **37**, 1-24. 参照。

7. Pedersen, K.O. (1983). The Svedberg and Arne Tiselius. The early development of modern protein chemistry at Uppsala. In Semenza, G. (ed.), *Selected topics in the history of biochemistry: personal recollections* [vol. 35 of *Comprehensive Biochemistry*], pp. 235-256. Elsevier, Amsterdam.

8. Pederson,K.O.(1983). 参考文献7, 265頁。1934年の記述から始まる。分析的超遠心の分離用セルは1937年にティセリウスによって開発された[9]。大容量分取用超遠心機は1950年頃，商用に生産されるようになった。

9. Tiselius,A. Pedersen, K. O., and Svedberg, T. (1937). Analytical measurements of ultracentrifugal sedimentation. *Nature* **140**, 848-849. この論文で超遠心分離による分取法について述べている。題にある「分析的(analytical)」という用語は，分離液の光学的分析のことではなく，分離後の生化学的分析のことを意図している。例として引用されているのは抗体の活性測定である。ここで難しいことは，遠心機がスピードを落として止まってしまうまでに，超遠心で分離された溶液がふたたび混ざってしまうことなく，分離された箇所にとどまっていて，あとで分取しやすいように分離器具を設計することである。

10. Tiselius, A. (1937). A new apparatus for electrophoretic analysis of colloidal mixtures. *Transactions of the Faraday Society* **33**, 524-531. 面白いことに，(すぐに生化学

| 274 | 注（ノート）と参考文献

では常套手段になるこの手法がティセリウスがこの論文を初め生化学の雑誌に投稿したときに，「あまりにも物理学的である」として却下された。

11. Tiselius, A.(1937). Electrophoresis of serum globulin. *Biochemical Journal* **31**, 313-317, 1467-1477. α, β, γ という表記法がこの論文の第2段で初めて用いられた。

12. Picton and Linder（1892）. Ref. 26, Chapter 第4章参考文献26。.

13. 第4章の脚注(59頁)に触れたように，超遠心分離の開発においても同様な困難があった。

14. Zechmeister, L. (1946). Mikhail Tswett—The inventor of chromatography. *Isis* **36**, 108-109. その後の伝記については，L.S.Ettre, L. S. and Zlatkis, A. 編（1979）. *75 years of chromatography—a historical dialogue*, pp. 483-490. Elsevier, Amsterdam を参照。

15. ツヴェットにとって重要な町の地図は Ettre の人物伝(参考文献14)に書かれている。ツヴェットはアスティ(イタリア)のとあるホテルで生まれ，ジェノヴァの大学に進学し，ワルシャワで3つの異なる大学の研究所で続けて雇われ，そこでクロマトグラフィーを発明した。戦争時にはニジニ・ノヴゴロドで大学の職を得，タルトゥ(エストニア)では最初の教授職に就いた。ドイツがタルトゥを併合したのちはヴォロネジに移り，健康のためコーカサス山脈のウラジカフカスやその他10か所かそれ以上の町に移り住んだ。

16. Tswett, M.（1906）Physikalisch-chemische Studien über das Chlorophyll. Die Adsorption. *Berichte der deutschen botanischen Gesellschaft* **24**, 316-323.

17. Tswett,M.（1906）Adsorptionsanlyse und chromatographische Methode. Anwendung auf die Chemie des Chlorophylls. *Berichte der deutschen botanischen Gesellschaft* **24**, 384-393. 文献16と17は Tswett, M.S.(M.R.Masson 訳；1990). *Chromatographic adsorption analysis.* Ellis Horwood, New York に英語訳で掲載されている。

18. Reminiscences of A. J. P. Martin and R. M. L. Synge, in Ettre, L. S. and Zlatkis, A. (eds)（1979）. *75 years of chromatography—a historical dialogue*, pp. 285-296, 448-451. Elsevier, Amsterdam.

19. Martin, A.J.P., and Synge, R. L. M. (1945). Analytical chemistry of the proteins. *Advances in Protein Chemistry* **2**, 1-84. このレビューは800以上の文献をまとめてある。

20. Martin, A.J.P., and Synge, R. L. M. (1941). Analytical chemistry of the proteins. A new form of chromatogram employing two liquid phases. *Biochemical Journal* **35**, 1358-1368.

21. 参考文献18, 295ページ。

22. イオン交換クロマトグラフィーは NIH(アメリカ国立栄養研究所)のハーバート・ソバー(Herbert Sober)とエルバート・ピーターソン(Elbert Peterson)によって先駆的な仕事がなされた。彼らはセルロースに電荷をもった基を共有結合でくっつけ，陽イオンあるいは陰イオンを保持するカラムを作った。Sober, H.A. and Peterson, E. A. (1958). *Federation Proceedings* **17**, 1116-1126参照。彼らの論文は1958年4月にフィ

第7章 | **275** |

ラデルフィアで開催された分離技術の最近の成果に関するシンポジウムの中の一部である[23]。

23. このシンポジウムでの他の発表に「分配」の文字通り，1,000個もの漏斗を連続的につなげて分離しようとする究極の複雑かつ操作上便利な機械の記述があり(I.C.Craig.and T.P.King, pp.1126-1134)，のちに世界的に応用された(S.Moore, D.H.Spackman, and W.H.Stein, pp.1107-1115)。

24. Determann, H. (1969). *Gel chromatography*, 2nd edn. Springer, Berlin.

25. Porath, J and Flodin, P. (1959). Gel filtration: a method for desalting and group separation. *Nature* **183**, 1657-1659. 彼らは現在ではセファデックスとよばれる共有結合したデキストランゲルを発明した。

26. Lindquist, B. and Storgards, T. (1955). Molecular sieving properties of starch. *Nature* **175**, 511-512. 最初の定量的観測は偶然にもチーズ抽出物のゾーン電気泳動中に起こった。高分子量のペプチドは先に溶出し，アミノ酸はでんぷんの支持体の中に保持され，最後に溶出した。

27. 第10章でタンパク質の構造に関する数々の仮想的概念の中でベルクマン－ニーマンの仮説が取り上げられる。この仮説により，どんなタンパク質においてもアミノ酸の数を予想するという理由でアミノ酸分析と直接の関係があった。すでにある証拠からすると，この仮説は分析家がすぐに放棄する類のものでもない。マーティンとシングは研究する最初のタンパク質としてわざとゼラチンを選んだ[28]。というのも，この非定型的な構成をもつタンパク質に限って仮説が成立していたからだ。

28. Gordon, A. H., Martin, A. J. P., and Synge, R. L. M. (1941). A study of the partial acid hydrolysis of some proteins, with special reference to the mode of linkage of the basic amino acids. *Biochemical Journal* **35**, 1369-1387.

29. Chemical, clinical and immunological studies on the products of human plasma fractionation. *Journal of clinical Investigation* (1944). **23**, 417-606. この題に「血清serum」ではなく「血漿(plasma)」という言葉が使われていることに注意すべきだ。10本の論文が血液凝固におけるフィブリノーゲンとその他のタンパク質を扱っている。「血清」は定義からして，凝固物を形成させて取り除いた後に残る透明な液体のことを指す。

30. Stein, W.H. and others (1946). Amino acid analysis of proteins. *Annals of the New York Academy of Sciences* **47**, 57-239. スタインがのちに述べているようなマックス・バーグマンがひらめきの元であったという証拠になる文献はない。

31. 86頁の写真でグループの縁にいる軍人たちに注目。コーンとエドサール(1934)による有名な教科書 *Proteins, amino acids and peptides as ions and dipolar ions*. Reinhold, New York, science, was essentially completed before the intimate connection with the military was established. New Yorkは，長年最も学問的なタンパク質科学の本とされているが，軍との密接な関係が築かれる前に基本的には完成していた。

32. Brand, E. (1946). Amino acid composition of simple proteins. *Annals of the New York*

Academy of Sciences **47**, 187-228.

33. 今では標準的なアミノ酸残基の一文字表記は，アミノ酸配列のなかの規則性をコンピュータで見つけ出すために 1966 年に導入された。Dayhoff, M.O. . and Eck, R. V. (1966). *Atlas of protein sequence and structure.* National Biomedical Research Foundation, Silver Spring, MD.

34. Martin, A.J.P and Synge, R. L. M.（1941）. Separation of the higher monoamino acids by counter-current liquid-liquid extraction: The amino acid composition of wool. *Biochemical Journal* **35**, 91-121. 数年後に彼らがもっと有名になってから，800 以上の文献をもとにすべてのタンパク質への応用に関する広範囲な総説を書いた（文献 21 参照）。

35. 1900 年頃に開発された異なるタイプの窒素を分析する手法（第 4 章，文献 39，および 45）がリジンとアルギニンの解析に応用された。

36. Snell, E. E.（1945）. The microbiological assay of amino acids. *Advances in Protein Chemistry* **2**, 85-118.

37. 本章に述べた方法に加えて，すべてのアミノ酸に応用可能な一般的なアイソトープの希釈法があるが，高価で広く用いられていない。Shemin, D. and Foster, G.L. (1946).The isotope dilution mthod of amino acid analysis. *Annals of the New York Academy of Sciences* **47**, 119-134.

38. Edsall, J. T.（1946）. Some correlations between physico-chemical data and the amino acid composition of simple proteins. *Annals of the New York Academy of Sciences* **47**, 229-236.

39. H・T・クラークは参考文献 30 に引用した会議の閉会の講演を行った。

40. Moore, S. and Stein, W. H.（1949）. Chromatography of amino acids on starch columns. Solvent mixtures for the fractionation of protein hydrolysates. *Journal of Biological Chemistry* **178**, 53-77.

41. Moore, S. and Stein, W. H.（1949）. Amino acid composition of lactoglobulin and bovine serum albumin. *Journal of Biological Chemistry* **178**, 79-91.

42. Brand, E., Saidel, L. J., Goldwater, W. H., Kassel, B., and Ryan, F. J.（1945）. The empirical formula of lactoglobulin. *Journal of the American Chemical Society* **67**, 1524-1532.

第8章

1. Hofmeister, F.（1908）. Einiges über die Bedeutung und den Abbau der Eiweisskörper. *Archiv für experimentale Pathologie und Pharmakologie*（Supplement）, 273-281. 引用文は C.T. と J.R.（本書の著者）によって翻訳した。

2. インタビュー（1999）.*Chemical Intelligencer* **5**, no.1, 8-14.

3. Brand, E., Saidel, L. J., Goldwater, W. H., Kassel, B., and Ryan, F. J.（1945）. The empirical formula of ß-lactoglobulin. *Journal of the American Chemical Society* **67**, 1524-

1532.

4. DNP 法とその追加手法および変法については, Sanger F. (1952) The arrangement of amino acids in proteins. *Advances in Protein Chemistry* **7**, 1-67 に詳しく紹介されている。

5. Sanger, F. (1945). The free amino acids of insulin. *Biochemical Journal* **39**, 507-515. DNFB 法が初めて紹介された論文。

6. Sanger, F. (1949). Fractionation of oxidized insulin. *Biochemical Journal* **44**, 126-128.

7. Snanger, F. (1949). The terminal peptides of insulin. *Biochemical Journal* **45**, 563-574. 彼はこの論文で, 内在性の構造的ユニットの分子量は 12,000 ではなく 6,000 だと結論している。

8. Sanger, F. and Tuppy, H. (1951). The amino acid sequence in the phenylalanine chain of insulin. *Biochemical Journal* **49**, 463-481, 481-490.

9. 短時間の酸加水分解によって得られたシークエンスは重なりが十分ではないことがわかり, 酵素分解による補足データが必要であった。

10. Sanger, F., and Thompson, E. O. P. (1953). The amino acid sequence in the glycyl chain of insulin. *Biochemical Journal* **53**, 353-366, 366-374. フェニルアラニン鎖と同様に, 一番目の論文は酸加水分解による部分的シークエンスの解析で, 二番目の論文が酵素加水分解産物に関するものである。

11. Ryle, A. P., Sanger, F., Smith, L. F., and Kitai, R. (1955). The disulphide bonds of insulin. *Biochemical Journal* **60**, 541-556.

12. Brown, H., Sanger, F., and Kitai, R. (1955). The structure of pig and sheep insulins. *Biochemical Journal* **60**, 556-565.

13. Pauling, L., Itano, H. A., Singer, S. J., and Wells, C. (1949). Sickle cell anemia. A molecular disease. *Science* **110**, 543-548.

14. 電気泳動により多数の一般的なタンパク質に遺伝的変異がみつかった。例えば, β ラクトグロブリンには 2 つの型がみつかり, あるウシでは 1 つの型のみ, 別のウシではもう 1 つの型のみ, また他のウシでは両方の型を産生する。また, ヘモグロビンでは, 鎌形赤血球症の患者に由来するものの他にも, たくさんの変異が見つかった。

15. Colvin, J. R., Smith, D. B., and Cook, W. H. (1954). The microheterogeneity of proteins. *Chemical Reviews* **54**, 687-711.

16. Judson H. F. (1979). *The eighth day of creation. Makers of the revolution in biology*, pp. 213, 611. Jonathan Cape, London. Reprinted by Penguin Books, 1995, pp. 213, 611.

17. Crick, F. H. C. (1988). *What mad pursuits*, p. 34. Basic Books, New York.

第 9 章

1. Edsall, J.T. (1986). ジェフリーズ・ワイマン (Jeffries Wyman) と本書著者：a story of two interacting lives. *Comprehensive Biochemistry* **36**, 99-195.

2. Adair, G. S. (1925). A critical study of the direct method of measuring the osmotic pressure of haemoglobin. *Proceedings of the Royal Society* **A108**, 627-637.

3. Adair, G. S. (1925). The osmotic pressure of haemoglobin in the absence of salts. *Proceedings of the Royal Society* **A109**, 292-300.

4. Hill, A. V. (1910). The possible effects of the aggregation of the molecules of haemoglobin on its dissociation curve. *Journal of Physiology* **40**, iv-vii.

5. Wyman, J. (1964). Linked functions and reciprocal effects in haemoglobin. A second look. *Advances in Protein Chemistry* **19**, 223-286.

6. 歴史的な論文はJ・T・エドサールによってもたらされた(1972).Blood and haemoglobin: the evolution of knowledge of functional adaptation in a biochemical system. *Journal of the History of Biology* **5**, 205-257.

7. Pedersen, K. O. (1983). 第7章，参考文献7，241ページ。

8. Boyer,P. (1997). The ATP synthase—a splendid molecular machine. *Annual Review of Biochemistry* **66**, 717-749. 各々のサブユニットは2つのパーツに組み合わされる。可溶性のF_1と呼ばれるパーツと膜タンパク質で構成されるF_0というパーツである。55kDのサブユニットはF_1に，8kDのサブユニットはF_0に組み合わされる。

9. Blundell, T., Dobson, G., Hodgkin, D., and Mercola, D. (1972). Insulin: the structure in the crystal and its reflection in chemistry and biology. *Advances in Protein Chemistry* **26**, 274-402.

10. Steiner, D. F. and Oyer, P. E. (1967). The biosynthesis of insulin and a probable precursor of insulin by a human islet cell adenoma. *Proceedings of the National Academy of Sciences of the USA* **57**, 473-480; Steiner, D. F. and Clark, J. L. (1968). The spontaneous reoxidation of reduced beef and rat proinsulins. *Proceedings of the National Academy of Sciences of the USA* **60**, 622-629.

11. Melani. F., Rubenstein, A. H., Oyer, P. E., and Steiner, D. F. (1970). Identification of proinsulin and C-peptide in human serum by a specific immunoassay. *Proceedings of the National Academy of Sciences of the USA* **67**, 148-155. 文献9，372頁のディスカッションも参照のこと。

12. フィブリノーゲン＜－＞フィブリン反応の最近のレビューについては，Doolittle, R. F. (1975). *Advances in Protein Chemistry* **27**, 1-109. を参照のこと。フィブリノーゲン／フィブリン変換の最も重要な酵素はトロンビンであり，前駆体のプロトロンビンとして血中にあらかじめ存在している。

13. Northrop, J. H. (1935). The chemistry of pepsin and trypsin. *Biological Reviews* **10**, 263-282.

14. 第19章参照。

15. Reid,K.B.M. and Porter, R. R. (1976). Subunit composition and structure of subcomponent C1q of the first component of human complement. *Biochemical Journal* **155**, 19-23. コラーゲン様部位は78個のアミノ酸残基からなる。この論文の著者ら

はこの部位によって（コラーゲンのように）3重らせんを構成しているとしている。これにより，3分子のC1qが組み合わさって，全体では3量体を形成する。

第10章

1. Astbury,W.T.（1934）. X-ray studies of protein structure. *Cold Spring Harbor Symposia on Quantitative Biology* **2**, 15-23. これはまだ第2回目のコールドスプリングハーバー会議におけるもので，のちのちの規模に比べると非常に限られたものであった。アストベリーはタンパク質科学でただ一人の参加者であった。

2. Astbury, W. T.（1937）. Relation between 'fibrous' and 'globular' proteins. *Nature* **140**, 968-969. も参照のこと。

3. Hodgkin, D. M. C.（1980）. John Desmond Bernal. *Biographical Memoirs of Fellows of the Royal Society* **26**, 17-84 が優れた伝記である。特異なパーソナリティーの持ち主だが，バナールはアイルランドのティペラリー（Tipperary）近郊の農場で生まれた。

4. Bernal, J. D.（1924）. The structure of graphite. *Proceedings of the Royal Society* **A106**, 749-733.

5. Snow, C. P.（1934）. *The search*. Macmillan, London.

6. Bernal, J. D. and Crowfoot, D. M.（1934）. X-ray photographs of crystalline pepsin, *Nature* **133**, 794-795.

7. Northrop, J. H.（1930）. Crystalline pepsin. I. Isolation and tests of purity. *Journal of General Physiology* **13**, 739-766.

8. 初期の戦争時におけるもっと冒険的な企ては，プロジェクトHABBAKUKで，木材のパルプと氷を混ぜて，沈まない巨大な航空機着陸場を建設するというものであった。

9. ドロシー・ホジキンの完全な伝記は最近発行された。Ferry, G.（1998）. *Dorothy Hodgkin: a life*. Granta, London.

10. Bernal, J. D. and Crowfoot, D. M.（1933）. Crystal structure of vitamin B1 and of adenine hydrochloride. *Nature* **131**, 911-912.

11. Bernal, J. D. and Crowfoot, D. M.（1933）. Crystalline phases of some substances studied as liquid crystals. *Transactions of the Faraday Society* **29**, 1032-1049.

12. Bernal, J. D., Crowfoot, D. M., and Fankuchen, I.（1940）. X-ray crystallography and the chemistry of the sterols. *Philosophical Transactions of the Royal Society* **A239**, 135-182.

13. これは，ホジキンが1964年にノーベル化学賞を受賞した仕事の一部である。

14. Svedberg, T. and Sjögren, B.（1929）. The molecular weight of Bence-Jones protein. *Journal of the American Chemical Society* **51**, 3594-3605.

15. 第9章参照のこと。

16. このアイデアに対するスウェーデンの熱狂ぶりを味わうには1940年すでに熱狂が冷めたのちに書かれたSvedberg and Pedersen[17]が良い。一般的なタンパク質に

共通のサブユニットの分子量として書かれているには 17,000 でヘモグロビンサブ
ユニットの分子量に近い。同様に Svedberg, T. (1929). Mass and size of protein
molecules. *Nature* **123**, 871; Svedberg, T. (1934). Sedimentation of molecules in cen-
trifugal fields. *Chemical Reviews* **14**, 1-15 参照。

17. Svedberg, T. and Pedersen, K. O. (1940). *The ultracentrifuge*. Clarendon, Oxford. Re-
printed in 1959 by the Johnson Reprint Corp., New York.

18. Bergmann M. and Niemann, C. (1937). On the structure of proteins: cattle he-
moglobin, egg albumin, cattle fibrin, and gelatin. *Journal of Biological Chemistry* **118**,
301-314.

19. 実験的証拠に関する根本的間違いは，この仮説が最初に発表された直後に指摘され
た。Neuberger,A(1939). Chemical criticism of the cyclol and frequency hypothe-
sis of protein structure. *Proceedings of the Royal Society* **A170**, 64-65. 参照。

20. Fruton, J. S. (1999). *Proteins, enzymes, genes*, pp. 211-212. Yale University Press,
Princeton, NJ.

21. バーグマンに関する伝記的論文が彼の業績リスト付きで書かれている。Helferich,
B *Chemische Berichte* (1969), **102**, i-xxvi.

22. 彼女の激動の人生をつづった書物がある。Abir-am P. G. and Outram, D. 編. *Un-
easy careers and intimate lives*, pp. 239-280. Rutgers University Press, New Bruns-
wick, NJ. この本では，リンチの仕事に対する批判の中に，女性研究者に対する偏
見に基づいて彼女の信用性を傷つけ，究極的にこきおろす類のものの記述はない。

23. Wrinch, D. M. (1936). The pattern of proteins. *Nature* **137**, 411-412; Wrinch D. M.
(1936). Energy of formation of 'cyclol' molecules. *Nature* **138**, 241-242; Wrinch D.
M. (1937). On the pattern of proteins. *Proceedings of the Royal Society* **A160**: 59-86;
Wrinch D. M. (1937). The cyclol hypothesis and the 'globular' proteins'. *Proceed-
ings of the Royal Society* **A161**, 505-524.

24. Wrinch, D. M. (1938). On the hydration and denaturation of proteins. *Philosophical
Magazine* **25**, 705-739.

25. Hager, T. (1995). *Force of nature: The life of Linus Pauling. Simon & Schuster*, New York.

26. Langmuir, L (1937).Fundamental research and its human value.17th Congress of
Applied Chemistry, Paris, Sept. 30, 1937. *GE Review* **40**, 569-580. 発表論文。

27. 実際はタンパク質の液体界面の仕事は，少数の研究者の興味をひいただけで，医学
的診断には全く影響がなかった。

28. Neurath, H. and Bull, H. B. (1938). The surface activity of proteins. *Chemical Re-
views* **23**, 391-435. 前掲 Neuberger, 参考文献 19 も参照。

29. Langmuir, I. (1917). The constitution and fundamental properties of solids and
liquids. II. Liquids. *Journal of the American Chemical Society* **39**, 1848-1906.

30. ラングミュアの伝記作家は証拠を示していないし，リンチに対して論文の共著者
として以上の言及はない。Rosenfeld,A, A. (1966). *The quintessence of Irving Langmuir.*

Pergamon Press, London. 参照。

31. Hodgkin, D. C, and Jeffreys, H. (1976). Obituary: Dorothy Wrinch. *Nature* **260**, 564.

32. Mann, G. (1906). *Chemistry of the proteids. Macmillan*, London.

33. Anson, M. L. and Mirsky, A. E.(1925). On some general poperties of proteins. *Journal of General Physiology* **9**, 169-179.

34. Anson, M. L. and Mirsky, A. E.(1931). The reversibility of protein coagulation. *Journal of Physical Chemistry* **35**, 185-193.

35. このような理論的優位性はＭ・Ｌ・アンソンとＡ・Ｅ・ミルスキー(1929). Protein coagulation and its reversal. *Journal of General Physiology* **13**, 121-132, 133-143 ; Anson, M. L. and Mirsky, A. E. (1934). Native and denatured hemoglobin. *Journal of General Physiology* **17**, 393-408. に明瞭に説明されている。この互いに影響を与える２人の米国人研究者のパートナーシップは，彼らが1925年ケンブリッジ大学の博士課程の学生であったときから始まっていた。共同研究は両者ともロックフェラー研究所にパーマネント職を得ることができた後も続いた。ただ，２人はロックフェラー研究所の異なる部署にいた。ミルスキーはニューヨークの病院のある本部にいたが，アンソンはプリンストンの分院にいた。アンソンは1944年，タンパク質科学の学術的レビュー誌である Advances is Protein Chemistry 誌の共同創立者になっている。

36. Edsall, J. T. (1995). Hsien Wu and the first theory of protein denaturation (1931). *Advances in Protein Chemistry* **46**, 1-5.

37. Wu, H. (1931). Studies on denaturation of proteins. XIII. A theory of denaturation. *Chinese Journal of Physiology* **5**, 321-344. 1995年 *Advances in Protein Chemistry* **46**, 6-26 に再発行された。注意しておきたいことに，ウーの「理論」は数年にわたる実験研究に基づいているが，基本的に西洋に知られていない。一方ウーは西洋の仕事にできるだけアクセスし，引用もしている。

38. Pauling, L. (1993). Recollections: how my interest in proteins developed. *Protein Science* **2**, 1060-1063.

39. Kauzmann, W. (1954). Denaturation of proteins and enzymes. In McElroy, W. D. and Glass, B. (eds), *The mechanism of enzyme action*, pp. 70-110. Johns Hopkins University Press, Baltimore.

40. Kauzmann, W. (1959). Some factors in the interpretation of protein denaturation. *Advances in Protein Chemistry* **14**, 1-63.

41. Pace, C. N., Shirley, B. A., McNutt, M., and Gajiwala, K. (1996). Forces contributing to the conformational stability of proteins. *FASEB Journal* **10**, 75-83.

42. The colloid aspects of textile materials and related topics (1933). 57th general discussion of the Faraday Society. *Transactions of the Faraday Society* **29**, 1-368. 特に Speakman, J. B. and Hirst, M. C. The constitution of the keratin molecule, pp. 148-165. そして，ウィリアム・アストベリーによる議論報告の中で述べられた承認のコ

メント参照。

43. Bernal, J. D. (1939). Structure of proteins. *Proceedings of the Royal Institution of Great Britain* **30**, 541-557. *Nature* **143**, 663-667 に再発行。

44. Jacobsen, C. F. and Linderstrøm-Lang, K. (1949). Salt linkages in proteins. *Nature* **164**, 411-412.

45. Anfinsen,C.B. (1972). Studies on the principles that govern the folding of protein chains. In *Nobel lectures in chemistry* 1971-1980, pp. 55-72. この論文はフォールディングに関係する実験や議論をよくまとめている。アンフィンゼンは，完全に変性し還元されたポリペプチド鎖から自発的に巻き戻しが起こり，正しい位置でのジスルフィド結合が起こり，最終的に活性のある酵素ができることを示した。アンフィンゼンは，ゆるやかなジスルフィド結合が再形成される実験条件を用いているということを強調している。

第11章

1. Latimer, W. M. and Rodebush, W. H. (1920). Polarity and ionization from the standpoint of the Lewis theory of valence. *Journal of the American Chemical Society* **42**, 1419-1433.

2. Lewis, G. N. (1916). The atom and the molecule. *Journal of the American Chemical Society* **38**, 762-785.

3. Langmuir, I. (1919). The arrangement of electrons in atoms and molecules. *Journal of the American Chemical Society* **41**, 868-934 も参照のこと。

4. Bernal, J. D. and Fowler, R. H. (1933). A theory of water and ionic solution, with particular reference to hydrogen and hydroxyl ions. *Journal of Chemical Physics* **1**, 515-548.

5. Donohue, J. (1968). Selected topics in hydrogen bonding. In Rich, A. and Davidson, N. (eds), *Structural Chemistry and Molecular Biology*, pp. 443-465. W. H. Freeman, San Francisco.

6. Hodgkin, D. M. C. (1980). John Desmond Bernal. *Biographical Memoirs of Fellows of the Royal Society* **26**, 17-84.

7. Bernal, J. D. and Megaw, H. D. (1935). The function of hydrogen in intermolecular forces. *Proceedings of the Royal Society* **A151**, 384-420.

8. Laidler, K. J. (1993). *The world of physical chemistry*, pp. 200-202, 431-432. Oxford University Press.

9. Pauling, L. (1928). The shared-electron chemical bond. *Proceedings of the National Academy of Sciences of the USA* **14**, 359-362.

10. Pauling, L. (1939). *The nature of the chemical bond*, Chapter 9. Cornell University Press. 2nd ed., 1942. 我々に興味のあることに関しては2つの版で基本的に変わっていない。

11. Pauling, L. (1993). Recollections. How my interest in proteins developed. *Protein Science* **2**, 1060-1063.

12. 第10章参照。

13. Mirsky, A. E. and Pauling, L. (1936). On the structure of native, denatured, and coagulated proteins. *Proceedings of the National Academy of Sciences of the USA* **22**, 439-447.

14. Neurath, H., Greenstein, J. P., Putnam, F. W., and Erickson, J. O. (1944). The chemistry of protein denaturation. *Chemical Reviews* **34**, 157-265.

15. アストベリー，第6章95ページ参照。

16. Pauling, L., Corey, R. B., and Branson, R. H. (1951). The structure of proteins: two hydrogen-bonded helical configurations of the polypeptide chain. *Proceedings of the National Academy of Sciences of the USA* **37**, 205-210.

17. Pauling, L. and Corey, R. B. (1951). Configurations of polypeptide chains with favored orientations around single bonds: two new pleated sheets. *Proceedings of the National Academy of Sciences of the USA* **37**, 729-740.

18. 合成ポリペプチドに関する化学的仕事（主にコートールズで行われた）の要約については，Bamford, C. H., Elliott, A., and Hanby, W. H. (1956). *Synthetic polypeptides*. Academic Press, New York を参照のこと。

19. Perutz, M. (1951). New x-ray evidence on the configuration of polypeptide chains. *Nature* **167**, 1053-1054.

20. Bragg, W. L., Kendrew, J. C., and Perutz, M. (1950). *Proceedings of the Royal Society* **A203**, 321-357.

21. 同様に筋肉でも見られた。Huxley, H. E. and Perutz, M. F. (1951). Polypeptide chains in frog sartorius muscle. *Nature* **167**, 1054 参照。1.5Åの回折像は弛緩した筋肉でも収縮した筋肉でも観察された。結果はαヘリックスを確証するものであったが，主な強調点はポーリングのα <-> β 変換が筋肉収縮の本質であるという仮説との不一致に置かれた。

22. Cochran, M. and Crick, F. H. C. (1952). Evidence for the Pauling-Corey α-helix in synthetic polypeptides. *Nature* **169**, 234-235.

23. Crick, F. H. C. (1952). Is α-keratin a coiled-coil? *Nature* **170**, 882-883; Crick, F. H. C. (1953). The packing of α-helices: simple coiled-coils. *Acta Crystallographia* **6**, 689-697.

24. Hager, T. (1995). *Force of nature: The life of Linus Pauling*, pp. 372-379. Simon & Schuster, New York. ヘイガーによると，ポーリングはタンパク質構造の秘密の発見者として名を残したいという強い野心があった。彼もコリーも，もちろん 5.1Å/5.4Å の解離のことについては，完璧に理解していた。しかし，ポーリングはあえて無視することにした。なぜなら，「早く発表しないと彼が歴史に名を残せなくなる危険がある」から。

25. ポーリングとコリーはのちに5.1Å回折像の説明として7回らせんロープを提案した[26]。しかし，あまり興味を惹くことはなかった。ポーリングによって当時提案された他の繊維タンパク質の構造（例えばコラーゲン）もやはりほとんど推測の上に構築されており，間違えていることが証明された。

26. Pauling, L., and Corey, R. B. (1953). Compound helical configurations of polypeptide chains, structure of proteins of the a-keratin type. *Nature* **171**, 59-61.

第12章

1. この章は，チャールズ・タンフォード（Tanford C.；1997）. How protein chemists learned about the hydrophobic factor. *Protein Science* **6**, 1358-1366 の論文に基づいている。

2. Kauzmann, W. (1954). Denaturation of proteins and enzymes. In: McElroy, W. D. and Glass, B. (eds), *The mechanism of enzyme action*, pp. 70-110. Johns Hopkins University Press, Baltimore.

3. Kauzmann, W. (1959). Some factors in the interpretation of protein denaturation. *Advances in Protein Chemistry* **14**, 1-63.

4. カウズマンは参考文献を引用していない。しかし，彼は（疎水結合について）独自のアイデアではないとし，彼が総説を書いたときには（疎水結合のアイデアは）「雰囲気の中に（in the air）」あったと話している（カウズマン，パーソナルな情報，1997）。

5. Edsall, J. T. (1985). Isidor Traube: physical chemist, biochemist, colloid chemist and controversialist. *Proceedings of the American Philosophical Society* **129**, 371-406.

6. Traube, J. (1891). Ueber die Capillaritätsconstanten organischer Stoffe in wässriger Lösung. *Liebig's Annalen der Chemie* **265**, 27-55.

7. Langmuir, I. (1917). The constitution and fundamental properties of solids and liquids. II. Liquids. *Journal of the American Chemical Society* **39**, 1848-1906.

8. Hartley, G. S. (1936). *Aqueous solutions of paraffin-chain salts*. Hermann & Cie., Paris.

9. Gorter, E. and Grendel, E. (1925). On bimolecular layers of lipoids on the chromocytes of the blood. *Journal of Experimental Medicine* **41**, 439-443.

10. この論文は生物学では古典的名著であると捉えられているが，当時は無視された。細胞膜が二重層であるというアイデアを受け入れるのに，とんでもなくばかげた遅さ（40年以上かけて）だったということについては，他所で解説した[11]。

11. Tanford, C. (1989). *Ben Franklin stilled the waves*. Duke University Press, Durham, NC.

12. Langmuir, I. (1938). Protein monolayers. *Cold Spring Harbor Symposia on Quantitative Biology* **6**, 171-189.

13. Wrinch, D. M. (1937). On the structure of insulin. *Transactions of the Faraday Society* **33**, 1369-13.

14. Crowfoot, D. (1938). The crystal structure of insulin. I. The investigation of air-dried crystals. *Proceedings of the Royal Society* **A164**, 580-602 .

15. Bernal, J. D. (1939). Vector maps and the cyclol hypothesis. *Nature* **143**, 74-75.

16. Discussion on the protein molecules (1939). *Proceedings of the Royal Society* **A170**, 40-79.

17. Neuberger, A. (1939). Chemical criticism of the cyclol and frequency hypothesis of protein structure. *Proceedings of the Royal Society* **A170**, 64-65.

18. Hodgkin, D. M. C. (1980). John Desmond Bernal. *Biographical Memoirs of Fellows of the Royal Society* **26**, 17-84.

19. Langmuir, I. (1938). The properties and structure of protein films. *Proceedings of the Royal Insitutution of Great Britain* **30**, 483-496.

20. Langmuir, I. (1939). Pilgrim Trust Lecture. Molecular layers. *Proceedings of the Royal Society* **A170**, 1-39.

21. Langmuir, I. and Wrinch, D. (1939). Nature of the cyclol bond. *Nature* **143**, 49-52.

22. Bernal, J. D. (1939). 参考文献 15。

23. Bragg, W. L. (1939). Patterson diagrams in crystal analysis. *Nature* **143**, 73-74.

24. Neville, E. H. (1938). Vector maps as positive evidence in crystal analysis. *Nature* **142**, 994-995.

25. Abir-am, P. G. (1987). Synergy or clash: disciplinary and marital strategies in the career of mathematical biologist Dorothy Wrinch. In: Abir-am, P.G. and Outram, D. (eds), Uneasy careers and intimate lives, pp. 239-280. Rutgers University Press, New Brunswick, NJ.

26. Bernal, J. D. (1939). Structure of proteins. Proceedings of the Royal Insitutution of Great Britain 30, 541-557. *Nature* **143**, 663-667 に再発行。

27. ラングミュア自身の言葉は引用されていないが，アイデアの源泉として当然ラングミュアの功績とするべきである。

28. 浮きカスの中から真実の宝石を見つけ出すのを，バナールは習慣的に身に着けていたようだ。タンパク質構造に関して批判を受けたアストベリーのアイデアについての次の引用にも見て取れる。「アストベリーが話すことの中でばかげていると思われるものには，いつも価値のある新しいアイデアが含まれていることに，私は気が付いていた。なので，私は学会でそれらについての説明をすることに最善を尽くした」（バナールのアストベリーの伝記参照。第6章文献17）

29. Bernal, J. D. (1958). Introduction: Configurations and interactions of macromolecules and liquid crystals. *Discussions of the Faraday Society*, no. 25.

30. Frank, H. S. (1983). Citation classic: free volume and entropy in condensed systems. *Current Contents. Physical, Chemical & Earth Sciences* **23**, no. 50, 22.

31. Frank, H. S. and Evans, M. W. (1945). Free volume and entropy in condensed systems. III. Entropy in binary liquid mixtures; partial molal entropy in dilute

solutions; structure and thermodynamics in aqueous electrolytes. *Journal of Chemical Physics* **13**, 507-532.

32. Scheraga, H. A. (1960). Structural studies of ribonuclease. III. A model for the secondary and tertiary structure. *Journal of the American Chemical Society* **82**, 3847-3852. シェラーガは特に好んでチロシンカルボン酸結合を架橋剤として使っていた。

33. 天然のタンパク質構造にみちびくエネルギー的原動力の問題にもどろう。線状のポリペプチドがどのようにして球状のコンパクトな形状に折りたたまれるのか？本章では，疎水的力が，フォールディングにとって抜本的な力として歴史的にどのように認識されてきたかについてみてきた。しかし，第 10 章(122 頁)では，疎水的力と同様に結局のところ水素結合が関与することを述べた。説明はまったく直截的である。

1．ペプチド基(又は他の極性基)の間の水素結合がフォールディングに著しく「好ましい」影響を及ぼしている可能性は低い。その理由として，先に引用したバナールは 1939 年の講演の中で述べた。「イオン結合は明白に問題外である」と彼は言った，「というのもそれらは間違いなく水和されるから。」これは，イオン基と同様にペプチド基にもあてはまる。ペプチド基も水溶液の中ではタンパク質と水の間の強い水素結合で水和されるだろうからである。その強さに打ち勝つほどの，エネルギー的(熱力学的)に大きな有益性がある水素結合を，しっかりとフォールディングしたポリペプチド内にみつけることができない。

2．しかしながら，ペプチド基が折りたたまれたタンパク質構造の中で，水素結合に全く関与していないとするならば，フォールディングに対してエネルギー的に「好ましくない」影響を及ぼしているかもしれないということは考え易い。水分子との水素結合のエネルギー的利益は失われるため，折りたたまれた構造は不安定となる。そして疎水的影響からの獲得を帳消しにする。すべての天然のタンパク質の内部にあるポリペプチド鎖が，溶液中では α ヘリックスあるいは β シートの構成部分として実際上ほとんど存在している。内部水素結合が全くない純粋に恣意的に折りたたまれた構造は不安定である(このことから，少数の非極性基が常にタンパク質分子の表面から突き出していて，水と接触していると考えることができる。つまり，大量の水素結合による獲得が多少の内在的エネルギー損に打ち勝ってしまうからだ)。

　上に述べた大筋の規則は，細胞膜に埋もれるように運命づけられたタンパク質(膜タンパク質)に対しては多少変更される。膜タンパク質はそれ自身水に溶けていない領域を持っているが，「埋もれた」ペプチド基どうしには水素結合が基本的に必要だからだ。これに関しては第 19 章で議論する。

第 13 章

1. Hodgkin, D. C. and Riley, D. P. (1968). Some ancient history of protein x-ray analysis. In Rich, A. and Davidson, N. (eds), *Structural chemistry and molecular biology* pp. 15-28.

2. Bernal, J. D. and Crowfoot, D. (1934). X-ray photographs of crystalline pepsin. *Nature* **133**, 794-795.

3. Bernal, J. D. (1939). Structure of proteins. *Nature* **143**, 663-667.

4. Patterson, A. L. (1935). A direct method for the determination of the components of interatomic distances in crystals. *Zeitschrift für Kristallographie* **90**, 517-542. 英語の論文。

5. Crowfoot, D. (1938). The crystal structure of insulin. I. The investigation of air-dried crystals. *Proceedings of the Royal Society* **A164**, 580-602.

6. Crowfoot, D. and Riley, D. (1938). An x-ray study of Palmer's lactoglobulin. *Nature* **141**, 521-522. 単位胞の大きさからすると分子量は 36,500。

7. Bernal, J. D., Fankuchen, I., and Perutz, M. (1938). An x-ray study of chymotrypsin and haemoglobin. *Nature* **141**, 523-524.

8. Hägg, G. (1966). 1954 年ライナス・ポーリングへのノーベル賞授賞の際の紹介スピーチ。*Nobel lectures—chemistry*. Elsevier, Amsterdam. ポーリングに対する賞は「彼の化学結合の性質に関する研究と複合物質の構造解明への応用」に対して贈られたのであって, 彼のタンパク質に関する仕事に対してはっきりと贈られたのではない。α ヘリックスは当時まだ新しく開発しているものであって, 触れられてはいるが,「ポーリングがどれだけ正しいかの詳細はまだ証明されていない」と注意書きがついている。

9. Perutz, M. (1997). *Science is not a quiet life*. World Scientific, Singapore.

10. Perutz, M. F. (1947). A description of the iceberg aircraft carrier and the bearing of the mechanical properties of frozen wood-pulp upon some problems of glacier flow. *Journal of Glaciology* **1**, 95-104. このプロジェクトに関するもう一つの論文は一般雑誌に書かれ, Perutz, M.F. (1989). *Is science necessary?* Barrie & Jenkins,----London. に収録されている。バナールの戦争時の努力のさらなる情報については, 第 10 章参照。

11. Green, D. W., Ingram, V. M., and Perutz, M. F. (1954). The structure of haemoglobin IV. Sign determination by the isomorphous replacement method. *Proceedings of the Royal Society* **A225**, 287-307.

12. MRC ユニットはペルーツとケンドルーの最初のプロジェクトが成功裡に終わったのに関連して, ノーベル賞も与えられたのちも存続した。現在の独立した「分子生物学研究所」は 1962 年に, ペルーツ-ケンドループロジェクトだけでなく, フレッド・サンガーや他のいろいろな研究者がケンブリッジの様々な場所にちらばっていたのを, 街の郊外の一カ所に集めて開所した。

13. Kendrew, J. C., Bodo, G., Dintzis, H. M., Parrish, R. G., Wyckoff, H., and Phillips, D. C. (1958). A three-dimensional model of the myoglobin molecule obtained by x-ray analysis. *Nature* **181**, 662-666.

14. Kendrew, J. C., Dickerson, R. E., Strandberg, B. E., Hart, R. G., Davies, D. R., Phil-

lips, D. C., and Shore, V. C. (1960). Structure of myoglobin: A three-dimensional Fourier synthesis at 2 Å resolution. *Nature* **185**, 422-427.

15. Kendrew, J. C., Watson, H. C., Strandberg, B. E., Dickerson, R. E., Phillips, D. C., and Shore, V. C. (1961). The amino acid sequence of sperm whale myoglobin. A partial determination by x-ray methods, and its correlation with chemical data. *Nature* **190**, 666-672.

16. Kendrew, J. C. (1961). The three-dimensional structure of a protein molecule. *Scientific American* **205** (Dec.), 96-110.

17. Kendrew, J. C. (1963). Myoglobin and the structure of proteins. *Science* **139**, 1259-1266.

18. Perutz, M. F., Rossman, M. G., Cullis, A. F., Muirhead, H., Will, G., and North, A. C. T. (1960). Structure of haemoglobin: A three-dimensional Fourier synthesis at 5.5Å resolution, obtained by x-ray analysis. *Nature* **185**, 416-422.

19. Cullis, A. F., Muirhead, H., Perutz, M. F., Rossman. M. G., and North, A. C. T. (1962). Structure of haemoglobin: A three-dimensional Fourier synthesis at 5.5Å resolution. *Proceedings of the Royal Society* **A265**, 15-38, 161-187.

20. Bragg, L., Kendrew, J.C., and Perutz, M.F. (1950). Polypeptide chain configurations in crystalline proteins. *Proceedings of the Royal Society* **A203**, 321-357. ミオグロビンのほうがずっと単純であることについては，このときすでに指摘されていた。

21. 第9章，特に参考文献4と5参照。

22. Perutz, M. F., Muirhead, H., Cox, J. M., and Goaman, L. C. G. (1968). Three-dimensional Fourier synthesis of horse oxyhaemoglobin at 2.8Å resolution: the atomic model. *Nature* **219**, 270-278.

23. Bolton, W. and Perutz, M. F. (1970). Three-dimensional Fourier synthesis of horse deoxy haemoglobiun at 2.8Å resolution. *Nature* **228**, 551-552.

24. ヒト還元型ヘモグロビンとウマ酸化ヘモグロビンに関する比較はもっと早くからなされていたが，5.5Åの分解能であった。Muirhead, H. and Perutz, M.F. (1963). A three-dimensional Fourier synthesis of reduced human haemoglobin at 5.5 Å resolution. *Nature* **199**, 633-638. また，Perutz, M.F., Bolton, W., Diamond, R., Muirhead, H., and Watson, H. C. (1964). Structure of haemoglobin. An x-ray examination of reduced horse haemoglobim. *Nature* **203**, 687-690 も参照のこと。

25. Fermi, G., Perutz, M. F., Shaanan, S., and Fourme, R. (1984). The crystal structure of human deoxyhaemoglobin at 1.74Å resolution. *Journal of Molecular Biology* **175**, 159-174.

26. Perutz, M. F. (1964). The hemoglobin molecule. Scientific American 211 (Nov.),---64-76. 初期の総説ではあるが，αとβサブユニット間の相互作用に関する図式的描写としてすぐれている。

27. Perutz, M. F. (1976). Structure and mechanism of haemoglobin. *British Medical Bul-*

letin **32**, 195-208.

28. Perutz M. F. (1970). Stereochemistry of cooperative effects in haemoglobin. *Nature* **228**, 726-734. 異なる種におけるヘモグロビンのフォールディングがほぼ同一であることを示したよい論文である。

29. Greenfield, N. and Fasman, G. D. (1969). Computed circular dichroism spectra for the evaluation of protein conformation. *Biochemistry* **8**, 4108-4116.

30. 第 11 章, 152 頁に挙げた Hager, T. (1995). *Force of nature: The life of Linus Pauling.* Simon & Schuster, New York. を参照。

31. Blake, C. C. F., Fenn, R. H., North, A. C. T., Phillips, D. C., and Poljak, R. J. (1962). Structure of lysozyme. A Fourier map of the electron density at 6Å resolution obtained by x-ray diffraction. *Nature* **196**, 1173-1176.

32. Phillips, D.C. (1966). The three-dimensional structure of an enzyme molecule. *Scientific American* **215** (Nov.), 78-90. リゾチームの基質はバクテリア細胞壁のポリサッカライドである。リゾチーム酵素によって溶解される。

33. Blake, C. C. F., Koenig, D. F., Mair, G. A., North, A. C. T., Phillips, D. C., and Sarma, V. R. (1965). Structure of hen egg-white lysozyme. A three-dimensional Fourier synthesis at 2Å resolution. *Nature* **206**, 757-761.

34. Johnson, L. N. and Phillips, D. C. (1965). Structure of some crystalline lysozymeinhibitor complexes determined by x-ray analysis at 6Å resolution. *Nature* **206**, 761-763. 低分解能ではあるが(タンパク質単独では2Åの分解能のマップがある), 結合部位の関与するアミノ酸残基を特定することが可能である。高分解能は Blake, C. C. F., Johnson, L. N., Mair, G. A., North, A. C. T., Phillips, D. C., and Sarma, V. R. (1967). Crystallographic studies of the activity of hen egg-white lysozyme. *Proceedings of the Royal Society* **B167**, 378-388. 参照。

35. Blundell, T., Cutfield, J. F., Cutfield, S. M., Dobson, E. J., Dobson, G., Hodgkin, D., Mercola, D. M., and Vijayan, M. (1971). Atomic positions in rhombohedral 2-zinc insulin crystals. *Nature* **231**, 506-511.

36. 数報の論文の結果が(すぐれた図付きで)レビューされている。Blundell, T., Dobson, G., Hodgkin, D., and Mercola, D. (1972). Insulin: the structure in the crystal and its reflection in chemistry and biology. *Advances in Protein Chemistry* **26**, 274-402.

第 14 章

1. Loeb, J.(1898). The biological problems of today: physiology. *Science* **7**, 154-156. 1897 年 12 月に行われた学会におけるものである。

2. Mann, G. (1906). Chemistry of the proteids, based on Professor Otto Cohnheim's 'Chemie der Eiweisskoerper'. Macmillan, London. 引用文は少し圧縮してある。

3. *The Oxford dictionary of philosophy* (1994). Oxford University Press, Oxford.

4. Boyle, N. (1991). *Goethe: The poet and the age.* 3 vols. Oxford University Press, Ox-

ford.

5. 現代の科学者伝記事典(*Dictionary of scientific biography*)はゲーテに6ページを割いており，彼の科学的領域として，動物学，植物学，地質学と光学を挙げている。彼はアマチュアの音楽家としても秀でており，光学の補遺として音響学に関する未公表の論文を書いている。

6. フィヒテの息子が家族の友達であって，ヘルムホルツがまだ若い時によくヘルムホルツ家に訪れていた。ヘルムホルツは，この人生の早い時期の哲学的洗脳に影響を受けなかったのは明らかである。詳しくは第17章参照。

7. Rechenberg, H. (1994). *Hermann von Helmholtz: Bilder seines Lebens und Wirkens.* VCH, Weinheim.

8. Lenoir, T. (1993). The eye as mathematician. In Cahan, D. (ed.), *Hermann von Helmholtz and the foundation of nineteenth-century science*, pp. 109-153. University of California Press.

9. Pauly, P. J. (1987). *Controlling life: Jacques Loeb and the engineering ideal in biology.* Oxford University Press.

10. ヒルは初期のころ，ヘモグロビンの酸素結合に関する物理化学的理解に貢献している。「ヒル係数」と呼ばれる結合における協同性の指標である。Hill, A. V. (1910). The possible effects of the aggregation of the molecules of haemoglobin on its dissociation curve. *Journal of Physiology* **40**, iv-vii. 参照。

11. Bliss, M. (1982). *The discovery of insulin.* McClelland & Stewart, Toronto. Revised paperback edition (1988), Faber & Faber, London.

12. Holter, H. and Møller, M. (eds) (1976). *The Carlsberg Laboratories 1876/1976.* Rhodos, Copenhagen.

13. Kohler, R. E., Jr (1973). The enzyme theory and the origin of biochemistry. *Isis* **64**, 181-196.

14. Monod, J., Changeux, J.-P., and Jacob, F. (1963). Allosteric proteins and cellular control systems. *Journal of Molecular Biology*, **6**, 306-329.

15. Monod, J., Wyman, J., and Changeux, J-P. (1965). On the nature of allosteric transitions: a plausible mode. *Journal of Molecular Biology* **12**, 88-118.

16. Wyman, J. (1964). Linked functions and reciprocal effects in haemoglobin. A second look. *Advances in Protein Chemistry* **19**, 223-286.

17. Creagar, A. N. H. and Gaudillière, J. P. (1996). Meanings in search of experiments and vice versa. The invention of allosteric regulation in Paris and Berkeley, 1959-1968. *Studies in History and Philosophy of Biological and Biomedical Science* **27**, 1-89.

18. Massie, R. K. (1967). *Nicholas and Alexandra.* Dell, NewYork. この本はツァー(ロシア皇帝)の最後の数年のドラマを描いている。王子で跡継ぎアレクセイ(Alexis)の血友病のことが大部分である。この本には系統図が載っていて，この病気が女性保因者によって，(英国の)ヴィクトリア女王からロシア，スペイン，プロイセンの王室

家系に遺伝していることが示されている。

19. Chargaff- f, E. (1945). The coagulation of blood. *Advances in Enzymology* **5**, 31-65. 初期のすぐれた総説。これが書かれたころは，まだ血液凝固のすべてのプロセスがわかっておらず，凝固「因子」タンパク質間の多数のタンパク質分解による段階的活性化について知られる前である。

20. 現代的総説は Davie, E. W. and Fujikawa, K. (1975). Basic mechanisms in blood coagulation. *Annual Review of Biochemistry* **44**, 799-829. および Jackson, C. M. and Nemerson,Y. (1980). Blood coagulation. *Annual Review of Biochemistry* **49**, 765-811. 参照のこと。両方ともこの分野で因子のカスケードの概要がわかったころの総説である。詳細ではまだ完全ではない。

21. これらのタンパク質に対する軍の興味として，戦場での出血を食い止めるために使われたため，第二次世界大戦の時にタンパク質科学に大きな影響を及ぼした。第7章参照。

22. Keilin, D. (1925). On cytochrome, a respiratory pigment, common to animals, yeast and higher plants. *Proceedings of the Royal Society* **B98**, 312-339. デーヴィッド・ケイリン (David Keilin) (1887-1963) はケンブリッジ大学の教授で，最初からこのシステムに少なくとも3つのスペクトルの違う成分が含まれていることを見抜いていた。この論文で彼は「細胞の色素」という意味の「シトクロム (cytochrome)」という名前を付けた。補欠分子族そのものはいくつかのシトクロムによって異なっているが，そのうち3つはヘモグロビンやミオグロビンで使われている同じヘムが使われている。

第15章

1. Hoppe-Seyler, F. (1881). *Physiologische Chemie*. August Hirschwald, Berlin. F.G.Hopkins[2] により引用されている。

2. Hopkins, F. G., lecture given in 1913. See Needham, J. and Baldwin, E. (eds) (1949). *Hopkins and biochemistry*, p. 155. Heffer, Cambridge.

3. Hofmeister, F. (1901). *Die chemische Organization der Zelle*. Vieweg, Braunschweig.

4. de Réaumur, R. A. F. (1752). Observations sur la digestion des oiseaux. *Histoire de l'académie royale des sciences*, pp. 266, 461.

5. Berzelius, J. J. (1836). Einige Ideen über bei der Bildung organischer Verbindungen in der lebenden Natur wirksame, aber bischer nicht bemerkte Kraft.（触媒作用の定義）*Jahres-Bericht über die Fortschritte der Chemie* **15**, 237-245.

6. Fruton, J. S. (1972). *Molecules and life. Wiley*, New York. 改訂版は Fruton, J. S. (1999). *Proteins, enzymes, genes*. Yale University Press, New Haven, CT.

7. Payen, A. and Persoz, J.-F. (1833). Mémoire sur la diastase, les principaux produits de ses reactions et leur applications aux arts industriels. *Annales de Chimie et de Physique* **53**, 73 -91.

8. Schwann, T.（1836）Über das Wesen des Verdaungsprocesses. *Archiv für Anatomie, Physiologie und wissenschaftlische Medizin* 90-138.

9. Wöhler, F. and Liebig, J.（1837）, Über die Bildung der Bittermandelöls. *Annalen der Pharmacie* **22**, 1-24.

10. Bernard,C. C.（1856）. Mémoires sur le pancréas et sur le rôle du suc pancréatique dans le phénomènes digestifs, particulièrement dans la digestion de matières grasses neutres. *Supplément aux Comptes Rendus Hebdomadaires des Séances de l'Académie des Sciences* **1**, 379-563. ベルナールによるリパーゼの発見は 1846 年であり，この長大な'Mémoires'論文発行の 10 年前である。

11. Berthelot, M.（1860）. Sur la fermentation glucosique du sucre de canne. *Comptes Rendus Hebdomadaires des Séances de l'Académie des Sciences* **50**, 980-984

12. Kühne, W.（1876）. Ueber das Trypsin. *Verhandlungen des naturhistorisch-medizinischen Vereins zu Heidelberg*（Neue Folge）**1**, 194-198.

13. Bertrand, G.（1895）. Sur la laccase et sur le pouvoir oxydant de cette diastase. Comptes *Rendus Hebdomadaires des Séances de l'Académie des Sciences* **120**, 266-269

14. Kühne, W.（1876）. Ueber das Verhalten verschiedener organisirter und sog. ungeformter Fermente. *Verhandlungen des Heidelberger naturhistorischen und medizinischen Verein*（Neue Folge）**1**, 190-193. この論文と文献 12 は 1976 年 *FEBS Letters* **62**, suppl.4 の'酵素（enzyme）'という言葉の誕生 100 周年記念号に再集録されている。

15. Buchner, E.（1897）. Alkoholische Gährung ohne Hefezellen. *Berichte der deutschen chemischen Gesellschaft* **30**, 117-124.

16. エドワード・ブフナー（Eduard Buchner）はエミール・フィッシャーと同様に，アルフレート・フォン・バイヤー（Afred von Baeyer）（アドルフ・フォン・バイヤー）の下で有機化学者として教育を受けた。伝記については Schriefers, H.（1970）. *Dictionary of scientific biography* **2**, 560-563 ; Harries, C.（1917）. *Berichte der deutschen Gesellschaft* **50**, 1843-1876 を参照のこと。

17. Hill, A.C.（1898）Reversible zymohydrolysis. *Journal of the Chemical Society* **73**, 634-658. 特に 1898 年という熱力学のような理論概念に関連して，多数のナンセンスな議論が蔓延していた時代背景を考慮すると，これは称賛すべき論文である。ヒル（1863-1947）は可逆性を単に示しただけでなく，出発点がマルトース（麦芽糖）からでもグルコース（ブドウ糖）からでも同じ平衡点に達するという定量的測定を示した。この仕事はヒルの医学博士論文の一部であり，その後全く学者としての仕事はなく，医者として民営医療機関の医療に人生を捧げている。

18. Fischer, E.（1894）. Einfluss der Konfiguration auf die Wirkung der Enzyme. *Berichte der deutschen chemischen Gesellschaft* **27**, 2985-2993; Fischer, E.（1909）. *Untersuchen üiber Kohlenhydrate und Fermente*, Springer, Berlin（1884 年から 1908 年にかけての仕事を集めたもの）。

19. Oppenheimer, C.（1903）. *Die Fermente und ihre Wirkungen*, 2nd edn Vogel, Lepzig.

English translation of 1st edition in 1901: *Enzymes and their actions*. Charles Griffin, London.

20. Buckmaster, G. A. (1907). Behavior of blood and haematoporphyrin towards guaiaconic acid and aloin. Proceedings of the Physiological Society. *Journal of Physiology* **35**, 35-37.

21. Warburg, O. (1924). Ueber Eisen, den sauerstoffübertragenden Bestandteil des Atmungsferment. *Biochemische Zeitschrift* **152**, 479-494

22. Dony-Hénault, O. (1908). Contribution à l'étude méthodique des oxidases. 2e Mémoir. *Bulletin de l'Académie Royale de Belgique*. 105-163.

23. Conheim,O. . (1912). *Enzymes*. Wiley, New York. ボルチモアのジョンズホプキンス大学で行われた6回の講義を収録している。

24. Michaelis, L. (1909). Elektrische Überführung von Fermenten. I. Das Invertin. II: Trypsin and pepsin. *Biochemische Zeitschrift* **16**, 81-86, 486-488.

25. Michaelis, L. and Menten, M. L. (1913). Die Kinetik der Invertinwirkung. *Biochemische Zeitschrift* **49**, 333-369.

26. Oppenheimer, C (1913). *Die Fermente und ihre Wirkungen*, 4th ed., Vogel, Lepzig. この版は大幅に拡張改訂されており，当時プラハの大学における生化学のファカルティーメンバーであったR・O・ヘルツォークによる物理化学の章を含んでいる。ヘルツォークはのちにドイツ繊維研究所(German institute for fibre research)の所長になっている(第6章参照)。

27. Willstätter, R. (1922). Ueber Isolieren von Enzymen. *Berichte der deutschen chemischen Gesellschaft* **55**, 3601-3623.

28. サムナーの伝記については，Maynard, L. A. (1958). *Biographical Memoirs, National Academy of Sciences* **31**, 376-396. を参照のこと。

29. Sumner, J. B. (1946). The chemical nature of enzymes. In *Les Prix Nobel en 1946*, pp. 185-192. Norstedt & Söner, Stockholm.

30. Sumner, J. B. (1926). The isolation and crystallization of the enzyme urease. Preliminary paper. *Journal of Biological Chemisty* **69**, 435-441.

31. 信じがたいことだが，敵意があったのは疑いようがない。一世代あとの専門的酵素学者にもいまだ鮮烈に記憶に残っている。例えば，ポール・ボイヤー(Paul Boyer)他の編者による，酵素学の偉大な知恵の泉ともいうべき，複数巻におよぶ本(参考文献32)の第2版(1959年)がJ・B・サムナー記念として捧げられており，以下に引用する：
ヴィルシュテッターとその弟子たちは，サムナーの発見をタンパク質は酵素の単なるキャリアー(担体)であると「説明」して，即座に却下した。コーネル大学でのサムナーの講演をヴィルシュテッターは断固としてはねつけたため，サムナーはゲルティー・コリ(Gerty Cori)に，原稿を*Naturwissenschaften*(「自然科学」という雑誌)に投稿できるよう翻訳を頼みこんだ。プリングスハイム(Pringsheim)がBaker

non-residential lecuturer（非常勤講師）であったとき，ヴィルシュテッターと同様の態度であったが，サムナーはプリングスハイムの授業で話すことを許可してもらい，彼に結晶化酵素タンパク質の価値について，なんとか理解してもらった。」

これらのことがサムナーの所属しているコーネル大学で起こったことである。自分のホームグラウンドである場所で自分の仕事を弁護するのに許可してもらわなくてはならなかったという事実が，この事態がもたらした感情の強さを物語る最良の宣誓証言であろう。

32. Boyer, P. D., Lardy, H., and Myrbäck, K. (1959). *The enzymes*, 2nd ed., vol. 1. Academic Press, New York.

33. For a biography of Northrop see Herriott, R. M. (1962). A biographical sketch of John Howard Northrop. *Journal of General Physiology* **45**, supplement, 1-16.

34. Northrop, J. H. (1930). Crystalline pepsin. Isolation and tests of purity. *Journal of General Physiology* **13**, 739-767.

35. Northrop, J. H. (1935). The chemistry of pepsin and trypsin. *Biological Reviews* **10**, 263-282.

36. Waldschmidt-Leitz, E. (1933). The chemical nature of enzymes. *Science* **78**, 189.

37. Sumner, J. B. (1933). The chemical nature of enzymes. *Science* **78**, 335.

38. Fruton, J. S. (1976). Biography of Richard Willstätter. *Dictionary of scientific biography* **14**, 411-412.

第16章

1. Ehrlich P. (1897). Die Wertbemessung des Diphtherieheilserums und deren theoretische Grundlagen. *Klinisches Jahrbuch* **6**, 299-326. 英語翻訳はタイトル 'The assay of of the activity of diphtheria-curative serum and its theoretical basis' は, *The collected papers of Paul Ehrlich*（文献5）による。

2. Silverstein, A. M. (1989). The history of immunology. In W. E. Paul (ed.), *Fundamental immunology*, 2nd ed., Raven, New York.

3. Roux, E. and Yersin, A. (1888). Contribution à l'étude de la diphthérie. *Annales de l'Institut Pasteur* **2**, 629-661.

4. von Behring, E. and Kitasato, S. (1890). Ueber das Zustandekommen der Diphtherieimmunität und der Tetanus-immunität bei Thieren. *Deutsche Medicinische Wochenschrift* no. 49, 1113-1114.

5. *The collected papers of Paul Ehrlich in four volumes* (ed. F. Himmelweit, M. Marquardt, and H. Dale) (1956-1960). Pergamon Press, London,

6. Metchnicoff, E.(1901). *Immunity in infectious diseases*. Macmillan, New York. メチニコフはエネルギッシュで独創性の高い変わったロシア人だった。彼の人となりは彼の妻の書いた伝記のおかげで非常によく知られている[7]。

7. Metchnikoff, O. (1921). *Life of Elie Metchnikoff*. Constable, London.

8. ルドルフ・ウィルヒョウ（Rudolf Virchow）(1821-1902)は病理学の創始者ですべての病理（病気）は（特定の）細胞に原因があると固くなに信じていた。

9. Ehrlich(1897), 文献5上記。

10. Bordet, J. (1903). Sur le mode d'action des antitoxins sur les toxins. *Annales de l'Institut Pasteur* **17**, 161-183.

11. Arrhenius, S. (1907). *Immunochemistry. Macmillan*, New York.

12. Landsteiner r, K. (1936). *The specificity of serological reactions*. C. C. Thomas, Springfield, IL. 第一版（ドイツ語）は 1933 年に出版された。手に入りやすい英語版は Dover, New York によって再版され拡張されて 1962 年に出版された。

13. Landsteiner, K. (1901). Ueber Agglutinationserscheinungen normalen menschlichen Blutes. *Wiener klinische Wochenschrift* **14**, 1132-1134.

14. Tiselius, A. and Kabat, E. A. (1939). An electophoretic study of immune sera and purified antibody preparations. *Journal of Experimental Medicine* **69**, 119-131.

15. Heidelberger, M., Pedersen, K., and Tiselius, A. (1936). Ultracentrifugal and electrophoretic studies on antibodies. *Nature* **138**, 165. ハイデルベルガーはニューヨークの長老派病院からウプサラへの客員研究員だった。彼が使ったγグロブリンは抗肺炎球菌抗体だった。ヒトあるいはウサギ血液からとった抗体は分子量 15 万だったが, ウマからとったものの分子量は 90 万だった。これは表 16.1 の分類でいう「IgM」であった。

16. Neurath, H. (1939). Apparent shape of protein molecules. *Journal of the American Chemical Society* **61**, 1841-1844.

17. Parventjev, I. A. (1936). US Patent 2065196.

18. ピーターマン（M.L.Peterman）はパパインの作用を研究していて, それがトリプシンやペプシンによる限定分解から予想されるものと全く違う結果だったので驚いた。彼女のフラグメントはおおよそ 4 万の分子量を持っていた。彼女自身はその結合活性を調べていないが, その後の研究により [19, 20], 完全に活性のある「Fab」フラグメントを含んでいることがわかった。Peterman M. L. (1946). The splitting of human gamma globulin antibodies by papain and bromelin. *Journal of the American Chemical Society* **68**, 106-113.

19. Porter, R. R. (1958) Separation and isolation of fractions of rabbit gamma-globulin containing the antibody and antigenic combining sites. *Nature* **182**, 670-671.

20. Porter, R. R. (1959). The hydrolysis of rabbit γ-globulin and antibodies with crystalline papain. *Biochemical Journal* **73**, 119-126.

21. Edelman, G. (1959). Dissociation of γ-globulin. *Journal of the American Chemical Society* **81**, 3155-3156.

22. Fleischman, J. B., Porter, R. R., and Press. E. M. (1963). The arrangement of the peptide chains of γ-globulin. *Biochemical Journal* **88**, 220-228

23. Noelken, M. E, Nelson, C. A., Buckley, C. E., and Tanford, C. (1965). Gross confor-

mation of rabbit 7S γ -immunoglobulin and its papain-cleaved fragments. *Journal of Biological Chemistry* **240**, 218-224.

24. Valentine, R. C. and Green, N. M. (1967). Electron microscopy of an antibody-hapten complex. *Journal of Molecular Biology* **27**, 615-617.

25. Huston, J. S., Margolies, M. N., and Haber, E. (1996). Antibody binding sites. *Advances in Protein Chemistry* **49**, 329-450.

26. Poljak, R. J., Amzel, L. M., Avey, H. P., Chen, B. L., Phizackerly, R. P., and Saul, F. (1973). Three-dimensional structure of the Fab fragment of a human immunoglobulin at 2.8Å resolution. *Proceedings of the National Academy of Sciences of the USA* **70**, 3305-3310.

27. Padlan, E. A. (1996). X-ray crystallography of antibodies. *Advances in Protein Chemistry* **49**, 57-133.

28. Kabat, E. A., Wu, T. T., Pery, H. M., Gottesman, K. S., and Foeller, C. (1991). *Sequences of proteins of immunological interest*, 5th ed., NIH Publication 91-3242. US Dept of Health and Human Services, Public Health Service, NIH, Bethesda, MD.

29. Breinl, F. and Haurowitz, F. (1930). Chemical investigation of the precipitate from hemoglobin and anti-hemoglobin serum and remarks on the nature of the antibodies. *Zeitschrift füür physiologische Chemie* **192**, 45-57. (題の翻訳および参考文献は *Chemical Abstracts* からのもの)

30. Pauling, L. (1940). A theory of the structure and process of formation of antibodies. *Journal of the American Chemical Society* **62**, 2643-57.

31. Burnet, F. M. (1941). *The production of antibodies*, 1st ed., Macmillan, Melbourne.

32. Burnet,F and Fenner, F. (1949). *The production of antibodies*, 2nd ed., Macmillan, Melbourne. 情報伝達の理論的構成は大幅に変更された。

33. Jerne, N. K. (1955). The natural selection theory of antibody formation. *Proceedings of the National Academy of Sciences of the USA* **41**, 849-857.

34. ニールス・イェルネの家族は何世代にもわたってユトランド半島に住んでいた。しかし彼自身はロンドンで生まれ育ち，多数の違う国で専門教育を受けた。彼のオリジナルな抗体産生の理論の仕事はデンマーク国立血清研究所(Danish State Serum Institute)とコペンハーゲン大学に兼務していたころ行われた。1984 年ノーベル賞を受賞した時は，すでに退職してアヴィニョンに住んでいた。

35. Burnet, F. M. (1957). A modification of Jerne's theory of antibody production using the concept of clonal selection. *Australian Journal of Science* **20**, 67-69.

36. Nossal, G. J. V. and Lederberg, J. (1958). Antibody production by single cells. *Nature* **181**, 1419-1420.

37. Talmage, D. W. (1959). Immunological specificity. *Science* **129**, 1643-1648.

38. この仕事は何年にもわたって，E・ハーバーとC・タンフォードの2つの研究室で独立に行われた。 Haber, E. (1964). Recovery of antigenic specificity after de-

naturation and complete reduction of disulfides in a papain fragment of anibody. *Proceedings of the National Academy of Sciences of the USA* **52**, 1099-1106; Whitney, P. L. and Tanford, C. (1965). Recovery of specific activity after complete unfolding and reduction of an antibody fragment. *Proceedings of the National Academy of Sciences of the USA* **53**, 524-532.

39. 第 10 章結論パラグラフ参照。

40. Haber, E., ed. (1996). Antigen-binding molecules: antibodies and T-cell receptors. *Advances in Protein Chemistry* **49**, 1-536.

41. Bibel, D. J. (1988). *Milestones in immunology*. Science Tech, Madison, WI.

42. Sutton, B. J. and Gould, H. J. (1993). The human IgE network. *Nature* **366**, 421-8.

第 17 章

1. Helmholtz, H. (1852). Ueber die Theorie der zusammengesetzten Farben. *Müller's Archiv für Anatomie Physiologie, und wissenschaftliche Medizin* **46**, 1-482. 英語版は, Helmholtz, H. (1852). On the theory of compound colours. *Philosophical Magazine* (4th series) **4**, 519-534.(ここに紹介した文章は, 原文から少し改変してある)

2. 3 原色理論についての 1861 年の講演原稿から。Harman, P. M. (ed.) (1990). *The scientific letters and papers of James Clerk Maxwell*, vol. 1, pp. 675-679. Cambridge University Press.

3. Newton, I. (1789). Opticks, 4th ed の中の問いかけ 16. 再版 Dover, New York, in 1952.

4. ヘルムホルツは, ヨハネス・ミュラーの指導の下に研究を始めた多くの生理学の先導者の中の一人である。他には, 細胞説の創始者の一人であるテオドール・シュワン(Theodor Schwan), 電気生理学の草分けエミール・デュ・ボア＝レーモン(Emil DuBois-Reymond), 科学的病理学の創始者ルドルフ・ウィルヒョウなどがいる。

5. 本章の冒頭に引用したのは, ミュラーの優れた「特異的神経エネルギー原理」の論理的展開である。この原理については, チャールズ・シンガー(Charles Singer)による科学的アイデアの古典的歴史の中で, 当時の状況がわかりやすく説明されている[6]。

6. Singer, C. (1959). *A short history of scientific ideas to 1900*. Oxford University Press.

7. Young, T. (1802). On the theory of light and colours, Bakerian lecture of the Royal Society. *Philosophical Transactions of the Royal Society* **92**, 12-48. ヤングの 3 つの原色は赤, 黄と青である。

8. ヤングは光の波動説のもともとの主唱者のひとりであるが, ロンドンに新しく建てられた王立研究所の自然哲学の最初の教授である。ヤングは一義的には医者だと自身思っていて, 2 年間のみの教授職だった。彼の科学的出版物は非常に少ない。というのも, ロンドンではやっていた開業医として, 他のことにかまけているということで評判を落としたくなかったからだ。彼の色覚に対する理解は, 論文に書かれ

ていること以上に展開をみせたと歴史的にはいえる。マクスウェルとヘルムホルツは，50 年後に色のミックスについて確固としたデータを発表しているが，両者ともヤングの優先性についてすなおに認めている。

9. Maxwell, J. C.（1857）. Experiments on colour, as perceived by the eye, with remarks on colour blindness. *Transactions of the Royal Society of Edinburgh* **21**, 275-298. 再発行は，Niven, , W. D.（ed.）（1890）. *The scientific papers of James Clerk Maxwell*, vol. 1, pp. 126-154. Cambridge University Press. カラートップに関する記述がある抄録は，1855 年に *Proceedings of the Royal Society of Edinburgh* **3**, 299-301 に掲載され，Harman, P. M.（ed.）（1990）. *The scientific letters and papers of James Clerk Maxwell*, vol. 1, pp. 287-289. Cambridge University Press で再発行された。

10. Dalton J.（1798）. Extraordinary facts relating to the vision of colours; with observations. *Memoirs, Literary and Philosophical Society, Manchester*, no. 5. 色覚異常にもっとも多い型は伴性遺伝型欠損であり，男性は女性の 20 倍の頻度である。これに興味を示したドルトンの時代にもすでに知られていて，それから 1 世紀を超えて理論遺伝学の定点観測となっている。色覚の問題は，科学的探究心をかきたてる広い知識を包含するものとして，とらえられるべきであろう。

11. Rushton, W. A. H.（1975）. Visual pigments and color blindness, *Scientific American* **232**（March）, 64-74.

12. Cahan, D.（ed.）（1993）. *Hermann von Helmholtz and the foundation of nineteenth-century science*. University of California Press, Berkeley.

13. Rechenberg, H.（1994）. *Hermann von Helmholtz: Bilder seines Lebens und Wirkens.* VCH, Weinheim.

14. Maxwell, J. C.（1876）. Hermann von Helmholtz. *Nature* **15**, 389-391.

15. Kurti, N.（1985）. Helmholtz's choice. *Nature* **314**, 499.

16. Helmholtz, H. 前掲参考論文 1.

17. 同様な理由で，3 原色理論が完全に受け入れられてから，それぞれの原色の λ_{max} 値について，精密には研究室によって異なる報告があり，標準色の定義の違いに影響を及ぼした。

18. Sherman, P. D.（1981）. *Colour vision in the nineteenth century*. Adam Hilger, Bristol. ヘルムホルツの視覚に関するすべての仕事が Lenor, T.（1993）. The eye as mathematician, 参考文献 12, pp. 109-153, および，Kremer, R. L.（1993）. Innovation through sysnthesis, 同 , pp. 205-208 にまとめられている。

19. Rechenberg, H.（1994）. 前掲参考文献 13.

20. Schultze, M.（1866）. Zur Anatomie und Physiologie der Retina. *Archiv füür mikroskopische Anatomie* **2**, 175-286 .

21. 伝記とその他の情報については，Geison, G. L.（1975）. *Dictionary of scientific biograyphy* **12**, 230-233. を参照のこと。

22. Boll, F.（1877）. Zur Anatomie und Physiologie der Retina. *Archiv für Anatomie und*

Physiologie (*Physiologische Abteilung*) 4-35. この論文の大部分は 1977 年の 100 周年記念で書かれた英語翻訳がある。Hubbard, R. *Vision Research* **17**, 1253-1265. ボル (1849-1879) は若くして死んだ。もし長生きしていたら，彼は自分の優先性を認めてもらうよう説いてまわったに違いないと思われる。

23. Ewald, A. and Kühne, W. (1878). Untersuchungen über den Sehpurpur. *Untersuchungen des physiologischen Institut Heidelberg* **1**, 44-66.

24. Kühne, W. (1879). Chemische Vorgänge in der Netzhaut. In *Handbuch der Physiologie* (L. Hermann, ed.) vol. 3, part 1. F. Vogel, Leipzig. 1977 Hubbard, R. による英語訳は 1977 年, *Vision Research* **17**, 1273-1316. に発行された。また Kühne, W. (1878). *On the photochemistry of the retina and on visual purple* (M. Foster, ed.). Macmillan, London. も参照されたい。

25. Hecht S. and Pickels, E. G. (1938). The sedimentation constant of visual purple. *Proceedings of the National Academy of Sciences of the USA* **24**, 172-176. 測定された分子量は真の値よりかなり大きい。ロドプシンは膜タンパク質なので，この実験では凝集していたに違いない。

26. Wald, G. (1935). Carotenoids and the visual cycle. *Journal of General Physiology* **19**, 351-371.

27. Hecht, S. (1937). Rods, cones and the chemical basis of vision. *Physiological Reviews* **17**, 239-289. ヘクト (1892-1947) はこの問題での主要な専門家であった。総説の題にかかわらず，化学的特徴の記述を避けている。総説の一部は「光化学」を取り扱うとしているが，原理にとどまっており，反応速度式などは仮説的物質ばかりしか書かれていない。ヘクトのその後の総説としては *TheThe Harvey Lectures, 1937-38*, Williams & Wilkins, Baltimore を参照されたい。G・ワルドによるヘクトの良い伝記が *Journal of General Physiology* **32**, 1-16 (1948) に発表されている。

28. Wald, G. (1933). Vitamin A in the retina. *Nature* **132**, 316-317. これは，視覚におけるカロテノイドの同定の最初の論文である。

29. Wald, G. (1934). Carotenoids and the vitamin A cycle in vision. *Nature* **134**, 65. ロドプシンがタンパク質であることの最初の同定に関する論文の一つ。ワルドは，レチナールは暗順応した網膜において活性型で，タンパク質に結合しているはずだと結論した。

30. Wald, G. (1968). The molecular basis of visual excitation, *Nature* **219**, 800-807. これは，ワルドのノーベル賞受賞講演 (1967) であり，すぐれた歴史的要約である。ノーベル賞のあと，ワルドはカジュアルな服を着て反戦運動に加わった。彼は 1960 年代の落ち着きのない若者の寵児となり，公式のアカデミックな講演よりも色彩にあふれる聴衆を惹きつける傾向にあった。

31. Marks, W. B., Dobelle, W. H., and MacNichol, E. F., Jr (1964). Visual pigments of single primate cones. *Science* **143**, 1181-1183. λ_{max} 値は 445,535 と 570 ナノメートル。試料の調整法はシュルツェツと基本的に同じ。

32. Brown , P. K. and Wald, G. (1964).Visual pigments in single rods and cones of the human retina. *Science* **144**, 45-52. 彼らの測定値は杆体細胞桿体のλ_{max}=505 に対して，450, 525 と 555 ナノメートルである。

33. 酸素ヘモグロビンとデオキシヘモグロビンはかなり異なったスペクトルを持っている。しかし，光の吸収は分子機能に関係しない。チロシンとトリプトファンの芳香環の紫外領域スペクトルも環境の変化に対応し，タンパク質の変性過程を追うツールとして使われるが，これも生理学的機能とは直接の関係はない。

34. Nathans, J., Thomas, D., and Hogness, D. S. (1986). Molecular genetics of human color vision. *Science* **232**, 193-202.

35. Nathans, J. (1989). The genes for color vision. *Scientific American* **260** (February), 28-35.

36. Kochendoerfer, G. G., Lin, S. W., Sakmar, T. P., and Mathies, R. A. (1999). How color visual pigments are tuned. *Trends in Biochemical Sciences* **24**, 300-305.

第18章

1. この話題の生化学の総合的な歴史に関しては，Needham, D. M. (1971). *Machina carnis*. Cambridge University Press の総説を参照のこと。

2. Huxley, H. E. (1953). Electron microscope studies of the organisation of the filaments in striated muscle. *Biochimica et Biophysica Acta* **12**, 387-394.

3. クルーニアンレクチャー(Croonian lecture)は現在も定期的に開かれている。ただ，もともとのテーマに関する設定はかなり自由に解釈されている。

4. Hoole, S. (translator) (1798). *Select works of A. van Leeuwenhoek*. Henry Fry, London.

5. Cuvier, G. (1805). *Leçons d'anatomie comparée*, vol. 1. Baudouin, Paris. 翻訳した引用文は文献1の28-29頁にある。

6. Helmholtz, H. (1847). Über die Erhaltung der Kraft, 論文は1847年7月23日のドイツ生理学会で発表され，1889年オストヴァルトによる *Klassiker der exacten Wissenschaften*. W. Engelmann, Leipzig で再発行された。

7. Liebig, G. (1842). *Animal chemistry or organic chemistry in its application to physiology and pathology* (W. Gregory 訳), Cambridge University Press. 1964年, Johnson Reprint Corp., New York. により再発行。本書第1章，17頁で引用した。

8. Kühne, W. (1859). Untersuchungen über Bewegungen und Veränderungen der contractilen Substanzen. *Archiv für Anatomie, Physiologie, und wissenschaftliche Medizin* 564-641, 748-835; Kühne, W. (1864). *Untersuchungen über das Protoplasma und die Contractilität*. W. Engelmann, Leipzig.

9. 実際の調整方法のおおよそは第2章に述べたとおりで，本手法は結晶化のために調整された時代のものではない，粗精製である。22頁参照のこと。

10. Edsall, J. T. (1930). Studies in the physical chemistry of muscle globulin (myosin). *Journal of Biological Chemistry* **89**, 289-313; von Muralt, A. and Edsall, J. T. (1930).

Studies in the physical chemistry of muscle globulin. *Journal of Biological Chemistry* **89**, 315-350, 351-386.

11. Engelhardt, V. A. and Lyubimova, M. N. (1939). Myosin and adenosinetriphosphatase. *Nature* **144**, 668-669.

12. Lipmann, F. (1941). Metabolic generation and utilization of phosphate bond energy. *Advances in Enzymology* **1**, 99-162.

13. Kalckar, H. M. (1941). The nature of energetic coupling in biological syntheses. *Chemical Reviews* **28**, 71-178.

14. Kühne, W. (1888). On the origin and the causation of vital movement (Croonian Lecture). *Proceedings of the Royal Society* **44**, 427-448.

15. これと続く研究に関するオリジナルの報告は，セゲド大学の *Studies from the Institute of Meical Chemistry* に掲載されている。これらの仕事の多くは，A. セント＝ジェルジ単独名だが，オリジナル報告を完全に承認する形で，*Acta Physiologica Scandinavica* **9**, supplement XXV, 1-116 (1945)に再発行されている。

16. Szent-Györgyi A. (1947). *Chemistry of muscular contraction.* Academic Press, New York. および文献 18 も参照のこと。

17. 感動的説明として Szent-Györgyi A. (1963). Lost in the twentieth century. *Annual Review of Biochemistry* **32**, 1-14. 14 参照。

18. Baily K. (1947). Chemical basis of muscle contraction. *Nature* **160**, 550-551.(この本のセント＝ジェルジによるレビューが参考文献16にあるが)ベイリーは間違いなくタンパク質化学者といえる人物で，1937 年にその後ミオシンと呼ばれるようになるタンパク質のアミノ酸解析を発表した。彼は，1939 年ハーバードのコーン－エドサールの研究室で1年間過ごした。1946 年(英国に戻っていた)に筋肉の3番目のタンパク質となるトロポミオシンを発見した。A.C. チブナルによる伝記が *Biographical Memoirs of Fellows of the Royal Society* **10**, 1-13. にある。

19. F・B・シュトラウブは米国に行かず，ハンガリーにとどまった。ブダペストにあるセンメルワイス大学医学部(Semmelweiss medical school)の教授になり，そしてどんどん公共問題に巻き込まれていった。1988 ～ 1989 年のハンガリーの政治的大混乱の間，なんと彼はハンガリーの暫定的国家元首となった！

20. Bailey, K. (1946). Tropomyosin: a new asymmetric protein component of muscle. *Nature* **157**, 368-369.

21. Ebashi, S. (1963). Third component participating in the superprecipitation of 'natural actomyosin'. *Nature* **200**, 1010 ; Ebashi, S., Ebashi, F., and Maruyama, K. (1964). A new protein factor promoting contraction of actomyosin. *Nature* **203**, 645-646.

22. Maruyama, K., Matsubara, S., Natori, R., Nonomura, Y., Kimura, S., Ohashi, K., *et al.* (1977). Connectin, an elastic protein of muscle. *Journal of Biochemistry* (*Tokyo*) **82**, 317-337 (1977); Wang, K. McClure, J., and Tu, A. (1979). Titin: major myofibrillar

component of striated muscle. *Proceedings of the National Academy of Sciences of the USA* **76**, 3698-3702.

23. Huxley, T. H. (1880). *The crayfish*. Kegan Paul, London.

24. Engelmann, T. W. (1895). On the nature of muscular contraction (Croonian Lecture at the Royal Society). *Proceedings of the Royal Society* **57**, 411-433. エンゲルマン (1843-1909) はドイツ人でリービッヒやキューネらの本の出版で有名なライプツィヒ出版社の息子。しかし, 彼がもっとも生産的であったのはユトレヒト大学教授で過ごした時代である。彼は, 秀でた文化人であり, ヨハネス・ブラームスの個人的友人であった。ブラームスは弦楽四重奏第3番変ロ長調を彼に献呈している。

25. Meyer, K.H. . (1952). Thermoelastic properties of several biological systems. *Proceedings of the Royal Society* **B139**, 498-505. (この論文のアイデアはなんと 1929 のマイヤーの論文にさかのぼる!)

26. Weber, H. H. (1952). Is the contracting muscle in a new elastic equilibrium? *Proceedings of the Royal Society* **B139**, 512-520.

27. Hall, C. E., Jakus, M. A., and Schmitt, F. O. (1946). An investiugation of cross striations and myosin filaments in muscle. *Biological Bulletin* **90**, 32-50.

28. Astbury, W. T. (1947). On the structure of biological fibres and the problem of muscle (Croonian Lecture). *Proceedings of the Royal Society* **B134**, 303-328.

29. Pauling, L. and Corey, R. B. (1951). The structure of hair, muscle and related proteins. *Proceedings of the National Academy of Sciences of the USA* **37**, 261-271. この論文はとんでもなく推論的な提言であって, 彼ら自身による, その後数十年にわたり厳密な基礎学問を支えた a - ヘリックスや β - シート構造の提案とは完全に対照的である。この提言は水素結合の大規模な破壊を必要とし, その後全く異なる形で再結合し, おまけに可逆的な過程であるということになる。著者らは率直に認めている:「筋肉が伸びた状態に再びもどるかどうか, 単純にいうのはとても難しい」。

30. Pauling, L. and Corey, R. B. (1953). Compound helical configurations of polypeptide chains: structure of proteins of the a -keratin type. *Nature* **171**, 59-61.

31. Astbury, W. T. (1950). X-ray studies of muscle. *Proceedings of the Royal Society* **B134**, 58-63.

32. Weber, H. H. and Portzehl, H. (1952). Muscle contraction and fibrous muscle proteins. *Advances in Protein Chemistry* **7**, 161-252. 著者らはテュービンゲンの出身である。戦後西ドイツとなった。ウェーバーは分子筋肉研究の祖の一人であり, 1930 年代からこの領域で研究している。

33. Huxley, A. F. and Niedergerke, R. (1954). Structural changes in muscle during contraction. *Nature* **173**, 971-973.

34. Huxley, H. and Hanson, J. (1954). Changes in the cross-striations of muscle during contraction and stretch and their structural interpretation. *Nature* **173**, 973-976.

35. Huxley, H. E. (1996). A personal view of muscle and motility mechanisms. *Annual*

Review of Physiology **58**, 1-19.

36. Cohen, C. (1975). The protein switch of muscle contraction. *Scientific American* **233** (May), 36-45.

37. Wang, K. McClure, J., and Tu, A. (1979). Titin: major myofibrillar component of striated muscle. *Proceedings of the National Academy of Sciences of the USA* **76**, 3698-3702; Trinick, J. (1996). Cytoskeleton: titin, a scaffold and spring. Current Biology 6, 258-260.

38. Keller, T. C. S. III (1997). Molecular bungees. *Nature* **387**, 233-235.

39. Crick, F. H. C. (1952). The height of the vector rods in the three-dimensional Patterson of haemoglobin. *Acta Crystallographica* **5**, 381-386. ポーリングとコーリーは α－ケラチンタンパク質のねじれのない α - ヘリックス構造モデルにが不適当な点があることに気が付いていた。文献 30 参照。

40. Crick, F. H. C. (1952). Is α -keratin a coiled-coil? *Nature* **170**, 882-883.

41. Crick, F. H. C. (1953). The packing of α -helices: simple coiled-coils. *Acta Crystallographica* **6**, 689-697.

42. Fletcher, W. M. and Hopkins, F. G. (1917), The respiratory process in muscle and the nature of muscular motion (Croonian Lecture). *Proceedings of the Royal Society* **B89**, 444-467.

43. Hill, A. V. (1932). The revolution in muscle physiology. *Physiological Reviews* 12, 56-67. ヒルは 1949 になってもまだ ATP が筋収縮のエネルギー源であることに疑いをもっており，生化学者に挑戦している。「どうして，収縮できない筋肉の抽出物の中からではなく，収縮する筋肉そのものから見つけようとしないのか？」と。しかし，自分で生きた筋肉で試そうとは思ってはいなかったようだ。

44. Hill, A. V. (1949). Adenosine triphosphate and muscular contraction. *Nature* **163**, 320.

45. Hill, A. V. (1965). *Trails and trials in physiology*. Edward Arnold, London.

第 19 章

1. Macallum, A. B. (1910). The inorganic composition of the blood in vertebrates and invertebrates, and its origin. *Proceedings of the Royal Society* **B82**, 602-624.

2. Fenn, W. O. (1940). The role of potassium in physiological processes. *Physiological Reviews* **20**, 377-415. フェンによると，海水にカリウムが少ないことを説明する理由はいくつかあるが，「生きた細胞にカリウムが多いのは全く異なっていて，理由はいまだ謎のままだ」。

3. Branden, C. and Tooze, J. (1999). *Introduction to protein structure*, 2nd edn. Garland, New York.

4. Hoppe-Seyler, F. (1881). *Physiologische Chemie*. August Hirschwald, Berlin.

5. Buchner, E. (1897). Alkoholische Gährung ohne Hefezellen. *Berichte der deutschen*

chemischen Gesellschaft **30**, 117-124.

6. 最小限の説明は Tanford, C. (1989). *Ben Franklin stilled the waves*. Duke University Press, Durham,NC を参照のこと。オーバートンは国外居住者であり，PhD 取得とその後の専門職キャリアはヨーロッパ大陸が中心だった。彼は，いくつかの実験について大変詳細な説明を公表している。E. (1902). Beiträge zur allgemeinen Muskel und Nervenphsiologie. *Pflüger's Archiv für die gesamte Physiologie* **92**, 115-280, 346-386.

7. Singer, S. J. and Nicolson, G. L. (1972). The fluid mosaic membrane. *Science* **175**, 720-731.

8. Spatz, L. and Strittmatter, P. (1971). A form of cytochrome b5 that contains an additional hydrophobic sequence of 40 amino acids. *Proceedings of the National Academy of Sciences of the USA* **68**, 1042-1046.

9. Tanford, C. and Reynolds, J. A. (1976). Characterization of membrane proteins in detergent solutions. *Biochimica et Biophysica Acta* **457**, 133-170.

10. Helenius, A. and Simons, K. (1975). Solubilization of membranes by detergents. *Biochimica et Biophysica Acta* **415**, 29-79.

11. Weber, K. and Osborn, M. (1969). The reliability of molecular weight determinations by dodecyl sulfate-polyacrylamide gel electrophoresis. *Journal of Biological Chemistry* **244**, 4-4406-4412. 方法についてのオリジナルなプロポーザルは Shapiro, A. L., Vinuela, E., and Maizel, J. V. (1967). *Biochemical and Biophysical Research Communications* **28**, 815-820.

12. SDS 溶液の中でのポリペプチド鎖の状態の物理的な説明のための SDS ゲルの作動原理を理解する基礎理論については，Reynolds s, J. A. and Tanford, C. (1970). The gross conformation of protein-sodium dodecyl sulfate complexes. *Journal of Biological Chemistry* **245**, 5161-5166. 参照。

13. SDS 中のタンパク質については，1945 年に SDS 結合の測定の一部として調べられている。Putnam, F. W. and Neurath, H. (1945). Interaction between proteins and synthetic detergents. *Journal of Biological Chemistry* **159**, 195-209；**160**, 397-408. 参照

14. Trayer, H. R., Nozaki, Y., Reynolds, J. A., and Tanford, C. (1971). Polypeptide chains from human red blood cell membranes. *Journal of Biological Chemistry* **246**, 4485-4488. これは，SDS ゲル電気泳動の手法が使えるようになってすぐに行った解析の１つ。元データはよく知られたゲル染色によるバンドだが，相対的強度はこの例のように分光光度計のスキャンで得られる。

15. 生体エネルギー論における ATP の主体的役割の発見については，1941 年に出版された古典的レビューに書かれている。Lipmann, F. (1941). Metabolic generation and utilization of phosphate bond energy. *Advances in Enzymology* **1**, 99-162；Kalckar, H. M. (1941). The nature of energetic coupling in biological syntheses. *Chemical Reviews* **28**, 71-178.

16. Boyer, P. (1997). The ATP synthase—a splendid molecular machine. *Annual Review of Biochemistry* **66**, 717-749.

17. Branden, C. and Tooze, J. (1999). *Introduction to protein structure*, 参考文献3. タンパク質構造に関する原著論文が紹介されている。

18. Wilson, T. H. and Maloney, P. C. (1976). Speculations on the evolution of ion transport mechanisms. *Federation Proceedings* **35**, 2174-2179.

19. Hodgkin, A. L. and Huxley, A.F. (1939). Action potentials recorded from inside a nerve fibre. *Nature* **144**, 710-711; Hodgkin, A.L. and Huxley, A. F. (1945). Resting and action potentials in single nerve fibres. *Journal of Physiology* **104**, 176-185. これらの初期の報告に続いて1952年から数報の論文が出ている。*Journal of Physiology* **116**, 424-506; **117**, 500-504.

20. Skou, J. C. (1957). The influence of some cations on an adenosine triphosphatase from peripheral nerves. *Biochimica et Biophysica Acta* **23**, 394-401.

21. Skou, J. C. and Esmann, M. (1992). The Na, K-ATPase. *Journal of Bioenergetics and Biomembranes* **24**, 249-261.

22. Bernstein, J. (1902). Untersuchungen zur Thermodynamik der bioelektrischen Ströme. *Pflüger's Archiv füür die gesamte Physiologie* **92**, 521-562.

23. Hodgkin, A. L. (1964). *The conduction of the nervous impulse*. Liverpool University Press.

24. Kuffler, S. W. and Nicholls, J. G. (1976). *From neuron to brain*. Sinauer, Sunderland, MA.

第20章

1. Crick, F. H. C. (1958). On protein synthesis. *Symposia of the Society for Experimental Biology* **12**, 138-163.

2. Miescher, F. (1874). Das Protamin, eine neue organische Basis aus der Samenfaden des Rheinlacher. *Berichte der deutschen chemischen Gesellschaft* **7**, 376-379.

3. Hertwig, O. (1876). Beiträge zur Kenntnis der Bildung, Befruchtung und Theilung des Thierishen Eis. *Morphologisches Jahrbuch* **1**, 347-434.

4. Kossel, A. (1879). Ueber das Nuklein der Hefe. *Zeitschrift füür physiologische Chemie* **3**, 284-291.

5. Weismann, A. (1893). *The germ-plasm: a theory of heredity.* Scribner's, New York.

6. 第8章参照。

7. Judson, H. F. (1979). *The eighth day of creation. Makers of the revolution in biology.* Jonathan Cape, London. Reprinted by Penguin Books, 1995.

8. Watson, J. D. (1968). *The double helix.* Atheneum, New York.

9. Crick, F. H. C. (1988). *What mad pursuits.* Basic Books, New York.

10. Beadle, G. W. and Tatum, E. L. (1941). Genetic control of biochemical reactions in

Neurospora. Proceedings of the National Academy of Sciences of the USA **27**, 499-506.

11. Beadle, G. W. (1945). Biochemical genetics. *Chemical Reviews* **37**, 15-96.

12. Beadle, G. W. (1946). Genes and the chemistry of the organism. *American Scientist* **34**, 31-53. (Bibliography concluded on p. 76.)

13. Muller, H. J. (1927). Artificial transmutation of the gene. *Science* **66**, 84-87.

14. マラー（Muller;1890-1967）は 1945 年にインディアナ大学に移った。彼はそこでの J・D・ワトソンの教師の 1 人である。

15. Delbrück, M. (1940). Radiation and hereditary mechanims. *American Naturalist* **74**, 350-362.

16. Stanley, W. M. and Knight, C. A. (1941). The chemical composition of strains of tobacco mosaic virus. *Cold Spring Harbor Symposia on Quantitative Biology* **9**, 255-262. TMV は桿状で分子量約 5 千万のウイルスである。

17. Muller, H. J. (1941). Résumé and perspectives of the symposium on genes and chromosomes. *Cold Spring Harbor Symposia on Quantitative Biology* **9**, 290-308.

18. Haldane, J. B. S. (1942). *New paths in genetics*. Harper, New York.

19. Svedberg, T. (1939). 冒頭の挨拶, A discussion on the protein molecule. *Proceedings of the Royal Society* **A170**, 40-56(1939). これはタンパク質構造に関するものである。スヴェドヴェリは遺伝子について考察する義務はなかった。ただ，一般的な見解についての認識を披露したかったに違いない。

20. Pauling, L. and Corey, R. B. (1953). A proposed structure for the nucleic acids. *Proceedings of the National Academy of Sciences of the USA* **39**, 84-97.

21. Hager, T. (1995). *Force of nature: the life of Linus Pauling*, p. 396. Simon & Schuster, New York.

22. この論文のイントロダクションをそのまま引用すると「核酸の分子構造の理解は生命の基本的現象を理解する試みにとって価値のあるものである」。どのようにして理解するのかについての記載はない。

23. Avery, O. T., MacLeod, C. M., and McCarty, M. (1944). Studies on the nature of the substance inducing transformation of pneumococcal types. Induction of transformation by a desoxyribonucleic acid fraction isolated from Pneumococcus Type III. *Journal of Experimental Medicine* **79**, 137-158.

24. 例えば，Judson, H. F. 参考文献 7 と最近では Fruton, J. S. (1999). *Proteins, enzymes, genes*. Yale University Press, New Haven, NC. 後者では「歴史的記録を読む限りでは，（アベリーの結果を受諾）できないというのは，少なくともデルブリュックとルリアの場合は，DNA が遺伝因子を担っている（可能性）に対する低い評価に由来している」。

25. Hunter, G. K. (1999). Phoebus Levene and the tetranucleotide structure of muclec ic acids. *Ambix* **46**, 73-103.（レヴィーンとアベリーはロックフェラー研究所の同僚であった。）

第 20 章 | **307**

26. Delbrück, M. (1941). A theory of autocatalytic synthesis of polypeptides and it application to the problem of chromosome reproduction. *Cold Spring Harbor Symposia on Quantitative Biology* **9**, 122-124.

27. Pauling, L. and Delbrück, M. (1940). The nature of the intermolecular forces operative in biological processes. *Science* **92**, 77-79.

28. Delbrück 参考文献 15. デルブリュックの履歴に関するよい解説(発表論文全リスト付きの)は Hayes,W (1982). Biography of Max Delbrück. *Biographical Memoirs of Fellows of the Royal Society* **28**, 58-90, と引用されている参考文献を参照のこと。

29. フランシス・クリックはその自伝の中で，分子生物学における化学構造の優位性について述べている。彼は真の物理学者であるマックス・デルブリュックについて次のように記述している。「私はデルブリュックが化学にそれほど関心があったとは思わない。多くの物理学者のように彼は化学を量子力学の自明な応用でしかないとみなしていた。」クリックの *What mad pursuits*（参考文献 9），p. 61. 参照。

30. Moore, W. (1989). *Schrödinger: life and thought.* Cambridge University Press.

31. Schrödinger, E. (1946). *What is life?* , p. 76. Cambridge University Press. この本は，1943 年 2 月，ダブリンのトリニティカレッジで行われた講演に基づいている。

32. Perutz, M. F. (1987). Physics and the riddle of life. *Nature* **326**, 555-559.

33. See biography of Gamow by Stuewer, R. H. (1972). *Dictionary of scientific biography* **5**, 271-273.

34. Hershey, A. D. and Chase, M. (1952). Independent functions of viral protein and nucleic acid in growth of bacteriophage. *Journal of General Physiology* **36**, 39-56.

35. Judson, 参考文献 7, pp. 130-131.

36. Chargaff, E. (1950). Chemical specificity of nucleic acids and mechanism of their enzymic degradation. *Experientia* **6**, 201-209.

37. Watson, J. D. and Crick, F. H. C. (1953). Molecular structure of nucleic acids. A structure for deoxyribose nucleic acid. *Nature* **171**, 737-738.

第 21 章

1. Crick, F. H. C. (1966). The genetic code III. *Scientific American* **215** (Oct.), 55-62.

2. Nierenberg M. W., Jones, O. W., Leder, P., Clark, B. F. C., Sly, W. S., and Pestka, S. (1963). On the coding of genetic information. Cold Spring Harbor Symposia on *Quantitative Biology* **28**, 549-557. 他の誰よりもこの問題に貢献した人たちの科学的総説である。

3. Nierenberg M. W. (1963). The genetic code. II. *Scientific American* **208** (Mar.), 80-94. 非専門家向けに書かれた総説。使われた研究室の装置や多数のだ標代表的な分子反応の図で説明されている。

4. Crick, F. H. C. (1958). On protein synthesis. *Symposia of the Society for Experimental Biology* **12**, 138-163. これは第 12 回実験生物学会(Society for Experimental Biology)

のシンポジウムの一部で,「The Biological Replication of Macromolecules」と題されている。

5. 第20章, 238頁と文献33参照。

6. Gamow, G. (1954). Possible relation between deoxyribonucleic acid and protein structure. *Nature* **173**, 318.

7. Crick, F. H. C., Barnett, L., Brenner, S., and Watts-Tobin, R. J. (1961). General nature of the genetic code for proteins. *Nature* **192**, 1227-1232.

8. 遺伝コードそのものではなく,生化学的詳細に重点を置いた歴史については,Zamecnik, , P. (1969). An historical account of protein synthesis, with current overtones— A personalized view. *Cold Spring Harbor Symposia on Quantitative Biology* **34**, 1-14. を参照のこと。

9. 多数の大学の生化学科が「生化学・分子生物」学科となった。米国の主要な専門的生化学者の学会である「American Society for Biochemistry : 米国生化学会」も1987年名称を「American Society for Biochemistry and Molecular Biology : ASBMB米国生化学会・分子生物学会」に変更した。

10. Cellular Regulatory Mechanisms (1961). *Cold Spring Harbor Symposia on Quantitative Biology* **26**, 1-408.

11. Synthesis and Structure of Macromolecules (1963). *Cold Spring Harbor Symposia on Quantitative Biology* **28**, 1-610.

12. The genetic code (1966). *Cold Spring Harbor Symposia on Quantitative Biology* **31**, 1-762.

13. Grunberg-Manago, M. and Ochoa, S. (1955). Enzymatic synthesis and breakdown of polynucleotides. Polynucleotide phosphorylase. *Journal of the American Chemical Society* **77**, 3165-3166. この仕事は可逆的リン酸化が分解または合成機構の主要な過程にちがいないことを示した。

14. Hoagland, M. B., Keller, E. B., and Zamecnik, P. C. (1956). Enzymatic carboxyl activation of amino acids. *Journal of Biological Chemistry* **218**, 345-358.

15. Hoagland, M. B., Zamecnik, P. C., and Stephenson, M. L. (1957) Intermediate reactions in protein biosynthesis. *Biochimica et Biophysica Acta* **24**, 215-216.

16. Zamecnik, P. C., Keller, E. B., Littlefield, J. W., Hoagland, M. B., and Loftfield, R. B. (1956). Mechanism of incorporation of labeled amino acids into proteins. *Journal of Cellular and Comparative Physiology* **47**, suppl. 1, 81-101.

17. Jacob, F. and Monod, J. (1961). Genetic regulatory mechanisms in the synthesis of proteins. *Journal of Molecular Biology* **3**, 318-356.

18. Brenner, S., Jacob, F., and Meselson, M. (1961). An unstable intermediate carrying information from genes in the nucleus to ribosomes for protein synthesis. *Nature* **190**, 576-581.

19. Brenner, S. (1961). RNA, ribosomes and protein synthesis. *Cold Spring Harbor Sym-*

posia on Quantitative Biology **26**, 101-110.

20. Nirenberg, M. and Matthaei, J. (1961). The dependence of cell-free protein synthesis in E. coli upon naturally occurring or synthetic polyribonucleotides. *Proceedings of the National Academy of Sciences of the USA* **47**, 1588-1602.

21. Matthaei, J. H., Jones, O. W., Martin, R. G., and Nirenberg, M. (1962). Characteristics and composition of RNA coding units. *Proceedings of the National Academy of Sciences of the USA* **48**, 666-677.

22. Speyer, J. F. Lengyel, P., Basilio, C., and Ochoa, S. (1962). Synthetic polynucleotides and the amino acid code. II. *Proceedings of the National Academy of Sciences of the USA* **48**, 63-68. 引き続き数報の論文が立て続けに発表され，遺伝暗号の割り当ての完成に寄与した。

23. Kohrana. H. G. and others (1966). Polynucleotide synthesis and the genetic code. *Cold Spring Harbor Symposia on Quantitative Biology* **31**, 39-49. コラーナと共同研究者の仕事の最終的叙述(1965)は，Studies on polynucleotides XLIII to XLVI. *Journal of the American Chemical Society* **87**, 2956-2970, 2971-2981, 2981-2988, 2988-2995. を参照のこと。

24. Leder, P. and Nirenberg, M. W. (1964). RNA codewords and protein synthesis, II. Nucleotide sequence of a valine RNA codeword. *Proceedings of the National Academy of Sciences of the USA* **52**, 420-427.

25. Nierenberg g, M. W. and Leder, P. (1964). RNA codewords and protein synthesis. *Science* **145**, 1399-1407. 本論文はもっと明確な題がある。「The effect of trinucleotides upon the binding of sRNA to ribosomes」。

第 22 章

1. Johnson, O. B. (1928). *A study of Chinese alchemy.* Commercial Press, Shanghai.

2. Crick, F. H. C. (1958). On protein synthesis. *Symposia of the Society of Experimental Biology* **12**, 138-163；引用文は 142 頁にある。.

3. Chothia, C. (1992). One thousand families for the molecular biologist. *Nature* **357**, 543-544.

4. Margoliash, E. and Schejter, A. (1967). Cytochrome c. *Advances in Protein Chemistry* **21**, 113-286. タンパク質のアミノ酸配列の進化は 175 〜 205 頁に述べられている。

5. Dickerson, R. E. (1971). The structure of cytochrome c and the rates of molecular evolution. *Journal of Molecular Evolution* **1**, 26-45.

6. Dickerson, R. E. (1972). The structure and history of an ancient protein. *Scientific American* **226** (4), 58-72.

7. Pauling, L., Itano, H. A., Singer, S. J., and Wells, C. (1949). Sickle cell anemia. A molecular disease. *Science* **110**, 543-548.

8. 「鎌状赤血球形質」を持つヒトは鎌状赤血球貧血よりもっと普通の疾患で，特に重

篤な病的問題は通常起こらず，血中に正常と異常のヘモグロビンタンパク質の混合物が見られる。電気泳動スキャンでは，両方のタンパク質を単に混ぜ合わせたものと全く同じパターンが得られる。これは，論理的帰結を証明するために行われたコントロール実験の疑義を挟む余地のない一例である。

9. Ingram, V. M.（1956）. A specific chemical difference between the globins of normal and sickle-cell anaemia haemoglobins. *Nature* **178**, 792-794.

10. Ingram, V. M.（1957）. Gene mutations in human haemoglobin: the chemical difference between normal and sickle cell haemoglobin. *Nature* **180**, 326-328.

11. 我々はイングラムの言葉どおりに引用している。鎌状赤血球形質では異常タンパク質と正常ヘモグロビンは 1:1 で混ざっている。結晶化しやすさは極端な酸素欠乏にさらされない限り，それほど影響されないであろうし，医学的にも大きな問題をもたらさないであろうと思われる。

12. Itano, H. A.（1957）. The human hemoglobins: their properties and genetic control. *Advances in Protein Chemistry* **12**, 216-269

13. Branden, C. and Tooze, J.（1999）. *Introduction to protein structure*, 2nd edn. Garland, New York. 第 17 章は「'Prediction, engineering, and design of protein structures（タンパク質構造の予測，エンジニアリングと設計）」と題されている。

14. DeGrado, W. F.（1997）. Proteins from scratch. *Science* **278**, 80-81.

15. Dahiyat, B. I. and Mayo, S. L.（1997）. De novo protein design: fully automated sequence selection. *Science* **278**, 82-87.

項目索引

DNA
 遺伝物質の証拠 ··· 234, 235
  拒否された証拠 ················ 234, 236, 307(20章注24)
 塩基構成比解析 ·· 239
  テトラヌクレオチド仮説 ······························ 235
 タンパク質合成へのリンク ·································· 230-240
 二重らせん ··· 239
RNA ·· 244-248
X線回折 ·· 78-82
 単位セルのパラドックス ·· 79-80
 タンパク質構造 ··· 145-155
 ブラッグ方程式 ·· 79
 レントゲンの発見 ·· 78
X線回折による三次元構造 ·· 145-155
 位相問題 ·· 147-149
 インスリン ··· 154
 計算問題 ··· 147, 149, 151
 数千の既知構造 ·· 155
 同位体置換 ·· 148, 149
 パターソン図形 ·· 146, 149
 バナールの予言的ビジョン ································ 115-117, 145
 ヘモグロビン ··· 149, 151-153
 ミオグロビン，最初の完全構造 ························· 149-153
 リゾチーム，最初の酵素構造 ······························ 154
αヘリックス ·· 126-134
 1回転ごとの非整数個のアミノ酸残基数 ············ 133
 5.1Å 回折像との解離 ······················· 132-134, 284(11章注24)
 X線解析による確証 ··· 153
 一般に広まった象徴的存在 ····································· 134
βシート ··· 130-132
 伸びたポリペプチドの理論的構造 ······················· 131

ア行

アクチン ··· 「筋肉タンパク質」参照
アミノ酸
 光学異性体 ·· 28
 初期の認識 ··· 27, 28, 260(3章注7)
 タンパク質の構成成分 ·· 27-30

電荷をもった側鎖	68-70
アミノ酸配列	100-107
インスリンの配列	100-106
種差	105, 106
サンガー以前の懐疑論	102
ジスルフィド結合	103, 104
ミオグロビン	151
アミノ酸分析	96-99
化学的手法	98
自動化クロマトグラフィー	99
実験式の基礎	97
バーグマンの推測	96, 274(6章注 27)
微生物アッセイ法	98
アルブミン	11
アレニウスのイオン解離理論	62
生物学における重要性	63, 162
イオン結合（タンパク質における）	123
イオン性電荷	
共存する正電荷と負電荷	62, 68-70
初期の混乱とくすぶる不確かさ	68-70
酸と塩基による滴定	67-69
電荷をもつアミノ酸	68-70
電場内での挙動	65-67
遺伝子コード	「トリプレットコード」を参照
遺伝子コードの数秘術	242, 243, 247, 248
遺伝病	251-253
鎌状赤血球症	251-253
血友病，王室の欠損	291(14章注 18)
将来的撲滅	254
電気泳動による検出	252
遺伝物質	
DNA の遅い受け入れ	234, 235, 307(20章注 24)
タンパク質鋳型説	234-236, 240
イムノグロブリン	
クラス分類（表）	190
血液γグロブリン画分	89-91, 187
多数ドメイン	188, 189, 296(16章注 18)
分子構造	186-189
ミエローマタンパク質	188, 189

ア行 | 313 |

織物繊維が研究を刺激 ……………………………………………… 77
  X線解析の役割 ……………………………………………… 79, 80
  繊維性タンパク質 ………………………………………………… 81-85

カ行

化学的組成分析 ……………………………………………………… 8-18
  実験式の源泉 ……………………………………………… 14-18, 97
球状タンパク質モデル（パーティクル形状のための）………… 73-76, 271(5章注39)
  モデルからの全くの逸脱 …………………………………… 77
極性および非極性基 ……………………………………………… 123
  疎水性効果に関連して ……………………………… 135, 136, 142
筋肉エネルギー論 …………………………………… 202, 204, 214, 215
  ATPが主役 …………………………………………………… 204
  エネルギー保存 ……………………………………………… 202
筋肉タンパク質
  アクチン ……………………………………… 204-206, 208-213
  アクトミオシン ……………………………………… 204-206, 208
  栄養源としての認識 ……………………………………… 15, 203
  タイチン ………………………………………………… 207, 211
  トロポミオシン ………………………………………… 211-213
  トロポニン ……………………………………………… 207, 211
  ハンガリーでのブレークスルー ……………………… 204-207
  ミオシン ………………………………… 25, 203, 204, 209-215
    分子構造 ……………………………………………… 212, 213
    明確に異なるドメイン ……………………………… 212, 213
筋肉収縮 ……………………………………………………… 208-215
  「収縮」するように見えたアクトミオシン ………………… 205
  推論的理論 ……………………………………………… 207-209
    $\alpha <->\beta$転移 ……………………………… 209, 303(18章注29)
  スライディングフィラメント理論 …………………… 209-212
    アクチンとミオシンは短縮しない …………………… 201, 211
    信頼性のある理論の不在 ……………………………… 208, 209
    メカニズムのモデル …………………………………… 211, 213
筋肉繊維と小繊維
  太いフィラメントと細いフィラメント ……………… 210, 211
  レーウェンフックによる観察（1682）……………………… 202
クロマトグラフィー
  二次元 …………………………………………………………… 96
  ツヴェットによる最初の利用（1907）……………………… 93
  分配 ………………………………………………………… 89, 93, 94

結晶化
　　酵素　‥‥‥‥‥‥‥‥‥‥‥‥‥‥‥‥‥‥‥‥‥‥‥‥‥‥　175-180
　　植物たねタンパク質　‥‥‥‥‥‥‥‥‥‥‥‥‥‥‥‥‥‥‥‥‥‥　25
　　精製の手段として　‥‥‥‥‥‥‥‥‥‥‥‥‥‥‥‥‥‥‥‥‥　19, 20
　　ヘモグロビン　‥‥‥‥‥‥‥‥‥‥‥‥‥‥‥‥‥‥‥‥‥‥‥　21-23
　　卵白アルブミン　‥‥‥‥‥‥‥‥‥‥‥‥‥‥‥‥‥‥‥‥‥‥　26, 33
結晶性　‥‥‥‥‥‥‥‥‥‥‥‥‥‥‥‥‥‥‥‥‥‥　19-23, 25, 26
　　X線解析に理想的なタンパク質結晶　‥‥‥‥‥‥‥‥　115, 116, 145
　　純度の基準　‥‥‥‥‥‥‥‥‥‥‥‥‥‥‥‥‥‥‥‥‥‥‥　22, 23
　　分類の基礎　‥‥‥‥‥‥‥‥‥‥‥‥‥‥‥‥‥‥‥‥‥‥‥‥　22
血液凝固　‥‥‥‥‥‥‥‥‥‥‥‥‥‥‥‥‥‥‥‥‥‥‥‥‥‥　166
　　軍事的重要性　‥‥‥‥‥‥‥‥‥‥‥‥‥‥‥‥‥　292(14章注21)
　　血友病，王室の欠損　‥‥‥‥‥‥‥‥‥‥‥‥‥‥　291(14章注18)
研究グループ‥‥‥‥‥‥‥‥‥‥　55(図4.1), 75(図.5.3), 147, 149
原子量スケール‥‥‥‥‥‥‥‥‥‥‥‥‥‥‥　17, 258(1章注34)
現代の錬金術‥‥‥‥‥‥‥‥‥‥‥‥‥‥‥‥‥‥‥‥‥　249-253
抗体　‥‥‥‥‥‥‥‥‥‥‥‥‥‥‥‥‥　「イムノグロブリン」参照
酵素　‥‥‥‥‥‥‥‥‥‥‥‥‥‥‥‥‥‥‥‥‥‥‥‥‥　168-180
　　アロステリック　‥‥‥‥‥‥‥‥‥‥‥‥‥‥‥‥‥‥‥‥‥‥　165
　　鍵と鍵穴仮説　‥‥‥‥‥‥‥‥‥‥‥‥‥‥‥‥‥‥‥‥‥‥　171
　　可逆的触媒反応　‥‥‥‥‥‥‥‥‥‥‥‥‥‥‥‥‥‥‥‥‥　170
　　酵素はタンパク質か？　‥‥‥‥‥‥‥‥‥‥　172-175, 179, 180
　　コロイド科学が水を濁らせる　‥‥‥‥‥‥‥‥‥‥‥‥　172-174
　　初期の認識（表）　‥‥‥‥‥‥‥‥‥‥‥‥‥‥‥‥‥　168-170
　　生命維持の反応はすべて酵素の触媒による　‥‥‥‥‥‥‥　168
　　ミカエリスメンテン方程式　‥‥‥‥‥‥‥‥‥‥‥‥‥‥‥　173
酵素結晶化‥‥‥‥‥‥‥‥‥‥‥‥‥‥‥‥‥‥‥‥‥‥‥　175-180
　　サムナーによるウレアーゼ　‥‥‥‥‥‥‥‥‥‥‥‥　175, 176
　　　　信じられなかったサムナー　‥‥‥　179, 294(15章注31)
　　ノースロップによるペプシン　‥‥‥‥‥‥‥‥‥‥‥　177, 178
コロイド／高分子論争　‥‥‥‥‥‥‥‥‥‥‥‥‥‥‥‥‥　41-61
　　英雄シュタウディンガー　‥‥‥‥‥‥‥‥‥‥‥‥‥‥‥　42, 60
　　酵素学者との関係　‥‥‥‥‥‥‥‥‥‥‥‥‥‥‥‥‥‥　42, 60
　　スヴェドベリの転向　‥‥‥‥‥‥‥‥‥‥‥‥‥‥‥‥‥　57-61
　　対決（1926年）‥‥‥‥‥‥‥‥‥‥‥‥‥‥‥‥‥‥‥‥　60-61
　　タンパク質科学者たちの迂回　‥‥‥‥‥‥‥‥‥‥‥‥‥　52-57
コロイド状態
　　A.A.ノイズの興味　‥‥‥‥‥‥‥‥‥‥‥‥‥‥‥‥‥‥　48, 49
　　オストヴァルトの執着　‥‥‥‥‥‥‥‥‥‥‥‥‥‥‥‥　50, 51
　　奇妙な凝集体　‥‥‥‥‥‥‥‥‥‥‥‥‥‥‥‥‥‥‥‥‥‥　48

カ行　315

グレアムの定義 ……………………………………………… 46, 47
コロイド理論（麻酔と生死に関する）……………………………… 50, 51

サ行

細胞説 ……………………………………………………………… 15
サブユニット
　ATP 合成酵素 ………………………………………………… 110
　ヘモグロビン …………………………………………………… 108-110
色覚 ………………………………………………………………… 193-200
　杆体細胞と錐体細胞 ………………………………………… 197
　原色 …………………………………… 194, 195, 298(17章注8)
　詩人と哲学者 …………………………………… 193, 195, 197
　錐体オプシン ………………………………………… 199, 200
　　感度スペクトル曲線 ……………………………………… 200
　　ロドプシンと同じ発色団 ……………………………… 199, 200
　生理学的光学 …………………………… 194, 298(17章注5)
　ニュートンの洞察 …………………………………… 193,194
　マクスウェルのカラートップ ……………………………… 196
　ロドプシン …………………………………………………… 197-200
色覚異常 ………………………………………………………… 194, 195
　ドルトンの自分自身解析（1794）…………………………… 194, 195
ジケトピペラジン ………………………………………………… 39
実験式と化学式量…………………………………………………… 14-18, 97
シトクロム
　酸化 / 還元　酵素 …………………………………………… 166
　シトクロム b_5 ……………………………………………… 218-220
　シトクロム c ………………………………………………… 251
種の進化 …………………………………………………………… 251
　タンパク質配列を指標として …………………………… 251
情報, 分子概念…………………………………………………… 242
　クリックの配列仮説 ………………………………………… 241
神経インパルス
　必須タンパク質 ……………………………………………… 225-227
水の構造 …………………………………………………………… 126-128
　霧の空港での着想 …………………………………………… 127
水素結合, 最初のプロポーザル………………………………… 126
　液体水中の構造に関して …………………………………… 126-128
　タンパク質の構造に関して …………………122, 126-134, 287(12章注33)
生命の起源（海での）…………………………………………… 224
　Na^+/K^+ ポンプの重要性…………………………………… 224-226

| 316 | 項目索引

動物の体液 ……………………………………………………… 224-226
生理機能 ………………………………………………… 「酵素，筋肉等」参照
  影響力のあるドイツ哲学者 ……………………… 160-162, 193, 195, 196
  細胞膜 …………………………………………………………… 221-227
  細胞理論からの反論 …………………………………………… 15,168
  生気論 …………………………………………………………… 158-160
  抽出時活性のある細胞の酵素 ……………………………… 169, 170
  糖尿病とインスリン …………………………………………… 162
  特異的神経エネルギー ……………………………… 298(17章注5)
  昔の科学 ………………………………………………………… 158-167
繊維状タンパク質……………………………………………………… 81-85
  α と β フォーム ………………………………………………… 82
  構造的推測 ……………………………………………………… 83-85
前駆体
  タンパク質分解酵素 …………………………………………… 111
  フィブリノーゲン ……………………………………………… 111
  プロインスリン ………………………………………………… 110
疎水性因子………………………………………………………… 135-144
  20 年埋もれたアイデア ……………………………………… 141, 142
  絵的説明 ………………………………………………………… 142, 143
  エントロピーとエンタルピー ……………………………… 142, 143
  脂質二重層の形成 …………………………… 136, 285(12章注9)
  初期の歴史 ……………………………………………………… 135-137
  生体膜の理解 ………………………………………… 218-220, 223
  生命反応での優勢な力 ……………………………………… 135,144
  石鹸のミセル形成 ……………………………………………… 136
  激しい論議（1939）…………………………………………… 138-141
  ラングミュアのタンパク質応用 …………………………… 138-141

タ行

第一次世界大戦
  ドイツ科学への影響 …………………………………………… 37
  逃亡者ツヴェット ………………………………… 93, 275(7章注15)
  フィッシャーの自殺 …………………………………………… 37
第二次世界大戦
  ゲシュタポの追撃をかわしたセント＝ジェルジ ………………… 206
  戦後の科学支援 …………………………………… 147, 148, 231
  戦争によってタンパク質フォールディングの議論が終わる ………… 141, 142
  バナールの逆説的役割 ……………………………………… 116, 117
  ハンガリーの研究は活発なまま残る ……………………… 204-207

タ行 **317**

氷山空母（ハバクック計画） ·················· 148, 288(13章注10)
ペルーツが敵性外人として捉えられる ················· 148
「タンパク質」という言葉の起源 ··················· 8-14, 16
タンパク質の高分子量状態 ··················· 17, 18, 41-61
アミノ酸ポリマー ··················· 27-40
化学的解析による確認（1838） ················· 17-18, 43, 44
物理的測定によるもの ··················· 46, 54-56, 59
ペプチド合成による確認 ··················· 43
連続的分解による確認（1872） ··········· 45, 46, 86
教科書による支持 ··················· 56, 57
コロイド化学者による挑戦 ··················· 41-61
フィッシャーによる疑問 ··················· 56
ヘモグロビン確定（1886） ··················· 43, 44
タンパク質の進化 ··················· 249-251
タンパク質の分類 ··················· 250
ファミリータンパク質 ··················· 250
タンパク質の変性 ··················· 121, 124
初期の見解 ··················· 121, 122
可逆性 ··················· 122
構造的説明
ウー（1931）による ··················· 122
ミルスキーとポーリング（1936）による ··················· 122
カウズマン（1954/59）による ··················· 122
タンパク質フォールディング, 基本 ··················· 114-125
シークエンスが構造を決める ··········· 125, 283(11章注5)
水素結合の関与 ··················· 128-130
推測 ··················· 117-120
バーグマン-ニーマンの数秘術 ··················· 118
スヴェドベリの分子量分類 ··················· 118
リンチのサイクロール理論 ··················· 118-120
リンチ理論の却下 ··················· 120, 138-141
疎水性ファクターの重要性 ··················· 143, 144
バナールの洞察 ··················· 286(12章注28)
パラドックス的球状状態 ··················· 114, 115
理論的予測 ··················· 143, 144
X線回折
バナールの予言 ··················· 115-117, 145
タンパク質合成
1遺伝子1酵素 ··················· 232, 233
RNAの中心的役割 ··················· 244-248

鋳型理論	234-236, 240
遺伝学へのリンク	230-240
生化学的メカニズム	243, 244
トリプレットコード（表）	248
タンパク質粒子の形状	70-73
アインシュタインの粘性方程式	72, 73, 81, 270(5章注36)
拡散におけるストークスの法則	72, 81
球状が第一選択	70
初期の半径評価	72, 73
ツヴィッターイオン（双性イオン），定義	63-65
正確な意味の混乱	64, 68, 69
手紙（科学的コミュニケーションとしての）	
ベルセリウス	9-14
リービッヒ	14, 15
デバイーヒュッケル理論（タンパク質に適用された）	70, 71, 73-76
電気泳動	
遺伝子変異	251-253, 278(8章注14)
鎌形赤血球ヘモグロビン	251-253
血清の	91, 92
ティセリウスとその後	89-93
初めての使用	48, 66
膜タンパク質のためのSDS	221
ドイツの科学者と医者定期的会議	29,33-36, 260(3章注11)
ドイツの優越性（科学における）	29-31, 37, 38
ドイツ哲学者	160-162
カントは偉大か？	160,161
ゲーテの光学と色覚への影響	160, 197, 291(14章注5)
等電点	66, 67
動物の化学	9, 14, 15
ドメイン	112
コラーゲン	112
膜タンパク質	112, 219, 220(図)
トリプレットコード	241-248
実験的決定	245-248
無細胞システムの利用	246-248
スタートとストップ	248
トリプレット表	248

ナ行

ナトリウム / カリウム　ポンプ
ATP アーゼとしての発見 ································· 225
Na^+/K^+ 比の確定 ····································· 225
生命の起源での役割 ··························· 223-225

ハ行

バイオエネルギー論 ····························· 223-226
ATP 合成酵素 ······································· 223
ブラウン運動（拡散） ················· 57脚注, 267(4章注65)
分解：化学的，連続的
高次構造の証拠としての産物 ············ 35-37, 45, 46
アミノ酸配列決定に使われた ····················· 104
分子生物学革命
DNA 構造解明 ································· 239, 240
新しい錬金術 ································· 249-255
個人的記録 ······························· 232
物理学者の役割 ··············· 236-239, 308(20章注29)
シュレーディンガー「生命とは何か？」 ········ 238
分離技術 ·················「クロマトグラフィー」「電気泳動」参照
重要性 ··· 86-89
スヴェドベリの超遠心分離応用への消極的姿勢 ········· 89, 90, 274(7章注9)
溶解性にもとづく ································· 86
分類と命名
α, β, γ グロブリン ····························· 91
初期の歴史 ··································· 86, 87
ペプチド結合
演繹による定義 ································· 35
合成による ································· 29-32
合成酵素への道のりで観察される ············· 32
挑戦 ··· 38-40
ヘモグロビン
X線解析からの構造 ························· 149-154
サブユニット ······························· 108-110
協調結合性に関連して ····················· 109
化学的性質 ··································· 23
鎌状赤血球 ································· 252, 253
ケンブリッジでの研究（1924） ·············· 108-110
さまざまな種由来タンパク質の結晶 ··········· 20, 21
酸素結合 ······································· 109

初期の分光学 ……………………………………… 23-25
分子量 …………………………………… 43, 44, 59, 110
法医学検査 ……………………………………………… 23
変異
部位特異的変異 …………………………………… 251
放射線誘導型 ………………………………… 232, 237

マ行

膜タンパク質
ATP 合成酵素 …………………………………… 223
イオンチャネルとポンプ …………………… 221-227
光合成タンパク質 ……………………………… 223
シトクロム b_5 ……………………………… 218-220
疎水性ドメイン ………………………… 219, 223
生細胞での基本的性質 ……………………… 216-218
代謝物質の輸送 ………………………… 222, 225
ナトリウム / カリウム　ポンプ ………… 223-227
膜透過性 ……………………………………………… 217
ミオグロブリン，詳細構造…………………… 149-154
生理的機能 …………………………………… 149
ミオシン ……………………………「筋肉タンパク質」参照
免疫学 ………………………………………… 181-192
抗原—抗体反応 ………………………………… 186
古代の免疫の認識 ………………………… 163, 181
細胞免疫と液性免疫理論 …………………… 182-185
細胞免疫の基礎，現在の見方 ………………… 192
食作用 ………………………………………… 183
毒素と抗毒素 ………………………………… 182-183
免疫活性
血清のγ分画にある …………………… 91, 92, 187
免疫多様性と特異性
遺伝子的基盤 …………………… 190-192, 297(16章注 38)
教育理論（仮説）………………………… 190, 191
選択説 ………………………………… 191, 192

ラ行

リービッヒとミュルデルの紛争…………………… 14-16
栄養学におけるうぶなアイデア ………………… 18
その他の論争 …………………… 14, 15, 257(1章注 21)
農業に関するとんでもない間違い ……………… 16

マ行　| 321 |

人名索引

Abderhalden, E.	エミール・アブデルハルデン	39, 55, 69
Adair, G. S.	G・S・アデール	59, 109, 118
Adams, E. Q.	E・Q・アダムス	64, 69
Anderson, Sir John	サー・ジョン・アンダーソン	116
Anson, M. L.	アンソン	121, 128, 282(11章注35)
Arrhenius, S.	スヴァンテ・アレニウス	62, 186
Astbury, W. T.	ウィリアム・アストベリー	209
Avery, O. T.	O・T・アベリー	235, 239
Baeyer, Adolf von	アドルフ・フォン・バイヤー	30
Bailey, K.	ケネス・ベイリー	207, 302(18章注18)
Bancroft, W.	ワイルダー・バンクロフト	50
Barcroft, J.	ジョセフ・バークロフト	25, 109
Barth, L.	L・バルト	46
Beadle, G. W.	ジョージ・ビードル	232
Behring, E. von	エミール・フォン・ベーリング	182
Bemmelen, J. M. van	ファン・ベンメレン	48
Bergmann, M.	マックス・バーグマン	60, 96, 118
Bernal, J. D.	バナール	124, 126, 138, 145, 286(13章注28)
Bernard, C.	ベルナール	169
Bernstein, J.	J・ベルンシュタイン	226
Berthelot, M.	ベルテロ	169
Berthollet, C. L.	クロード・ルイ・ベルトレー	10
Bertrand, G.	バートランド	169
Berzelius, J. J.	イェンス・ヤコブ・ベルセリウス	9-15
Bjerrum, N.	ニールス・ビエルム	63, 65
Boll, F.	フランツ・ボル	198
Boltzmann, L.	ルートヴィッヒ・ボルツマン	161
Bordet, J.	ジュール・ボルデ	186
Born, M.	マックス・ボルン	127, 237
Boyer, P.	ポール・ボイヤー	223
Bragg, W. H.	ウィリアム・ブラッグ	78, 81, 115
Bragg, W. L.	ローレンス・ブラッグ	140, 147, 149
Brand, E.	アーウィン・ブランド	97-100
Branden, C.	カール・ブランデン	216
Branson, H.	H・ブランソン	131(脚注)
Bredig, G.	ゲオルグ・ブレディッヒ	63, 64
Breinl, F.	ブライナル	190
Brenner, S.	シドニー・ブレナー	245
Brill, R.	ルドルフ・ブリル	80, 82
Brown, A. P.	A・P・ブラウン	20
Brücke	ブルッケ	173

| 322 |

Buchner, E.	エドワード・ブフナー	170, 217
Buchner, H.	ハンス・ブフナー	170
Bugarszky, S.	ステファン・ブガルスキー	67, 68
Bunge, G.	グスタフ・ブンゲ	44
Bunsen, R. W.	ブンゼン	24
Burnet, F. M.	F・マクファーレン・バーネット	191
Cagniard de la Tour, C.	カニャール・ド・ラ・トゥール	15, 168
Carothers, W.	ウォーレス・カロザース	78
Chargaff, E.	エルヴィン・シャルガフ	239
Chase, M.	チェイス	239
Chibnall, A. C.	チブナル	102
Chick, H.	ハリエット・チック	72
Chothia, C.	サイラス・チョシア	250
Clarke, H. T.	クラーク	98
Cohn, E. J.	エドウィン・コーン	58, 59, 68, 75, 97
Cohnheim, O.	オットー・コーンハイム	16, 56, 67, 173
Corey, R. B.	ロバート・B・コリー	131, 132
Creagar, A. N. H.	クリーガー	166
Crick, F. H. C.	フランシス・クリック	107, 134, 149, 154, 212, 232, 241-250
Croone, W.	ウィリアム・クルーン	201
Cuvier, G.	ジョルジュ・キュビエ	202
Crawfoot, D. M.	クローフット	Hodgkin, D.C.の結婚前の名
Dalton, John	ジョン・ドルトン	194
Davy, H.	ハンフリー・デービー	10
Delbruck, M.	マックス・デルブリュック	234-238, 308(20章注 29)
Donohue, J.	J・ダナヒュー	127
Dumas, J. B.	デュマ	15
Ebashi, S	江橋節郎	207
Edelman, G.	ジェラルド・エーデルマン	188
Edsall, J.T.	ジョン・エドサール	57, 64, 75, 97, 204
Ehrlich, P.	パウル・エールリッヒ	183, 184, 190
Einstein, A.	アルバート・アインシュタイン	57, 72, 73
Engelhardt, V. A.	エンゲルハート	204
Engelmann, T. W.	エンゲルマン	208, 303(18章注 24)
Evance, M. W.	マージョリー・エヴァンス	142
Fåhraeus, R.	ファーレウス	59, 109
Fenn, W. O.	W・O・フェン	216
Fenner, F.	フェナー	191
Fichte, J. G.	ヨハン・フィヒテ	161
Fischer, E.	エミール・フィッシャー	27-41, 55, 70, 86, 104, 171, 186, 236
Fischer, H. O.	ヘルマン・オットー・フィッシャー	37

人名索引 | **323** |

Fischer, M.	マーチン・フィッシャー	49
Florkin, M.	フローキン	42
Fourcroy, A. F.	アントワーヌ・フルクロア	8, 11
Fourneau, E.	フルノー	39
Fowler, R. H.	ラルフ・ファウラー	126, 127
Frank, H. S.	ヘンリー・フランク	142, 143
Fruton, J. S.	J・S・フルトン	169
Gamgee, A.	アーサー・ギャムジー	24
Gamow, G.	ジョージ・ガモフ	239, 242
Gaudilliere, J. P.	ゴーディリエ	166
Gay-Lussac, J. L.	ジョセフ・ルイ・ゲイ=リュサック	13
Gibbs, J. W.	J・ウィラード・ギブズ	54
Glas, E.	E・グラス	14
Goethe, J. W.	ヨハン・ヴォルフガング・ゲーテ	160, 197, 291(14章注5)
Gorter, E.	ゴーター	136
Graham, T.	トーマス・グレアム	46-49, 72
Gratzer, W.	グレイツァー	249
Green, N. M.	グリーン	189
Grendel, E.	グレンデル	136
Güntelberg, A.V.	ギュンテルバーグ	54
Haber, E.	E・ハーバー	297(16章注38)
Habermann, J.	ハーバーマン	27, 45
Hager, T.	トーマス・ヘイガー	134, 154, 234
Hägg, G.	G・ヘッグ	147
Haldene, J. B. S.	J・B・S・ホールデン	233
Hanson, J.	ジーン・ハンソン	210
Hardy, W.	ウィリアム・ハーディー	55, 66
Hartley, G. S.	G・S・ハートレー	136
Haurowitz, F.	ハウロヴィッツ	190
Haüy, R-J.	ルネ=ジュスト・アユイ	19
Hawking, S.	スティーヴン・ホーキング	24
Hecht, S.	セリグ・ヘクト	198
Heitler, W.	ヴァルター・ハイトラー	127
Helenius, A.	アリ・ヘレニウス	219
Helmholtz, H.	ヘルマン・ヘルムホルツ	161, 193-203, 291(14章注6)
Hershey, A.	アルフレッド・ハーシー	237, 239
Herzog, R. O.	ヘルツォーク	77, 78
Hill, A. C.	アーサー・クロフト・ヒル	170, 293(15章注17)
Hill, A. V.	アーチボルド・ヴィヴィアン・ヒル	54, 162, 214-215, 291(14章注10), 304(18章注43)
Hlasiwetz, H.	フラージヴェッツ	27
Hodgkin, A. L.	アラン・ホジキン	225, 226
Hodgkin, D. M. C.	ドロシー・クローフット・ホジキン	116, 117, 139

Hofmeister, F.	フランツ・ホフマイスター	26-38, 86, 100, 168
Hopkins, F. G.	ホプキンズ	52, 168
Hoppe-Seyler, F.	フェリクス・ホッペ＝ザイラー	24, 168, 170
Huppert, H.	ヒューゴ・フペルト	33
Huston, J. S.	ヒューストン	189
Huxley, A. F.	アンドリュー・ハクスリー	201, 210, 214, 225
Huxley, H. E.	ヒュー・ハクスリー	210
Huxley, T. H.	トーマス・ハクスリー	208
Ingram, V. M.	バーノン・イングラム	253
Itano, H. A.	ハーベイ・イタノ	252, 253
Jacob , F.	フランソワ・ジャコブ	245
Jacobsen, J.	ヤコブ・ヤコブセン	163
Jancke, W	ヤンケ	77
Jenner, E.	エドワード・ジェンナー	181, 182
Jerne, N. K.	ニールス・イェルネ	191, 297(16章注34)
Johnson, O. B.	O・B・ジョンソン	249
Judson, H. F.	ジャドソン	106, 232
Kabat, E. A.	カバット	38, 187
Kant, I.	イマヌエル・カント	160, 161
Karrer, P.	パウル・カラー	198
Kauzmann, W.	ウォルター・カウズマン	122, 135, 141, 219
Kekulé, F. A.	アウグスト・ケクレ	47, 48
Kendrew, J. C.	ジョン・ケンドルー	148-154
Khorana, H. G.	G・コラナ	247
Kirchhoff, G. R.	キルヒホッフ	24
Kirkwood, J. G.	J・G・カークウッド	75
Kitazato, S	北里柴三郎	182
Koch, R.	ロベルト・コッホ	182, 183
Kodama, A.	児玉文子	207
Kossel, A.	アルブレヒト・コッセル	22, 38, 45, 52, 258(2章注8)
Kuffler, S. W.	カフラー	226
Kühne, W.	ウィルヘルム・キューネ	20, 169, 198-204
Kunitz, M.	モーゼス・クニッツ	180
Küster, F. W.	F.W.キュスター	64
Kützing, F.	フリードリヒ・キュッツインク	168
Laidler, K. J.	ライドラー	50
Landsteiner, K.	カール・ラントシュタイナー	191
Langmuir, I.	アーヴィング・ラングミュア	119, 135-141, 219
Latimer, W. M.	ウェンデル・ラティマー	126
Lawes, John	ジョン・ローズ	16
Leder, P.	P・レダー	247

Leeuwenhoek, A. van	アントニ・ファン・レーウェンフック	202
Lehman, C.	カール・レーマン	33
Levene, P. A.	フィーバス・レヴィーン	235
Lewis, G. N.	G・N・ルイス	126, 143
Liebermann, L.	レオ・リーバーマン	67, 68
Liebig, J.	ユストゥス・フォン・リービッヒ	9, 13, 14-22, 165, 169, 203
Linder, S. E.	ステファン・リンダー	48, 66, 92, 264(4章注 27)
Linderstrøm-Lang, K.	リンダストレーム=ラング	54, 68, 70-75, 271(5章注 43)
Loeb, J.	ジャック・レーブ	49, 50, 63, 68, 69, 158-178
London, F.	フリッツ・ロンドン	127, 237
Lumière, A.	A・ルミエール	49
Luria, S.	サルバドール・ルリア	237
Lyubimova, M. N.	リュビモバ	204
Macallum, A. B.	A・B・マカラム	216
Mach, E.	エルンスト・マッハ	161
Mann, G,	グスタフ・マン	56
Mark, H.	ヘルマン・マルク	78
Martin, A. J. P.	アーチャー・マーティン	88, 94
Matthai, J.	J・マッシー	246
Maxwell, J. C.	ジェームス・クラーク・マクスウェル	149, 193-195
Mayer, J.	ユリウス・マイヤー	202
Mayow, J.	ジョン・メーヨー	201
Megaw, H	ヘレン・メゴー	127
Meitner, L.	リーゼ・マイトナー	237
Menten, M. L.	モード・メンテン	173
Meselson, M.	メセルソン	245
Metchnikoff, E.	エリー・メチニコフ	183
Meyer, K. H.	K・マイヤー	78, 208
Meyerhof, O.	オットー・マイヤーホフ	214
Michaelis, L	レオノール・ミカエリス	67, 68, 173
Millikan, G.	グレン・ミリカン	145
Mirsky, A. E.	アルフレード・ミルスキー	121, 128, 282(10章注 35)
Mitscherlich, E.	アイルハルト・ミッチェルリヒ	10, 11
Monod, J.	ジャック・モノー	106, 165, 245
Moore, S.	スタンフォード・ムーア	96-99
Mountbatten, Lord Louis	ルイス・マウントバッテン卿	116
Mulder, G. J.	ヘリット・ミュルデル	8-18, 20, 22, 27, 29, 43
Müller, J.	ヨハネス・ミュラー	194, 298(17章注 4)
Muller, H. J.	H・J・マラー	232
Muralt, A. von	フォンムラルト	204
Nernst, W.	ヴァルター・ネルンスト	67
Neuberger, A.	A・ノイベルガー	139

Neurath, H.	ハンス・ノイラート	83, 120
Neville, E. H.	E・H・ネヴィル	140
Newton, I	アイザック・ニュートン	24, 160, 193-195
Nichols, J. G.	ニコルス	226
Nicolson, G. L.	G・L・ニコルソン	219
Niedergerke, R.	ニーダーゲルク	210
Niemann, C.	ニーマン	106, 118
Nirenberg, M.	マーシャル・ニーレンバーグ	246, 247
Northrop, J. H.	ジョン・ノースロップ	91, 116, 177-180
Noyes, A. A.	ノイズ	48,49
Ochoa, S.	オチョア	247
Olby, R.	ロバート・オルビー	52
Oppenheimer, C.	カール・オッペンハイマー	174
Osborne, T. B.	トーマス・オズボーン	19, 22, 25, 30, 39, 53, 54, 67, 102
Ostwald, W.	ヴィルヘルム・オストヴァルト	46, 48, 62, 64
Ostwald, Wo.	ヴォルフガング・オストヴァルト	48-54
Overton, E.	アーネスト・オーバートン	217, 221, 305(19章注6)
Parventjev, I. A.	I・A・パーヴェンチェフ	187
Pasteur, L.	ルイ・パスツール	29, 182, 183
Patterson, A. L	A・L・パターソン	146
Pauli, W.	ヴォルフガング・パウリ	57, 66
Pauling, L.	ライナス・ポーリング	24, 83, 118, 120, 122-134, 144, 147, 153, 154, 191, 209, 212, 234-236, 252, 303(18章注29)
Payen, A.	ペイアン	169
Pedersen, K. O.	カイ・ペダーセン	109
Persor, J-F	ペルソー	169
Perutz, M. F.	マックス・ペルーツ	133, 143, 147, 231, 238
Philpot, J.	ジョン・フィルポット	145
Picton, H.	ハロルド・ピクトン	48, 66, 92, 264(4章注27)
Pirie, N. W.	N・W・ピリー	23
Polanyi, M.	ポラーニ・ミハーイ	77, 80
Porter, R. R.	ロドニー・ポーター	188
Portzehl, H.	ポーツェル	209
Prentiss, A. M.	A・M・プレンティス	62
Preyer, W. T.	ヴィルヘルム・プライヤー	20
Réaumur, R-A, F.	ルネ・レオミュール	168
Reichert, E. T.	E・T・レイチャート	20
Robertson, T. B.	ブレイルスフォード・ロバートソン	56
Rodebush, W. H.	ウォース・ローデブッシュ	126, 127
Röntgen, W. C.	ヴィルヘルム・レントゲン	26, 78
Roux, E.	エミール・ルー	182
Russell, B.	バートランド・ラッセル	119

Rutherford, E.	アーネスト・ラザフォード	149
Sanger,, F.	フレデリック・サンガー	100-107, 111, 112, 188, 231, 250
Scheraga, H. A.	ハロルド・シェラーガ	144, 154
Schrödinger, E.	エルヴィン・シュレーディンガー	237
Schultze, M.	マックス・シュルツェ	197
Schwann, T.	テオドール・シュワン	15, 168
Servos, J. W.	J・W・サーヴォス	50
Simons, K.	カイ・シモンズ	219
Singer, S. J.	S・J・シンガー	219
Skou, J. C.	イェンス・スコウ	225
Snow, C. P.	C・P・スノー	115
Sørensen, S. P. L.	セーレンセン	54, 55, 68, 266(4章注 57)
Sober, H.	ソバー	275(7章注 22)
Soret, J. L.	ジャック＝ルイ・ソレ	24
Spatz, L.	スパッツ	219
Speakman, J. B.	J・B・スピークマン	82
Stanley, W.	ウェンデル・スタンリー	91, 178
Staudinger, H.	ヘルマン・シュタウディンガー	42, 43, 60
Stein, W. H.	ウィリアム・スタイン	96, 98
Steinhardt, J.	ジャシント・スタインハート	77
Stokes, G. G.	ジョージ・ストークス	24
Stotz, E. H.	ストッツ	42
Straub, F. B.	シュトラウブ	204, 302(18章注 19)
Strittmatter, P.	ストリットマター	219
Sumner, J. B.	ジェームズ・B・サムナー	26, 175-180, 294(15章注 31)
Sutherland, W.	ウィリアム・サザーランド	72, 270(5章注 33)
Svedberg, T	テオドール・スヴェドベリ	57-61, 89-90, 109, 110, 117, 139, 234
Synge, R.L.M.	リチャード・シング	88, 94-98
Szent-Györgyi , A. G.	アルベルト・セント＝ジェルジ	204-207, 214
Szent-Györgyi, A.	アンドリュー・セント＝ジェルジ	207, 212
Tanford, C.	タンフォード	著者本人
Taylor, H. S.	ヒュー・テイラー	91
Teichmann, L.	ルートヴィッヒ・タイヒマン	23
Theorell, H.	ヒューゴ・テオレル	206
Thudicum, J. L. W.	トゥーディヒャム	44
Tiselius, A. W. K.	ウィルヘルム・ティセリウス	86, 89-94, 163, 187, 188, 221, 231, 252
Tooze, J.	ジョン・トゥーズ	216
Traube, I	イジドール・トラウベ	136
Tswett, M. S.	ミハイル・ツヴェット	93, 275(7章注 15)
Valentine, R. C.	ヴァレンタイン	189
van't Hoff, J. H.	ファント・ホッフ	28, 162
Vickery, H. B.	ヴィッカリー	30, 39

Virchow, R.	ルドルフ・ウィルヒョウ	183
Wald, G.	ジョージ・ワルド	198, 199
Waldshmidt-Leitz, E.	エルンスト・ヴァルトシュミット＝ライツ	60, 179
Warburg, O.	オットー・ワールブルグ	173
Watson, J. D.	ジェームズ・ワトソン	83, 154, 232, 237-240, 242-244
Weber, H. H.	ウェーバー	69, 208
Wilkins, M.	モーリス・ウィルキンス	154
Willis, T.	トーマス・ウィリス	201
Wilstätter, R.	リヒャルト・ヴィルシュテッター	170, 174-180
Winkelblech, K.	ヴィンケルブレッヒ	64
Wöhler, F.	ヴェーラー	9, 169
Wrinch, D. M.	ドロシー・リンチ	39, 118-120, 138-140, 144
Wu, Hsien	シェン・ウー	122-124
Wyman, J.	ワイマン	166
Yersin, A.	アレクサンドル・エルサン	182
Young, T.	トーマス・ヤング	194, 196, 197, 298(17章注8)
Zinoffsky, O	オスカー・ジノフスキー	41, 44

人名索引 **329**

nature's robots

翻訳後記

　タンパク質の疎水性相互作用については，本書の著者タンフォードも述べているとおり，議論の絶えないところであり，単純な結合力としては説明できないところから，「疎水結合」という言い方をさけて，疎水性因子とか疎水性原理という訳語とした。本書は，この概念が，タンパク質が機能的な構造を保つために，本質的に重要であることを説き，またどのようにして生まれてきて，現在も研究されているかを，見事に説明していると思う。これをきちんと訳しきれたかどうか，はなはだ自信はなく，もっと推敲すべきではないかと考えてしまう。

　しかし，当初，中学生あるいは高校生を対象として，基本的知識がなくてもわかるように訳す計画であったが，作業を進めればすすめるほど内容は高度であるが，普通の科学の説明書とは全く違う面が見えてきた。単に，タンパク質がどのように見つかって，どんな機能をもっているかという説明を超えて，これほど科学者の生き様や社会（特に戦争）とのかかわり，そして我々が肌身で感じて向き合っている研究や学問の姿を生き生きと伝えている本はあっただろうかと思うようになった。科学的な内容を厳格に正しく記述することより，このような生き方や考え方を伝えることが，この本の真価であり，また今，人々に求められているのではないかと感じ，専門的な細部にこだわるより，知識は最小限にして科学者の姿を伝えるよう心がけることにした。難しい専門的な説明は飛ばし読みして，科学者たちや研究にまつわる裏話の部分をひろい読みしていただいても十分，本書の意図するものが伝わり，得るものがあるのではないかと思う。本書の読者の方々に，その思いが通じていただければ幸いである。

　翻訳は，私の研究室の研究員である高松佑一郎（第5，6，16章），三井健一（第7，14，15章），太期健二（第17，19〜22章）と横浜薬科大学の小笹徹教授（第4，18章）および同大漢方薬学科5年生平松巴瑠香さん（第8，9章）に訳を手伝っていただいた。この本の訳を貫徹できたのは，この方々のおかげである。他の章の訳および，全体を通して用語やいいまわしの統一を浜窪が行った。第5章については，この分野のご専門の東京大学工学系研究科の津本浩平教授に訳のチェックをしていただいた。また，表紙に関しては，蛋白質構造データバンク（PDB：序章参照）から2万個以上のタンパク質の3次元構造データを取得し，高松佑一郎がグラフィックを行って，モナリザの絵に点描のようにあてはめた。京都大学医学部の岩田想教授の研究室との共同研究（Hino T et al. *Nature*,

482 (7384): 237-40, 2012) として，作製した抗体 (16 章) を用いたアデノシン受容体の 3 次元構造 (13 章) をモナリザの瞳の中に，はめ込んである。この受容体は，本書にある色覚受容体 (17 章) と同じファミリーに属する膜タンパク質 (19 章) で，7 本の α ヘリックス構造 (黄色) (11 章) をもっている。それを認識する抗体は β シート (青，緑色) 構造 (11 章) をもっていて，本書の内容の良い例として表紙に紹介させていただいた。色の対比は，色のバリアフリーとして推奨されている色使いを使用することを心がけた。

福岡伸一氏とは京都大学化学研究所にいた頃に出会った。タンパク質だけでなく広く科学，科学者像，社会など，本書の構成に似たさまざまな議論をし，またロックフェラー大学で，アベリーの研究室のあった建物をご案内いただいた。本書の訳出も以前からお話ししており，やっと出版にこぎつけたことをご報告したところ，帯の執筆をご快諾くださったという経緯である。本書を訳してみると，京都でご案内したハンス・ノイラート先生や，本書には現れないが，ナトリウムカリウムポンプの機構を明らかにしたヴァンダービルト大学のポスト博士など，実際にお話を伺った歴史的な科学者の姿を思い出す。また，昨夏，ビジティングフェローとして，ケンブリッジ大学クレアホールに滞在し，キャベンディッシュ研究所やメディカルリサーチセンターを訪問することができた。大学附属図書館で本書に挙げられている文献を調べることもでき，本書で登場するタンパク質の構造解析や凝集理論の発祥の地を訪れることができたのは，多少なりとも訳に生かすことができたのではと思っている。

本書は，タンパク質科学の歴史を通して，生命の本質を見出そうとする真摯な姿勢に貫かれている。現在，情報が手軽にはいりあふれる時代に，何を規範として判断し，目標としていくのかという大きな問いに，ひとつの道を示されているように思える。本書を，さまざまな分野の方に広く読んでいただき，本書のおもしろさを伝えることができたとしたら望外の幸せである。

2018 年 2 月

浜窪 隆雄

NATURE'S ROBOTS

それはタンパク質研究の壮大な歴史

発行日	2018 年 3 月 29 日　初版第一刷発行
原著者	チャールズ・タンフォード（Charles Tanford）
	ジャクリーン・レイノルズ（Jacqueline Reynolds）
監訳者	浜窪隆雄
発行者	吉田　隆
発行所	株式会社 エヌ・ティー・エス
	〒 102-0091　東京都千代田区北の丸公園 2 - 1
	科学技術館 2 階
	TEL：03（5224）5430　http://www.nts-book.co.jp/
編集／ DTP	オフィス MA ／（有）ラスコー
印刷・製本	日本ハイコム株式会社

Ⓒ 2018　浜窪 隆雄　　　　　　　　　　ISBN978-4-86043-473-1

落丁・乱丁本はお取り替えいたします。無断複写・転写を禁じます。
定価はカバーに表示してあります。
本書の内容に関し追加・訂正情報が生じた場合は，㈱エヌ・ティー・エスホームページにて掲載いたします。
※ ホームページを閲覧する環境のない方は当社営業部（03 - 5224 - 5430）へお問い合わせください。